餐飲管理（第二版）

主　編　王瑛、王向東
副主編　孟悅

財經錢線

第二版前言

餐飲管理是高等學校旅遊管理專業主幹課程，教材建設需要與時俱進。本書於 2009 年 8 月第 1 次付梓后，受到了相關學校的歡迎，同時他們也對本書提出了很多很好的修改建議，加上主編一直主講此門課程，對這一領域的研究又有了更深的見解和認識，此次再版正是在這一大前提下進行的。

本次再版時，繼續保持了第 1 版的成功之處，即：以餐飲經營活動的運作流程為中心線索，整體內容結構設計循序漸進，全面地闡述了餐飲事業發展的概況、餐飲服務中的基本技能及餐飲事業各環節的管理理論和基本要求，強調了餐飲成本控製過程和餐飲營銷這兩個餐飲經營管理上的關鍵問題，力求做到基礎理論簡明扼要，業務內容具體形象，操作方法簡單實用，結構層次系統連貫。在本書每章分別設置有學習目的、基本內容和本章小結、案例分析，以方便學生自主學習。在此基礎上，本次再版在相關章節加入了大量有針對性的服務與管理方面的實訓指導，使本書教學的實用性與可操作性更強，系統性也更強。

本書第 1 版第一章、第八章、第九章由王向東、邱亞莉編寫，第二章由楊豔蓉、王瑛編寫，第三章由尹奇鳳、楊豔蓉編寫，第四章由王瑛編寫，第五章由尹奇鳳編寫，第六章、第七章、第十章由熊金銀、孟悅編寫，全書由王瑛統稿，是眾多學者集體智慧的結晶。第 2 版由王瑛負責修訂編寫。

由於編者的學識及能力所限，書中遺漏與錯誤之處在所難免，懇請廣大專家、同行和讀者批評指正，以使本書不斷充實完善。

王瑛

目 錄

第一章 餐飲管理概述 (1)
 第一節 餐飲業的發展概況 (1)
 第二節 餐飲管理的內容與要素 (6)
 第三節 餐飲管理的基本要求 (12)
 第四節 餐飲經營和管理的發展趨勢 (13)
 本章小結 (16)
 復習思考題 (16)
 案例分析與思考：風波莊武俠餐廳 (16)
 實訓指導 (17)

第二章 餐飲經營策劃 (18)
 第一節 餐飲市場定位 (19)
 第二節 餐飲經營範圍 (25)
 第三節 餐飲企業選址 (28)
 第四節 餐飲企業名稱、標誌和招牌 (32)
 第五節 餐飲經營計劃 (38)
 本章小結 (45)
 復習思考題 (45)
 案例分析與思考：高校周邊餐飲蓬勃發展 (46)
 實訓指導 (47)

第三章 菜單的設計與製作 (48)
 第一節 菜單概述 (49)
 第二節 菜單的策劃 (54)
 第三節 菜單的設計與製作 (61)
 本章小結 (68)
 復習思考題 (68)
 案例分析與思考：營養專家特別推薦的春節菜單 (68)
 實訓指導 (69)

第四章　食品原材料採購供應管理 (70)
第一節　食品原材料的採購管理 (71)
第二節　食品原材料的驗收管理 (81)
第三節　食品原材料的儲存管理 (86)
第四節　食品原材料的發放管理 (92)
第五節　食品原材料的盤存管理 (95)
本章小結 (98)
復習思考題 (98)
案例分析與思考：採購員問題、經營模仿、核心員工離職 (98)
實訓指導 (98)

第五章　廚房組織與生產管理 (100)
第一節　廚房管理概述 (101)
第二節　廚房的設計與佈局 (109)
第三節　廚房的組織機構 (117)
第四節　廚房生產流程管理 (126)
第五節　廚房產品質量管理 (131)
第六節　廚房衛生與安全管理 (136)
本章小結 (144)
復習思考題 (144)
案例分析與思考：把餐館廚房變成流水線 (145)
實訓指導 (145)

第六章　餐飲產品銷售管理 (146)
第一節　餐飲產品銷售計劃和銷售控製 (147)
第二節　餐飲產品定價 (154)
第三節　餐飲產品銷售分析 (160)
第四節　餐飲企業常用的促銷方法 (162)
本章小結 (171)
復習思考題 (172)
案例分析與思考：失敗的餐飲促銷管理 (172)
實訓指導 (173)

第七章　餐飲酒水銷售服務管理 ……………………………………（174）
　　第一節　餐廳酒水管理的作用 ………………………………………（175）
　　第二節　中外酒水知識 ………………………………………………（177）
　　第三節　酒水銷售服務過程管理 ……………………………………（190）
　　本章小結 ………………………………………………………………（196）
　　復習思考題 ……………………………………………………………（197）
　　案例分析與思考：存酒「存」住回頭客 ……………………………（197）
　　實訓指導 ………………………………………………………………（197）

第八章　餐飲服務管理 ……………………………………………（199）
　　第一節　餐飲服務的功能與特點 ……………………………………（200）
　　第二節　餐飲服務環境的布置與安排 ………………………………（203）
　　第三節　餐飲服務基本技能與服務程序 ……………………………（207）
　　第四節　餐飲服務質量控製方法 ……………………………………（220）
　　第五節　餐飲服務質量的監督檢查 …………………………………（223）
　　本章小結 ………………………………………………………………（227）
　　復習思考題 ……………………………………………………………（227）
　　案例分析與思考：幫忙剝蝦的啟示 …………………………………（227）
　　實訓指導 ………………………………………………………………（228）

第九章　宴會組織與管理 …………………………………………（229）
　　第一節　宴會的預訂 …………………………………………………（230）
　　第二節　宴會菜單設計 ………………………………………………（234）
　　第三節　宴會臺面設計 ………………………………………………（238）
　　第四節　宴會管理 ……………………………………………………（242）
　　本章小結 ………………………………………………………………（247）
　　復習思考題 ……………………………………………………………（247）
　　案例分析與思考：不愉快的婚宴 ……………………………………（247）
　　實訓指導 ………………………………………………………………（247）

第十章　餐飲產品成本控製 ………………………………………（249）
　　第一節　餐飲產品成本構成和成本分類 ……………………………（250）
　　第二節　餐飲成本核算的方法 ………………………………………（253）

第三節　餐飲管理的成本控製 …………………………………（260）
本章小結 …………………………………………………………（275）
復習思考題 ………………………………………………………（276）
案例分析與思考：餐飲成本分析會 ……………………………（276）
實訓指導 …………………………………………………………（277）

第一章　餐飲管理概述

【學習目的】
瞭解餐飲業發展的歷史和現狀；
掌握餐飲管理的內容、要素、要求；
明確餐飲經營和管理的發展趨勢。

【基本內容】
★餐飲業的發展狀況：
國內餐飲業的發展歷程；
國內餐飲業現存的主要問題；
國外餐飲業發展簡介。
★餐飲管理的內容與要素：
餐飲管理的內容；
餐飲管理的要素。
★餐飲管理的基本要求：
掌握客源，以銷定產；
注重食品衛生，確保客人安全；
正確掌握毛利，維護供求雙方利益；
適應多種需求，提供優質服務。
★餐飲經營和管理的發展趨勢：
餐飲經營發展趨勢；
餐飲管理發展趨勢。

【教學指導】
本章以教師講述為主，同時安排學生通過市場調查或通過網絡查閱來掌握本章的主要內容。

第一節　餐飲業的發展概況

餐飲業是利用餐飲設備、經營場所，為客人提供飲食產品和消費服務的生產經營服務性行業。餐飲業的發展追隨著社會經濟的發展和人類文明的進程，從最初生理上

的果腹需求發展到今天精神上、文化上的享受，而餐飲業也隨著這個進程完成了從低級到高級、從簡單到複雜、從無序化到行業化的蛻變，成為了人類社會活動的重要組成部分。

一、國內餐飲業的發展歷程

中國餐飲業的發展歷程見圖1-1。

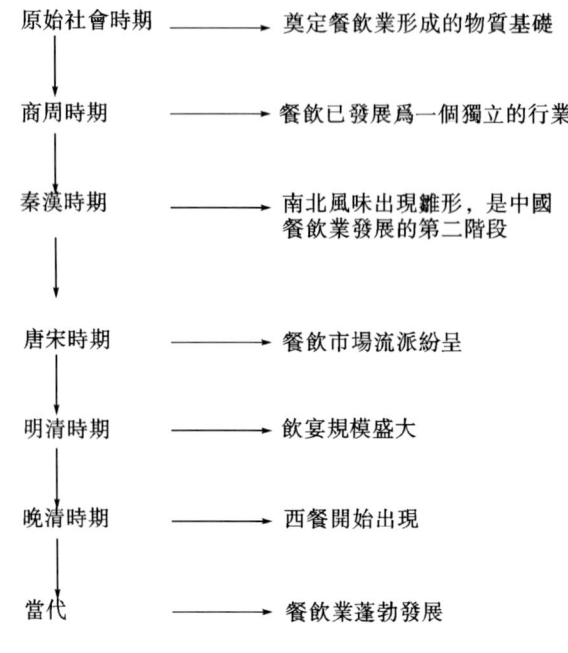

圖1-1　中國餐飲業的發展歷程

（一）萌芽與累積階段

50萬年前的北京人已經知道用火燒熟的食物其味道比生食好，烹飪由此發端。

商周時期，餐飲業的萌芽已見端倪。隨著社會生產力的發展，出現了剩餘產品，以商品交換為目的的外出活動逐漸增多。外出者常借宿於寺廟或民家，且由其提供簡陋的飯食，只偶爾支付一點微薄的酬勞。

秦漢時期，餐飲業開始具有商業目的。生產力的發展，使得商人、官宦往來絡繹不絕，在各處通商大邑出現了「客舍」或「亭棧」等小旅店，為來往的官宦和客商提供基本食宿，換取一些利潤。餐飲業主已經有了經營意識，開始採取一些取悅客人的經營方法。此時中國已開始與西域進行通商貿易，這不但使原產西域的各種原料傳入中原，而且繁榮的商業也促進了餐飲業的發展。

到了唐宋，餐飲業進入了一個鼎盛時期，餐飲業的體系結構、檔次更加健全，除了提供普通飲食服務的店家，還出現了只賣酒或面食的「專賣店」；有的店家開始在飲食服務中添加其他內容，如西湖遊船將遊覽帶入用餐過程；檔次方面也進行了細化，

如接待達官貴人的是高級酒店，接待普通民眾的是普通酒店，而為社會底層服務的就是走街串巷的飲食挑子。

晚清時期，餐飲業的發展百花齊放。列強入侵，為中國的餐飲業帶來了多元化的元素，在通商口岸及沿海城市出現了西菜館。隨著封建統治的滅亡，中國進入了軍閥混戰時期，人員的大量流動使得各地方的菜式快速融合交流。

總的來看，歷經千年，雖然餐飲業得到了一定的發展，表面上形成了行業的格局，但從現實意義上來說，它只是弱、小、散的個體企業，只是家庭謀生的手段，並且沒有行業規範和管理法規。

(二) 餐飲行業的發展與繁榮階段

新中國成立初期，國內經濟開始緩慢復甦，餐飲業的發展基本處於停滯狀態，直到改革開放後才迅速加快發展步伐。改革開放以來，國家政策的放開、社會經濟的發展、行業協會的規範、外資和國際品牌的進入以及消費觀念和消費方式的轉變等因素推動了餐飲行業的快速擴張和發展。時至今日，中國餐飲業已經成為國民經濟發展新的增長點，是擴大內需、吸納社會就業的重要途徑，更是發展中國外向型經濟的一個重要領域。改革開放30多年來，中國餐飲業的發展經歷了起步、發展、騰飛三個階段。

1. 起步

20世紀70年代末至80年代，中國經濟政策率先在餐飲業上放開，允許個體私營經濟形態的存在。市場的開放催生了一大批個體私營飯館，普遍以家庭經營為主，呈現為規模小、檔次低、烹飪技術含量不高（以家常為主）的特點，它們以價格優勢和方便實惠的定位贏得了市場的認可。社會餐飲的大量產生雖然使傳統的國營餐館受到了不小的衝擊，但它們活躍了市場，豐富了行業結構，為餐飲業的行業構建和長足發展打下了堅實的基礎。正是在這樣的背景下，經萬里、王震、習仲勳等黨和國家領導同志的倡導，原商業部部長劉毅精心策劃，中國烹飪協會於1987年正式宣告成立，地方餐飲行業協會也如雨後春筍般建立。這意味著中國的餐飲市場從此走上了行業化發展道路，有了正規的行業規範和管理法規。

2. 發展

20世紀90年代，隨著收入水平的提高和消費觀念的改變，人們對餐飲的需求量不斷攀升，並且在檔次、風味和服務上有了更高的要求。餐飲投資大幅增加，國際品牌紛紛進入，外資和合資企業湧現。一些本土品牌和國際品牌在全國範圍內實施連鎖經營，以擴大規模、占領市場。這些餐飲企業以不同的服務檔次和風格各異的經營特色充實了餐飲業的行業架構。餐飲市場愈加繁榮，從業人員數量劇增，餐飲收入逐年上升，帶動了大批相關行業的發展。餐飲業已開始成為國民經濟新的增長點，是拉動內需的重要方式。

3. 騰飛

進入21世紀以來，中國餐飲業增長勢頭不減，發展更加成熟，而市場的競爭也更加激烈。餐飲企業在進行外延發展的同時，更加注重內涵文化建設，努力打造企業形

象、培育企業品牌，積極推進產業化、國際化和現代化進程，開始輸出品牌與經營管理，品牌創新和連鎖經營力度增強，現代餐飲發展步伐加快。如果說連鎖經營是數量上的擴張，那麼品牌競爭就是質量上的提升。在這樣的發展態勢下，「北京全聚德」、「內蒙古小肥羊」、「重慶小天鵝」等一大批餐飲企業不斷提升自我、發展品牌，競相擴大經營規模，足跡也延伸至國外。

2008年，中國餐飲業儘管受到南方低溫雨雪冰凍、汶川大地震等嚴重自然災害以及物價上漲、勞動力成本提高的影響，企業經營出現了一定程度的波動，但餐飲市場仍呈現出平穩增長的良好態勢。

中國餐飲業在社會需求和經濟發展的大背景下，行業總體規模日益擴大，拉動消費、繁榮市場、安置就業和帶動產業經濟發展的能力越來越突出，在國民經濟中的地位和作用得到不斷提升和加強。

二、國外餐飲業發展簡介

國外餐飲業起源於古代地中海沿岸的繁榮國家，基本定型於中世紀，其發展除受本土因素影響外，還受到世界科學技術、經濟發展的影響，它的步伐追隨著整個西方的文明進程，在不同歷史時期湧現出的中心國家的餐飲業最具代表性。

公元前3000年，埃及成為統一的國家。當時宮廷飲食十分豐富，法老每餐進食30種菜餚，並飲用啤酒、葡萄酒、果酒等酒水。公元前1700年，古埃及已有酒店存在，考古發現了同一時期或更早時期的菜單，上面記載的基本是麵包、禽類、羊肉、烤魚和水果等食物。

繼古埃及之後，古希臘成為西方文明的中心。酒店多設在各種廟宇旁邊，體現了濃厚的宗教色彩。牲畜首先被送到廟宇中敬奉神靈，祭祀之後再把牲畜抬到酒店烹制，讓大家分享。煎、炸、燜、蒸、烤、煮、炙等多種烹調方法已出現，技藝高超的名廚深受人們尊敬。約在公元前3世紀，雅典人發明了第一輛冷盤手推車，廚師把用甜葡萄酒浸過的麵包片、海扇貝和鱘魚裝在盤子裡，推入餐廳供人們選擇享用，這對今天的餐飲業仍有影響。當時古希臘的酒店主已經開始向旅行者提供食品和飲料，主要包括地中海地區的穀物、橄欖油、葡萄酒、奶酪、蔬菜和肉食等。

受希臘文化的影響，古羅馬逐漸重視烹飪文化，餐飲業的發展頗具規模。龐貝古城的考古發現表明當時的客棧、餐館和酒店十分興盛，至今仍能分辨出118家此類遺址。

14世紀，隨著奧斯曼帝國的擴張和伊斯蘭教傳播的影響，土耳其形成了以食羊肉為主、以烤羊肉為其傳統名菜的獨特烹飪風格，對形成和發展伊斯蘭教國家的餐飲習俗和餐飲業有重大影響，因而土耳其被公認為世界三大烹飪王國之一。

16世紀中葉，義大利成為歐洲文藝復興的中心，藝術、科學的繁榮和商業經濟的發展，使烹飪技藝博採眾長，吸收世界各地烹飪精華，形成了追求奢華、注重排場、典雅華麗的風格，義大利因此而被譽為「歐洲烹調之母」，同時也被認為是西餐的發源地。

18世紀中期，法國成為歐洲政治、經濟和文化中心。法國發達的農牧漁業為烹飪

和餐飲業的發展創造了優越的物質條件。法國菜選料廣泛，烹飪方法考究，大量使用複合調料，使菜肴味道濃鬱、豐富多彩，烹飪技藝和菜肴組合比較科學，並注意保留食品的熱量和營養成分，形成了獨具特色的法國餐飲風格。20世紀60年代，法國又提出「自由烹飪」的口號，改革傳統烹飪工藝，力求烹制時間短、味道鮮，以適應現代生活的要求。法國菜受到人們的普遍歡迎，在世界上廣為傳播，法國也被公認為是世界烹飪王國。

20世紀，美國成為世界第一工業強國，它的烹飪和餐飲是世界各地移民（主要來自歐洲、非洲和亞洲）和土著印第安人傳統習慣的大融合。為適應社會經濟迅速發展、生活節奏加快的需求，餐飲業出現了革新性的變化，注重營養、求新、求快。至今，其「營養豐富、快速簡便」的餐飲特色，隨著國際經貿交流的迅猛發展推向世界各地。如麥當勞快餐就是在歐、亞各國小吃基礎上的新創造，以營養豐富、快速簡便、口味統一的特色在世界各地得到普遍認可。

如今，在全球影響較大的應是美國餐飲業。以麥當勞、肯德基為代表的美國快餐企業憑藉雄厚的資本優勢和先進的管理模式，以連鎖經營的方式，在國際餐飲市場上不斷擴張，占據了相當可觀的份額，成為了國際餐飲市場的絕對主流。其中，麥當勞是世界零售食品服務業的領先者，麥當勞公司旗下最知名的「麥當勞」品牌擁有超過31,000家快餐廳，分佈在全球121個國家和地區。另外，麥當勞公司現在還掌控著其他一些餐飲品牌，如墨西哥大玉米餅快餐店。

[補充閱讀1-1] **西餐發展簡史**

據有關史料記載，早在公元前5世紀，在古希臘的西西里島上，就出現了高度發達的烹飪文化。在當時很講究烹調方法，煎、炸、烤、燜、蒸、煮、熏等烹調方法均已出現，而技術高超的名廚師在社會上很受尊重。許多王公貴族在自己家中試做調味品，每種調味品都由多種原料複合而成。儘管當時烹飪文化有了相當的發展，但人們的用餐方法仍是以手抓食為主。西餐餐桌上的刀、叉、匙都是由廚房用的工具演變而來的。

15世紀時出現了餐桌共用餐刀。個人用的餐刀，大約出現在17世紀。那時的餐刀是尖頭形。后來，據說法國紅衣主教黎希留，看到有的就餐者在宴會上用餐刀尖剔牙，覺得很不雅觀。於是，他便下令將餐刀由尖頭形改為圓頭形，於是圓頭形餐刀一直沿用到現在。

勺子作為廚房用具，在遠古時期早已被人們使用，餐桌上用的湯匙是在17世紀才出現的。至於茶匙，則是紅茶傳入歐洲后的產物。

叉子原來只在廚房中使用。10世紀拜占庭時期，餐桌上曾出現過較小型的銀質叉子，但只是曇花一現。直到1894年，英國還不允許水兵使用餐叉和餐匙，據說使用這些餐具給人的感覺不像男子漢。

餐巾早在古羅馬時期就出現了，不過一直沒有被大多數人接受。15世紀，人們習慣於用舌頭舔手，或用上衣揩手，還有的用麵包片擦手。在上層社會仍有部分人有用手抓食的習慣。在當時，就餐桌旁幾乎都有狗的存在，這是因為人們就餐時用手抓食后，就用麵包片擦手，然后把臟麵包片丟給狗，故而出現了人在桌上用餐、狗在桌下

吞食麵包片及殘骨、碎肉的場面。

15世紀中葉是歐洲的文藝復興時期，飲食同文藝一樣，以義大利為中心發展起來，在貴族舉行的宴會上湧現出各種名菜、細點，馳名世界的空心面就是在那時出現的。

到了16世紀中葉，法國安利二世的王后卡特利努·美黛希斯非常喜歡研究烹調方法。她從義大利雇傭了7批技藝高超的烹調大師，在貴族中傳授烹調技術，不僅使宮廷的菜點質量顯著提高，同時使烹飪技法廣為流傳，促使法國的烹飪業迅速發展起來。與此同時，她為了改變不文明的用餐陋習，還明文規定了用餐規則，規定用手抓食、舔手或用上衣擦手都是不文明行為，只有用餐巾才是有禮貌的表現。

后來，法國有位叫蒙福特的人，在舉行宴會時，為了讓客人預先知道宴席的所有菜品，讓管家在宴會前用羊皮紙寫好菜名，放置在每個座位前。據說這就是最初的西餐菜單。

在這期間，偉大的藝術家達·芬奇的油畫杰作《最后的晚餐》描繪了餐桌上的麵包、仔牛肉、冷盤、葡萄酒、餐刀及玻璃杯等物。這個當時基督教徒歡度復活節的聖餐場面，已經大體具備了現代西餐的雛形。

1638—1715年，由於講究飲食而被人們稱為「美食家」的法國國王路易十四在宮廷中發起了烹飪大賽，給予優勝者獎章及獎賞，從而推動了烹飪業的蓬勃發展，一時間宮廷內佳肴層出不窮。當時研製出來的菜肴稱為宮廷菜，獨成一系，在宮廷舉行宴會時，一餐往往有60多道菜肴。在宮廷的影響下，上層社會盛行大擺宴席，菜單上有冷盤、湯、肉食、禽類、水果、點心，品種已接近現代西餐，西餐逐步趨於完善。

宮廷和上層社會的烹飪熱，直接推動了整個社會的烹飪業發展，1765年法國出現了餐廳。1789年法國大革命后，面對一般顧客的餐廳像雨后春筍般發展起來，供餐形式採取每人一份的方法。不久出現了零點的菜肴，但只是簡化了的宮廷菜。19世紀初期，餐桌上的規矩大致與現在相同。第二次世界大戰以後，才出現了許多新的餐具，不僅配套，而且還有著嚴格的擺放及使用方法。

現在的西餐中大量使用精美的瓷器餐具，包括菜盤、湯盤、點心盤、麵包盤、茶盤、茶碗、咖啡碗及雙耳清湯碗等。事實上，在中國青花瓷器傳入歐洲之前，西餐中使用的用具只有金屬器皿、玻璃器皿和軟質陶器。陶器在西餐中廣泛使用，和瓷器相比顯得粗糙、厚重、醜陋。到了16世紀，淡雅、精美的中國青花瓷傳入歐洲，受到了歐洲人的喜愛，於是歐洲人便開始了瓷器的研製。1710年德國多列士典地方出現了歐洲最早的瓷窯——曼斯窯。1717年，法國建起了賽爾窯。接著，英國燒制出了潔白的骨灰瓷器，造型、質地不斷更新，目前世界十大名骨瓷全在英國。美國、義大利隨后也開始生產瓷器，逐漸地，瓷器餐具便在西餐中安家落戶了。

［資料來源］www.xici.net/u7350054/d45248667.htm.

第二節　餐飲管理的內容與要素

管理其實是一種抽象概念。何謂管理？管，即管人、管物、管目標；理，即理財、

理物、理關係。餐飲管理是對餐飲企業整個產、供、銷營運環節的組織、監控和管理，通過對企業各類資源的有效配置、對員工工作的監管、對各項經營指標的控製來保障企業順利運轉。

一、餐飲管理的內容

（一）餐飲企業人力資源管理

員工是餐飲企業運行的前提條件，對人力資源的管理是餐飲管理的首要任務，包括人員的選配、培訓、考核、激勵等具體內容。

1. 人員數量配備

管理人員應根據企業的規模、檔次和經營特點來確立組織機構、管理層次和管理幅度，配備合理數量的管理人員和一線員工。應對企業內各崗位進行分工界定並明確工作職責，確實做到以崗定人，避免因編製不夠影響服務質量和人員冗余導致成本浪費的情況發生。

2. 人員配備與培訓

在為企業選拔人才的時候，需要先確定崗位人員的職能條件，依據條件通過合適的渠道招聘新員工，按科學的方法和程序對應聘人員進行資格審核和能力測試，力求讓正確的人在正確的崗位上工作。新員工的就職培訓、老員工的繼續培訓、培訓主題與方式的確定、培訓活動的組織與實施等工作都是餐飲企業人力資源管理人員的工作內容。

3. 考核與激勵

餐飲管理人員應建立科學合理的考核激勵機制，提高管理和服務技能，促進服務質量的提升。具體內容包括：設計企業各級別、各崗位的考核內容、考核方式和考核頻率，適時組織實施考核，對考核結果進行分析評價並提出可行性建議；以制度形式明確獎懲條例，為員工提供進修或晉級的機會，建設企業文化，營造良好團隊氛圍，以企業精神激勵員工，提高員工忠誠度。

4. 保持員工隊伍的動態平衡

餐飲業因其行業特點，是一個員工流動性較大的行業。管理者應以一定的方式方法將人員流動控製在適當的幅度內，保持企業員工的相對穩定。在工作中不能單純地靠制度留人，應該從員工的角度為其考慮，根據實際情況以情留人、以薪留人、以發展空間留人。對於在職員工，也要適時進行優化組合，以使企業的人力資源發揮更大效用。

（二）物資原料管理

餐飲企業的生產和服務對設備設施和原材料的依賴性很強。設備設施的投入與維護，餐具、用具的使用以及原材料的管理都是餐飲管理的重要內容。這是餐飲企業營運的最根本的保障，管理的好壞直接影響到經營的成敗或經營的連續性。

1. 設施設備管理

餐飲管理人員應該對能夠提高餐飲生產及服務質量方面的新的設施、設備提出合

7

理化建議，對陳舊的設備、設施提出更新或完善計劃。具體包括對擬新增或改造的設施、設備進行成本收益分析，充分掌握產品資訊，以高性價比作為選擇的主要指標，在設施、設備投入使用前，要對具體操作者進行培訓，要建立設施、設備的維護和保養機制，確保責任落實到人。

2. 餐具、用具管理

餐具、用具在餐飲生產和服務中的使用頻率極高，對它的選擇和使用直接影響到產品的質量。對餐具、用具的配備，正常損耗的核定，添補、調整的計劃，以及此類物品的保管、養護等方面的管理，是餐飲管理不可忽視的組成內容。

3. 食品原材料管理

食品原材料是餐飲生產經營的先決條件，對它的管理是事關成本和出品質量的基本前提。首先，要掌握進貨渠道。隨著市場的成熟，原材料的採購方式由從前的農貿市場購買的單一途徑轉變為今天的多渠道進貨，有供貨商送貨上門、配送中心配送、集團統一採購以及網絡訂貨等多種形式，但無論哪一種渠道，管理人員都應該審核供貨商資質，確保原料的來源正常、合法。其次，把好原材料質量關。建立原材料管理制度，由專人監控原材料購進、保存、使用的每一個環節，防止質量不合格材料進門，杜絕不合格原料上竈，更不允許其出堂；最後，保持合理庫存量，控製原材料進貨數量和週期。合理的原材料庫存量是保證生產和控製成本的重要前提，管理者應以企業的經營規模、銷售水平、原材料的季節和保質期為依據核算出合理的庫存量，並將進貨的數量和週期數據化，加強管理和監控。

(三) 產品質量管理

餐飲產品質量是餐飲企業的生命線，直接決定著企業的成敗，對產品質量進行管理是餐飲管理的重要內容。餐飲產品既包括實物產品又包括無形產品。

1. 有形產品的質量管理

在餐飲企業中，應該堅持「讓客人看到的永遠是最完美的」的原則。無論是廚房的菜品還是餐廳的設施、設備，都應該把質量放在第一位。對於菜品質量的管理應該從菜品的設計開始，與總廚一起，根據企業的經營特色設計適銷對路的產品並不斷推陳出新；然後在菜肴出堂前對其進行色、香、味、形、器皿全方位的檢查；最後還要對菜品上桌的次序、服務的方式進行監控。餐廳的設施、設備、裝修、擺設主要是為了方便顧客，營造良好用餐氛圍，在設計之初就應該考慮美觀、舒適、方便等多方面因素，在日常營業時要注意對設施、設備的清潔和維護，為顧客創造一個溫馨舒適的就餐環境。

2. 無形產品的質量管理

餐飲企業的無形產品既包括員工的服務，又包括餐廳的氛圍和環境。餐飲消費最終是由員工提供服務幫助顧客完成的，服務質量的高低直接影響到顧客對企業的態度和印象，服務質量管理首先要設計合理有效的工作流程，用統一標準來規範服務，提高員工各方面的素質，包括服務技能、職業道德和服務態度、工作效率等。在服務規範、技藝成熟的基礎上，提供個性化服務，是服務質量管理的更高要求。餐廳的氛圍

和環境是顧客選擇消費場所的條件之一，良好的就餐環境能給人帶來愉悅感受，可以影響用餐時間和人均消費。對餐廳氛圍和環境的管理，首先要控製餐廳的環境指標，如溫度、濕度、氣味等；其次要利用用餐環境裝修、家具、擺設來創造美觀、大方、雅致的視覺效果；最後要善於使用燈光、音響來營造溫馨和諧的氛圍。

(四) 食品安全管理

2009年2月，隨著《食品安全法》的頒布，食品安全衛生管理工作已經上升到一個全新的高度，國家將抓緊修訂完善餐飲消費環節相關的食品安全監管法規制度，組織制定餐飲服務許可管理辦法，逐步提高餐飲業開辦門檻。對此，餐飲企業應該調整思路，從戰略的高度思考並完善食品安全管理工作。首先，應該從思想上重視食品安全問題，通過培訓、宣傳和一系列規章制度提高全體員工對此的認識，甚至可以根據需要設立「食品安全管理師」這一職位；其次，全面檢查包括原料採購、儲存、烹制、出品的整個菜品生產過程，用科學的手段和技術進行管理，特別是要加大對熟食、鹵味、盒飯、冷菜等高風險食品和餐具清洗消毒等重點環節的監督檢查力度；最後，要長期不懈地做好食品安全管理工作，以制度來保障、以標準來規範。

(五) 產品銷售管理

利潤最大化、成本最小化是餐飲經營管理的努力方向。餐飲企業經營效益是把企業收入和支出進行比較和計量的結果，它直接反應了企業的營業狀況、盈利水平和成本控製效果。經營效益是一個量化指標，是考核和評價餐飲管理者管理工作成功與否的關鍵所在。餐飲企業的經營效益好壞依賴於餐飲產品的銷售情況，因此對餐飲產品的銷售工作管理顯得尤為重要。

1. 設計菜單

菜單設計是餐飲企業產品銷售的第一個環節，菜單上的內容就是企業所提供產品的清單，是進行生產、銷售、市場推廣的依據。首先要確定花色品種，根據企業的規模、檔次、經營特色及客源市場的需求來安排菜單的花色品種，要求結構合理、迎合消費者喜好；其次是要確定產品價格，產品的價格直接關係到企業的收益，同時也影響著產品的銷售效果，所以應根據財會人員的成本收益的核算結果靈活確定價格，如正價、特價、折扣價、等等；最後要對菜單的印刷樣式進行設計，一般包括菜單的選材、尺寸、文字、圖案、色彩等方面的設計和確定。

2. 制定產品銷售指標和計劃，明確銷售任務

根據餐飲企業投資經營目標，結合企業內部和外部經營環境，依據毛利及成本水平核算，制定出餐飲產品的生產和銷售的指標體系。指標體系中不僅包括時間性指標如長期、中期和短期指標，還包括各類技術性分解指標如上座率、翻臺率、人均消費、餐具損耗率等。根據具體指標制訂工作計劃，明確銷售任務。

3. 組織人員開展產品的銷售工作

餐飲產品銷售工作的開展首先要選拔合適的人員，成立相應的銷售機構，主要從事產品的銷售工作，將工作計劃和銷售任務下達；然後就要開展有效的客源組織工作，必須通過各種方式吸引顧客光臨。第一，要以廣告或者公關活動為載體，擴大企業知

名度；第二，要組織專門的銷售人員開發新客戶，管理客戶檔案，加強與老客戶的聯繫，如回訪顧客以及逢年過節或客戶生日的時候送上祝福；第三，要設計、組織各種營銷活動以吸引顧客、擴大銷售，如週末特價、新菜品嘗、主題餐飲月，等等；第四，應該採取靈活的生產和銷售方式，方便顧客、擴大銷售。傳統的餐飲產品生產和銷售都是按訂單生產，購買與消費在店堂完成。如今，消費者的需求發生了多樣性的改變，餐飲企業也應該主動去適應消費者需求的變化。在生產方式的管理上，不一定完全按照餐廳菜單來生產，可以依據消費者的特殊要求量身定做，甚至可以由消費者進行現場指導或是親自操作；在銷售方式上，可以打破店堂的限制，將服務延伸出去，如食品外賣、廚師外派、便民窗口等形式。

4. 對任務、指標完成情況進行全程監控

在企業的營運過程中，隨時關注指標的動態，以量化數據來衡量任務的進展情況，一旦發現經營中的風險，必須及時採取措施規避和排除。餐飲企業內外經營環境的變化常使企業面臨各類難以預見的風險的威脅。在正視風險的同時，應該想方設法採取措施進行防範和補救。首先要針對發生率較高的風險制定防範措施和處理預案。其次在風險發生時應該積極進行補救。經營風險的補救是指在防範風險的基礎上，在風險發生之后，積極採取有效措施，以減輕風險帶來的損失。

5. 對一定時期內的任務指標完成情況進行反饋

在一定時期內，對本期的銷售任務完成情況和指標達到程度進行分析和總結，及時對結果做出反饋。對完成或未能完成的指標均進行原因分析，根據實際情況提出改進或完善方案。最後還應以獎懲的形式來體現員工工作的效果，以此對員工進行鞭策和激勵。

（六）餐飲企業日常工作管理

對餐飲企業的日常工作進行管理，主要目的是使企業的生產經營活動規範、有序、高效。一方面應該建立制度以規範工作流程，另一方面要建立督導機制，以制度為準則，對日常工作進行指導和監督。

餐飲企業的日常工作主要是通過人工操作來完成的，隨意性較大，管理者需要從企業運轉和顧客需要的角度，設計制定與餐飲企業規模檔次、目標定位相吻合的各項操作規範，具體體現在行政、生產和服務三方面。有效的行政運轉是餐廳正常營業的保障，制度應從原料申購、申領程序與方式，信息傳遞渠道與方式，質量管理體系建立與運作等方面加以規範。生產方面制度應該明確其操作程序，如接單後的處理程序、做菜的先後順序等；還應對生產標準進行規定，如菜品各原料的配量、出菜的時間等；另外，對於生產的安全與衛生，也應以詳盡的描述和準確的指標加以規範。餐廳服務方面，應將各項服務工作程序化、標準化，如托盤、斟酒、分菜、擺臺、撤臺等服務技能的規範和顧客退換菜點、寄存酒水、結帳收款等對客服務的程序和方法。

對於工作流程以制度加以規範後是否有效實施、執行情況怎麼樣，管理者應建立完善的督導機制。這項工作包括設立逐級督導的模式，採取定期大質檢、不定期抽查、員工自查和徵詢顧客意見等督導方法，最終將督導結果落實到具體的人或事，從而使督導與效率、督導與培訓、督導與完善管理做到有機統一，相互促進。

二、餐飲管理的要素

（一）規章制度是餐飲管理的關鍵

企業的管理是按從人管人到制度管人再到文化薰陶人的進程發展的，所以企業的發展要靠好的規章制度來保障。餐飲企業的各個部門都應該把規章制度建立起來，如崗位職責、工作標準、獎懲條例、績效考核、損耗報廢、員工手冊、管理條例等，都要建立好、完善好，做到有章可循。

（二）菜品與服務是餐飲企業的生命力

菜品與服務構成了餐飲產品的整體，二者相輔相成互為補充，是餐飲企業吸引力之所在，直接關係到企業的受歡迎程度、市場和效益，是餐飲企業的生命力。好的菜品如果輔以優質的服務，顧客的滿意度會超出菜品本身；而反之，菜品不錯但服務質量低下，則會使客人的滿意度大打折扣。廚房與餐廳完美配合，才能使整個餐飲企業生命力更加旺盛。

（三）成本控製是利潤所在

餐飲企業要想有盈利，就必須抓好成本控製與財務管理。只有成本控製好了，才能取得好的經營利潤。成本控製不能急功近利，為降低成本而忽視菜品與服務的質量，應該集思廣益、開源節流、科學地進行控製，如對設備的及時維修與合理保養，可以延長設備的使用壽命，能為企業節約固定資產的投入。採購的物料則要求物美價廉，時令鮮活，及時到位，這樣才能製作出精美的菜肴，降低廚房生產成本。對於廚房採購原料的價格控製，餐飲管理人員與財務人員應共同對市場做定期調查，瞭解廚房用料的實際價格，一般每週調查一次，增強物料價格的透明度，統一定價。只有這樣才能有效地控製成本支出，防止營私舞弊行為。向多個市場、多個供貨商採購，可以防止物料價格被壟斷，可以買到更多質優價廉的原料。在庫房管理中，應盡可能做到降低庫存，這樣既能降低損耗，又能提高資金週轉率。再就是員工的工資福利佔用了餐飲企業10%左右的成本，要根據工作需要，合理設置崗位，既不能人浮於事，又不可人手不足，要以保證企業順利運轉為前提。

（四）公關營銷是效益的保障

好的產品要有好的宣傳策劃，宣傳策劃能樹立鮮明的企業形象，創造出品牌效益。餐飲企業可通過參加公益活動、廣告、舉辦活動、促銷、走訪老客戶、把握良性事件等方式來塑造企業形象，提高企業的知名度、美譽度。另外，要樹立全員營銷意識，可通過加大提成力度、工資與效益掛勾等手段來激發員工的營銷積極性。

（五）安全與衛生是頭等大事

安全生產是工作中的重中之重，一定要把安全生產放在首位；沒有安全就沒有一切，就談不上經濟效益。江澤民同志說過，「隱患險於明火，防範勝於救災，責任重於泰山」，可見預防的重要性，所以我們要警鐘長鳴，不能麻痺大意。要嚴格制定並遵循

安全檢查制度，注意人身安全、財產安全、經營安全。及時排查安全隱患，如餐廳的地毯、電器、菸頭、廚房的食品安全、電氣設備、操作規範等。

衛生是餐飲行業的頭等大事，要監控好各項衛生，如個人、食品、器具、環境等各方面的衛生，保證為客人營造一個衛生、安全、舒適的消費環境。

第三節　餐飲管理的基本要求

一、掌握客源，以銷定產

餐飲產品一般是就地生產、就地銷售、就地服務的。由於生產出的菜品容易腐敗變質，保持其色、香、味、形就必須要有較強的時間觀念。由於生產過程短，隨產隨銷，因此，必須堅持掌握客源，以銷定產。它要求管理人員必須根據市場環境、歷史資料、當地氣候、天氣變化等情況，做好預測分析。掌握每天、每餐次就餐客人的數量及其對花色品種和產品質量的要求，並據此安排食品原材料供應和組織生產過程，以防止產銷脫節，影響客人消費需求和業務活動的正常開展。

二、注重食品衛生，確保客人安全

餐飲經營過程中，客人流動性大，餐飲管理過程又是一種社會化勞動過程。因此，餐飲衛生好壞，直接關係到客人的身心健康。如果發生食物中毒或疾病傳染，不僅會造成人身傷害和重大經濟損失，而且會嚴重影響企業聲譽和餐飲事業的發展。因此，餐飲管理必須十分重視食品衛生，確保客人安全。它要求管理人員必須嚴格執行食品衛生法。從食品原材料的採購、驗收、儲藏、發料到加工、切配、烹制和銷售都要建立一套嚴格的衛生管理制度。庫房、廚房要堅持消毒，冷葷食品、重要宴會要堅持化驗，做到層層負責、層層檢查、層層把關，以確保餐飲產品新鮮可口、清潔衛生。

三、正確掌握毛利，維護供求雙方利益

餐飲經營的毛利率高低，直接影響企業經濟效益和消費者的利益。餐飲毛利率分綜合毛利率和分類毛利率兩種，不同產品的毛利率是不相同的。正確掌握毛利、維護供求雙方利益，要區別不同情況，堅持因時、因店、因花色品種和對象而制宜。它要求管理人員正確執行餐飲價格政策，區別不同情況，制定毛利率標準。分類毛利率要有高有低，綜合毛利率要有控製幅度，既要發揮市場調節的作用，又要維護供求雙方的利益；既要擴大銷售，又要在降低成本上下工夫。要定期檢查毛利率執行結果，並根據市場供求關係作必要的調整。

四、適應多種需求，提供優質服務

餐飲管理市場範圍廣泛，客人消費層次複雜多變，既有生理需要，又有精神享受需要。宴會服務更以享受成分為主。因此，餐飲管理必須適應客人多種需求，提供優

質服務。它要求管理人員必須根據客人的身分、地位、飲食愛好、消費特點和支付能力，研究不同類型客人的消費需求和消費心理，有針對性地提供優質服務。在產品安排上堅持品種多樣、檔次合理。在產品質量上突出風味特點，注重色、香、味、形。在服務質量上堅持一視同仁，做到熱情、禮貌、耐心、細緻、周到，以滿足客人多層次的物質和文化生活需要，提供優質服務。

第四節　餐飲經營和管理的發展趨勢

經營是籌劃企業的營銷活動以達到預期目標的總稱。餐飲經營以市場為對象，以產品銷售為手段，籌劃並管理餐飲產品的供、產、銷活動，以滿足客人需求，獲得優良經濟效益。餐飲管理指通過計劃、組織、控制等手段，督導員工達到工作目標。一種通俗的說法就是，餐飲經營是為餐飲企業制定目標和實現目標所需要的戰略、策略，是宏觀的調控，主外；而餐飲管理所做的工作就是制定一系列操作細則，促使員工積極工作達到目標，是微觀的控制，做的是內部的工作，主內。把握餐飲經營和管理的未來發展趨勢，對餐飲管理工作是非常必要的。

一、餐飲經營發展趨勢

（一）特色化經營

近年來，中國餐飲業發展迅猛，餐飲市場發生了很大變化，市場競爭日趨激烈。競爭是市場經濟的主題，怎麼樣在優勝劣汰的市場經濟大潮中立於不敗之地，一直是眾多企業長久以來思索與探討的問題。餐飲業是最早與國際接軌的行業之一，然而加入WTO不但未能給國內餐飲業帶來期待中的機遇，而且隨著國外品牌飯店集團的大舉進入，帶來的是更加殘酷與無情的商戰。市場經濟的競爭是無情的，但同時市場經濟的競爭也是最公平的，變幻莫測的市場不以人的意志為轉移，因此，要想在紛爭的市場中持續保持競爭的優勢地位，一定要不斷適應市場變化，提升自身的競爭實力，打造核心專長，走特色化經營的路子。自從哈墨和普拉哈拉德1990年提出「核心專長」的概念以來，在各國的經營管理實踐中，核心專長的理論備受重視和歡迎。核心專長是企業可持續發展的獨特的本質，它應符合五個基本要求：價值優越性、異質性、難以模仿性、不可交易性、難以替代性。對餐飲業而言，核心專長就是餐廳的特色化經營。特色化經營能給餐廳帶來具有特色的技巧能力及知識組合，具有獨特和不易模仿的特點。

（二）集團化經營

餐飲業的發展得益於改革開放。21世紀，由於餐飲市場不斷擴大，餐飲業市場細分化格局正在日趨完善，規模餐飲、連鎖經營已成為餐飲發展的必然趨勢，加之餐飲外部環境日益改善，餐飲交流的空前活躍，使得全國餐飲業總體繁榮，持續發展。餐飲集團正是在這樣的背景下，乘勢形成、發展、壯大的。餐飲集團化經營乃是必然，

集團餐飲正以其特有的優勢、旺盛的活力蓬勃興起。

餐飲迅速發展，既有政策引導的結果，又有自身特點的優勢，比如不受投資規模限制、投資回報直接性，等等。迅猛發展必然帶來激烈競爭。競爭的表象就是社會各界公認的餐飲「圍城」現象，即每天有眾多新的餐飲企業誕生，每天也有若干原先在經營的餐飲店歇業。其實，這種現象並不能簡單地說飯店多了、餐飲店過剩，而應該視為餐飲經營結構檔次需要調整，管理、技術水平需要提高、完善。透視表面，餐飲的競爭實際主要表現在兩大方面：一方面，競爭使得都市餐飲風味集市化，豐富了口味、繁榮了市場，給消費者帶來了實際利益；另一方面，競爭不可避免地引來降價促銷，降價促銷的實質是將餐飲帶入到了微利經營、低成本運作的時代。這既給消費者帶來實惠，又給餐飲經營單位帶來長期和巨大的壓力。它要求餐飲生產經營單位，其一要不斷開發低成本、低售價產品，以維持一定的銷售率，保證應有利潤。其二要在占餐飲成本近40%的原材料成本節約上狠下工夫，這樣才可能抓住成本控制矛盾的主要方面。而集中採購、大批量進貨、統一加工、分別配送，既是集團化餐飲經營的特徵和便利，又是餐飲競爭所追求的低成本、高效率的有效做法。因此，集團餐飲在成本的降低上比起單個、獨立的餐飲生產經營單位也是很有優勢的。

競爭促進了餐飲集團化的進程，餐飲集團的形成又給餐飲企業帶來了明顯優勢，除了集中、統一、大批量進貨，減少企業原料成本開支；產品集中或部分集中開發，節省廚師勞務技術成本支出外，集團餐飲在目前的優勢還表現在：統一格調，統一形象，系統的 CIS 設計，容易產生廣泛的社會影響和口碑，容易獲得客人的品牌認同感，便於吸引和招攬客人，擴大經營。

(三) 多元化經營

多元化發展則是分散市場風險、拓展經營範圍的重要方式。在未來一段時期內，企業併購、連鎖經營和多元化經營將是一個產業發展的重要趨勢。

隨著餐飲企業數量的增加、檔次的提高，餐飲業傳統的單一經營方式已不適應市場形勢，餐飲企業逐漸向多元化經營發展。從20世紀80年代末開始，多種新型餐飲業態及形式在中國的餐飲市場迅猛發展起來，改變了餐飲市場的格局，對提升中國餐飲業起到了積極的作用。如發端於20世紀80年代末的洋快餐業，90年代產生的休閒餐飲、主題餐飲業態等。中餐在中國城市餐飲市場上的地位可能將由「絕對主體」轉變為「相對主體」。入世後，中國餐飲市場的多元化趨勢得到進一步加強，國內美食百花齊放，外國美食爭奇鬥妍，餐廳風格成為重要賣點。因此，餐飲企業在對自身定位時，必須對這種趨勢有所認識，積極拓寬經營領域，發展多種經營，增強餐飲企業的整體實力和市場應變能力，提高餐飲企業經濟效益和抗風險的能力。

二、餐飲管理的發展趨勢

(一) 規範化操作管理

中國餐飲企業各級各類管理者面臨的最大困擾之一就是管理工作不夠規範化，直接導致工作混亂無序，費時費力，不能正確地做事，導致管理低效。世界500強，強

就強在管理規範化,由於規範化,極大部分管理工作成為常規,有條不紊,省力高效。餐飲企業無論是管理還是服務,都要與國際標準接軌,才能順利發展。按標準規範組織企業經營活動,有利於快速提高餐飲企業管理水平。餐飲業標準規範主要有餐飲產品的質量標準、服務標準、衛生標準、定價標準、餐飲產品生產標準以及餐飲設備設施及場地規劃標準等。應積極引導餐飲企業採用國際標準,在餐飲行業推廣國際標準和國家標準認證,推動傳統餐飲業向現代餐飲業轉變,加速餐飲企業集團化、產業化、國際化。

(二) 信息化管理

在現代社會,信息是一種資源。對客源市場、產品市場及競爭對手信息的搜集、利用和開發,能為餐飲企業增加財富。因此,餐飲企業要建立信息中心或市場開發部,並與地區行業和有關的信息網絡建立密切聯繫,以便及時抓住經營和發展機會。餐飲企業要依據信息資源管理和組織企業的經營活動,使企業經營管理工作更為現代化。

(三) 企業文化建設

餐飲企業是一個實體,是一個集合設計與運作在一起的系統,包括了生產系統、服務系統、操作系統等。在這個體系裡,文化是一種傳承、一種延續。企業的任何政策、任何方法,都必須在這上面生根,企業才能成長、壯大。企業文化需要長期累積及創新,並使之成為一種傳統。

(四) 團隊精神建設

餐飲企業最重要的資源是人,尤其是每一位與顧客接觸、直接服務於顧客的員工,他們才是瞭解顧客及掌握客源的關鍵人物,因此,企業管理者要依靠員工管理企業。餐飲業講求的是團隊精神。馬里奧特集團有這樣一句格言:「只有善待員工,員工才能更好地服務於顧客。」員工的自尊能受到充分的尊重,能力能得到充分的肯定,員工才會對公司產生信心與向心力,才能使員工在工作崗位上安心工作,降低流動率。員工只有在一個和諧環境中工作,才能積極參與到企業各方面、各環節的管理中來,關心企業的成長,提建議、出主意,自然也能以更親切的態度服務於他們的顧客,也就能留住客人。

(五) 加大力度推廣職業經理制度

中國已制定了餐飲業職業經理人標準。該標準要求餐飲業經理人必須精通現代餐飲經營管理知識,懂得連鎖經營、品牌管理、技術創新知識,掌握餐飲業的技術與政策法規,具有三年以上良好的管理業績表現。餐飲業職業經理人分為兩個等級:職業經理人和高級職業經理人。餐飲企業將通過市場取得生產要素,逐步聘用專業的經營管理人才組織生產經營活動,實現企業效益最大化。

[補充閱讀1-2] 西式快餐連鎖經營的啓迪

西式快餐連鎖經營的成功之道在於:

(1) 提供標準化的產品和管理。如,麥當勞在形象標誌、店面布置、物流配送、

加工程序、操作工序、服務程序、員工守則、服務質量、培訓學習等方面基本上實現了全球統一。

（2）實行標準產品本土化戰略。為克服產品因標準化而產生的「水土不服」問題，西式快餐非常重視標準產品本土化，根據不同國家、不同地區人們的需要更新口味，調整菜品。如，肯德基根據中國人的口味特點在大陸推出了辣雞翅、榨菜肉絲湯、老北京雞肉卷、海鮮蛋花粥等。本土化策略是西式快餐進行國際化拓展的重要經營策略。

（3）濃厚的企業文化。必勝客的競爭力不只是來自於食品，其優質的服務，可信賴的品牌，安全、衛生和溫馨的環境等產品的附加和延伸才是關注的重點。與其說必勝客賣的是快餐食品，倒不說如它賣的是優雅的環境、溫馨的服務和鮮明的企業文化。

[資料來源] http://hi.baidu.com/lsjmdh/blog/item/0cf93df32866e6ca0b46e0c2.html.

本章小結

本章介紹了餐飲業的發展狀況、餐飲管理內容和要素、餐飲管理的基本要求以及餐飲經營和管理的發展趨勢。這些內容的集合，構成了學習餐飲管理與服務理論的基礎和必要條件。

復習思考題

1. 回顧餐飲業改革開放以來的發展歷程，請談談對餐飲業未來發展的看法。
2. 餐飲管理的內容有哪些？
3. 餐飲經營管理應該達到什麼樣的要求？
4. 餐飲業的多元化發展對經營管理提出了怎樣的要求？

案例分析與思考：風波莊武俠餐廳

2007年，一家以金庸武俠小說為主題的餐廳「風波莊」在福州開業，很快以其「江湖中人吃江湖飯、做武俠事」的獨特主題吸引了廣大消費者，並且迅速在上海、南京、北京、合肥等多個地方開設分店。

進入風波莊，男顧客被稱為「大俠」，女顧客被稱為「女俠」，老人被稱為「前輩」，小孩則被稱為「少俠」。只聽小二吆喝一聲「有客到，客官您裡面請」，您便跟著小二進入您想練的武功門派（包間）：東邪、西毒、北丐、武當、華山、峨嵋、少林、衡山、明教以及魔教等。竹子搭建的牆上掛著倚天劍、屠龍刀，旁邊還掛著一副對聯：武林至尊，寶刀屠龍；號令天下，莫敢不從；橫批：倚天不出，誰與爭鋒。江湖味道充斥整個空間，質樸豪放，霸氣十足，風波暗起。據莊主介紹，風波莊是飲食江湖之莊，江湖上豪俠雲集、風起雲湧，是江湖中人聚集「練功」、「切磋武藝」之地。

與其他餐館不同，這家餐廳沒有菜單，包間服務員在這裡被稱作「莊主」，他會根

據客人的數量及喜好為客人點菜，如果客人不滿意，店家還可以調換菜式；客人面前有茶碗、肉碗、酒碗，如果吃不飽還可以另外加菜。走的時候，店小二們會集體高呼一聲：「青山常在，綠水長流，恕不遠送。」

更有意思的是，這裡管筷子叫「雙節棍」，管小勺叫「小兵器」、大勺叫「大兵器」，管牙籤叫「暴雨梨花針」，廚房更是被稱為「武林禁地」，甚至有一矮門被稱為「鐵頭功練功處」。

在風波莊的飲食「江湖」裡，客人都會無拘無束，開懷豪飲，仿佛個個都是豪俠霸王，個個都在練就高強的「武功」、暢談江湖風雲，英雄好漢間稱兄道弟，意氣風發。酒足飯飽后，相互拱手道別：「兄弟，在此分別，后會有期。」在風波莊的飲食「江湖」裡能感受到人與人之間澎湃豪爽的江湖情感。

［資料來源］http：//www.haochi114.com/mstj_page.asp？id＝4837.

思考題：

試分析風波莊武俠餐廳經營成功的原因。

實訓指導

實訓項目：認識與理解餐飲管理。
實訓要求：通過案例及實證分析，訓練學生對餐飲管理進行正確認識和理解。
項目組織：科學分組，任務分配；廣泛調研，小組討論；任務匯報，項目評價。
項目評價：小組互評；教師評價。

第二章　餐飲經營策劃

【學習目的】
懂得如何進行餐飲市場定位；
瞭解餐飲經營範圍；
掌握餐飲企業選址要求；
懂得餐飲企業名稱、標誌和招牌設計；
瞭解餐飲經營計劃的特點、內容和編製。

【基本內容】
★餐飲市場定位：
餐飲市場分類；
餐飲目標市場的選擇；
餐飲市場定位。
★餐飲經營範圍：
單一經營；
縱向經營；
多樣化經營。
★餐飲企業選址：
餐廳選址應考慮的因素；
餐飲企業經營場所的選擇；
餐飲企業籌建。
★餐飲企業名稱、標誌和招牌：
餐飲企業名稱設計的一般規律與原則；
餐飲企業標誌設計；
餐飲企業的招牌。
★餐飲經營計劃：
餐飲經營計劃的特點；
餐飲經營計劃內容；
餐飲經營計劃的編製。

【教學指導】
本章應注重在教學的過程中引導學生的自我思維。同時可結合市場定位的內容，

讓學生對校園周圍的某一餐飲店進行定位診斷。

策劃就是人們認識、分析、判斷、推理、預測、構思、想像、設計、運籌、規劃的過程。整個過程，充滿了創造性思維。現代社會，幾乎各個領域、各個方面都能見到策劃的蹤跡。社會的發展，使餐飲市場競爭極為激烈，消費觀念日新月異。據統計，餐飲店開業5年左右，由於種種原因，生意好、能繼續生存下來的餐廳不過10%，形成高增長率和高淘汰率同時存在。怎樣才能使企業在當今飲食行業的激烈競爭中站穩腳跟、經營取勝並創造效益呢？靠的是策劃。策劃的重要性越來越突出。在時代潮流的要求下，策劃已經成為餐飲企業最重要的工作。餐飲經營策劃就是根據對餐飲市場變化趨勢的分析判斷，對企業未來的經營行為進行的超前籌劃。

第一節　餐飲市場定位

餐飲企業對於市場的開發，關鍵在於抓住顧客。餐飲企業必須依靠充足的客源來維持其一定的銷售額並不斷發展自身。所以，一個餐飲企業經營成敗的關鍵因素就是市場定位。從通常意義上講，定位是餐飲企業市場營銷中一項重要的戰略性任務，市場定位如果正確，它就會生意興隆，顧客盈門，從而獲得成功；反之，必將導致企業的經營處於蕭條狀態，終至失敗。

一、餐飲市場分類

讓顧客滿意已經成為餐飲業經營管理者的共識。現代餐飲店顧客的需求極具個性化特徵，表現為進餐目的的差異性和消費需求的多樣性，尤其表現在同樣消費中的不同層次需要。餐飲業的市場競爭、顧客需求的多樣化，客觀上要求餐飲企業發揮自身的優勢，細分目標市場，進行專門化經營，採取錯位競爭的戰略，體現自身的個性化特徵。所謂市場細分，是指餐廳按照某種相對固定、相對獨特的標準，將整個餐飲市場劃分為不同的、具有相對統一特徵的小市場。顯然，市場細分就是從廣闊而複雜的市場中，根據顧客的愛好、需求、購買行為、地域分佈等因素，尋找出適合購買本餐廳產品或服務的具體消費對象，並以此作為本餐廳營銷的目標市場。

（一）餐飲市場細分的作用

市場細分作為餐飲企業選擇目標市場的基本環節，其作用主要有：

1. 有利於餐飲企業分析和發掘新的市場機會

通過市場細分，餐飲企業不但可以瞭解整體市場的情況，還可以較具體地瞭解每一細分市場的實際購買量、潛在需求量等，從中分析市場需求的滿足程度。那些尚未得到滿足的需求，就有可能成為企業進入的目標市場。同時，通過市場細分，企業增加了對市場情況的認識深度，有利於預測產品的購買量和潛在需求量，便於動態地掌握消費者對產品的滿足程度和同類競爭產品的優缺點，使企業不斷對自己的產品改進、創新，以適應市場的發展和變化。

2. 有利於餐飲企業有針對性地制定和調整市場經營策略

在市場細分基礎上，選擇出目標市場，企業可以針對各個細分市場的具體情況，制定各種與其相適應的經營策略，有針對性地開展營銷活動，以滿足不同細分市場的需要。

3. 有利於餐飲企業集中自身優勢投向最有利的目標市場

經過市場細分，餐飲企業可根據自身優勢和各個不同細分市場的需求特點，調整產品種類和生產經營規模，使企業的有限資金和物質資源能集中使用到適銷對路產品的生產經營上去，發揮其最大的經濟效用。通過市場細分，盡可能滿足整體市場所有的差別需求，以產品的多樣化來增強企業的競爭能力。力量單薄的小型餐飲企業，在整體市場上缺乏強有力的競爭手段，可通過市場細分選擇出一個或幾個符合自己能力的細分市場作為目標市場，並集中全部力量去奪取局部市場上的相對優勢。

（二）餐飲市場細分的標準

影響餐飲消費需求的因素是多方面的，而且非常複雜，顧客的生活環境、社會經濟地位、人口特點、生活方式、性格、購買行為等對餐飲消費的需求都有不同程度的影響，從而使顧客的餐飲消費需求多種多樣、千差萬別，這些區別就是市場細分的依據。

1. 以人口學因素為基準的市場細分

具有代表性的人口學因素有年齡、性別、家庭人口結構等。

（1）按年齡標準細分

人口年齡是餐飲市場細分中最主要的變量之一。人們在不同年齡階段，對餐飲消費的需求往往有很大的差別。餐飲市場一般根據兒童、青年、中年、老年等標準來劃分。按年齡標準細分的市場較具有現實性，因為處於人生歷程各階段的消費者一般都會根據自己的收入狀況、家庭週期來支配自己的購買行為。中年人年富力強，收入往往不菲，比較講究食宿和享樂條件，是當今人數最多、潛力最大的市場。老年人市場是比較引人注目的市場，如何進一步開發老年人餐飲市場已成為世界餐飲業廣泛關注的課題。青年人市場雖然總體消費水平不高，但仍是一個人數眾多、不容忽視的市場。青年人精力、體力都處於最佳狀態，時間或金錢的障礙幾乎都不能遏制其外出就餐的熱情。在中國，由於獨生子女政策的執行，以及中國文化的固有特點，兒童市場也有其自身特點，需要加以關注。例如麥當勞在中國主要瞄準的就是兒童市場，而肯德基則注重吸引中青年一代。

（2）按性別細分

酒吧、咖啡屋等特殊類型的餐飲企業，一般可根據性別特徵來確定目標市場，如鬧市中心的摩托吧經常是男士們光顧的地方，而歐式風格的咖啡長廊卻多是女人的聚集地。男性消費者在消費行為和消費動機等方面與女性消費者會有很大差別。如在進行餐飲消費時，女性比較關注環境和價格，男性更注重服務和整體感受。因此，消費者的性別是影響餐飲消費和餐飲經營的重要因素。

(3) 按家庭結構標準細分

家庭結構直接影響到家庭負擔及消費行為。餐飲市場更加注重滿足單身族、丁克家庭以及三口之家的消費要求。據調查，年輕的三口之家不僅在外用餐的頻率高，而且每次的消費額也高。

2. 以社會經濟因素為依據的市場細分

社會經濟因素包括受教育程度、職業、收入水平、余暇時間等。

(1) 按受教育程度細分

同屬某一收入水平的階層，受教育程度的高低會使個人需求產生某些差別。受教育程度不同的消費者在旨趣、生活方式、文化素養、價值觀念等方面都會表現出一定的差異，從而影響到他們的餐飲消費行為和消費習慣。如受教育程度高的消費者，對餐飲消費的衛生條件、環境布置的要求比較高。

(2) 按職業細分

消費者的職業不同也會引起消費差異。這種差異，部分原因在於從事不同職業的人所獲收入的不同，但相當一部分差別是由職業特點引起的。如公司職員因時間關係一般只能以便捷的快餐為午餐，而業務人員要經常應酬商務交往，則需要商務餐。

(3) 按收入水平細分

收入水平的高低，不僅決定著消費需求的多寡，而且也決定著消費層次的高低。收入對消費的影響還涉及消費行為、消費習慣等方面。高收入者在餐飲消費時，主要考慮菜品的質量與服務，對價格考慮較少；而低收入者則會經常考慮菜品是否經濟實惠、質價相符，往往權衡再三，才決定購買。

3. 以生活方式為依據的市場細分

生活方式決定了一個人或群體的生活習慣、價值觀。選擇生活方式標準進行市場細分，不僅明確了目標市場的特點和特定產品的顧客層，還為市場營銷指明了方向。生活方式的類型很多，如地位型、享樂型、樸素型、時髦型等。特別是隨著社會的進步，人類物質生活水平的提高，人們在溫飽等低層次的需求得到滿足之後，就會在自我價值、自我實現方面提出更高的要求。因此，企業以心理標準來細分市場，根據不同消費群體的生活方式、個性及所處的社會階層，有針對性地改善餐廳環境，提高菜品質量，以滿足其需要，就顯得更為重要。

總之，餐飲市場的分類是一項複雜而又系統的工作，往往需要綜合以上各個標準（既要考慮年齡、家庭結構，還要考慮職業、收入及生活方式等）才能進行有效的分類。

二、餐飲目標市場的選擇

正確進行市場預測和市場細分，是餐飲企業經營選擇目標市場的基礎。目標市場是指可進入的細分市場中，最適合餐飲店經營特色、最有可能購買本餐飲店餐飲產品的消費群體，同時也是餐飲店重點進行營銷的那部分市場。每個餐飲店都有必要將有限的資金和精力集中在招徠最有可能購買自己產品，從而使餐飲經營獲得營業額和利潤的目標市場上。

（一）選擇目標市場的依據

餐飲店通常選擇銷售額較大、銷售額增長率較高、利潤幅度大、競爭對手少、營銷渠道簡單的細分市場作為目標市場。選擇目標市場應考慮以下因素：

1. 市場份額大

市場份額大，即準備開發的客源市場消費群體大、人數多、有消費能力，能保證開發后的市場帶來經濟效益。

2. 有發展潛力

餐飲店準備開發的目標市場，雖然可能目前份額不算大，但隨著時間的推移，相關環境因素的完善，會有較大的發展，會給餐飲店帶來許多銷售機會。餐飲店營銷人員應分析本地區具有較大銷售潛力的細分市場，以免忽視有潛力的細分市場，從而失去有可能屬於自己的目標市場。

3. 市場暫未飽和

市場暫未飽和指該細分市場尚處於供不應求的狀態，競爭尚不激烈或未被競爭對手控製，本餐飲店可以大顯身手。未飽和的目標市場可以使餐飲店充分利用其資源，發揮其優勢，開發新產品，滿足消費者的新需求。

4. 本餐飲店能力

選擇目標市場時，應瞭解本餐飲店餐飲部的資源狀況，分析本餐飲店餐飲設施和服務狀況，考慮餐飲店是否有條件招徠並接待各類細分市場的消費者。首先要詳細地研究各細分市場的需求，研究他們對餐飲店產品和服務方面最重要的需求內容是什麼。分析餐飲店現有產品和服務是否能滿足顧客的需求，有哪些方面沒有得到滿足，是否可以通過提高產品和服務質量去適應這些需求。明確了餐飲店自身的能力，才能為選擇目標市場提供可靠的依據。

5. 競爭對手狀況

競爭對手的招徠能力如何，對本餐飲店目標市場的選擇有很大影響。餐飲店在選擇目標市場時要考慮競爭對手的客觀條件及有可能對本企業構成的威脅，應避免因選擇相同的目標市場而與競爭對手發生直接衝突。

（二）目標市場確定的程序

確定目標市場，是餐飲店最重要的市場調研活動之一。餐飲店的目標市場是那些最具有潛力並且餐飲店最有能力經營的細分市場，它可能是一個，也可能是多個。

1. 確定餐飲經營範圍

餐飲經營的項目很多，不同的經營項目為餐飲店創造的盈利是不同的。餐飲店應根據自身條件，綜合各方面的因素來確定經營範圍，並為確定的經營範圍確定目標市場。

2. 進行市場細分

影響市場細分的因素很多，包括地理因素、人口特徵因素、消費行為因素等方面。首先根據收集的信息和市場實際情況進行細分因素分析，再根據細分因素將市場劃分為若干個細分市場。

3. 定性分析

定性分析是指對各細分市場的性質進行分析。如細分市場消費者的消費態度、價值觀念、細分市場的發展趨勢、變化情況、增長形勢以及專家們對各細分市場的看法。

4. 定量分析

定量分析是指用具體的數量標準來衡量和預測各細分市場的現實容量和潛在能力。市場定量分析的內容有市場的需求量、銷售量、營業額、市場佔有率、市場增長率等。

5. 市場評估

經定性和定量分析后獲得的信息，為確定目標市場提供了依據，但在最終選定餐飲店目標市場時，必須對可能成為餐飲店目標市場的細分市場進行衡量和評估。

（1）可衡量性：即用某種數量指標和數量單位（如市場需求量、消費者購買力等）來衡量。

（2）可達性：即餐飲店能通過廣告和其他促銷手段有效地到達目標市場。

（3）可行性：即細分市場必須具有足夠潛力，值得餐飲店開發和經營，並能幫助餐飲店確定營銷策略，帶來可觀的利潤。

（4）持久性：即細分市場能持續較長時間，具有較長的生命力，而不是曇花一現。

（5）可防性：指餐飲店能按照劃分出來的細分市場來確定較有效的營銷策略。同時，細分市場能保證餐飲店的競爭能力，使餐飲店在競爭中處於領先地位。

三、餐飲市場定位

定位，是由美國著名營銷專家艾爾·列斯（Al Ries）與杰克·特羅（Jack Trout）於20世紀70年代早期提出的營銷概念，其核心觀點是：定位是對產品未來的潛在顧客的腦海裡確定一個合理的位置，也就是把產品定位在未來潛在顧客的心目中。定位的基本原則不是去創造某種新奇的或與眾不同的東西，而是去操縱人們心中原本的想法，去打開聯想之結，目的是在顧客心目中占據有利地位。從市場學的角度通俗理解，定位就是跑馬圈地，就是在較多的消費者當中以及消費者的多層次消費需求中，鎖定要為之服務的人群，以及確定如何滿足其需求層次的決策。

餐飲市場定位是指餐飲經營者在一定條件下選擇一定類型的客源，在合適的消費環境中用質價相符的產品和服務來開展業務經營活動的市場營銷手段。對餐飲企業進行市場定位有很多種方法。美國的一些營銷學者曾提出過一種被稱為5Ds的模型（Document、Decide、Differentiate、Design、Deliver），即：①識別需要：分析和識別目標顧客最看重的利益或要素；②確定形象：決定要向選定的目標市場推出的形象；③識別優勢：識別競爭者的狀況並確定本企業的產品和服務如何有別於競爭者；④傳遞設計：將這些有別於競爭者的長處納入產品或服務之中，運用營銷組合手段將這些不同之處傳遞給目標市場；⑤落實承諾：將所承諾的利益提供給消費者。

實際上，一個餐飲企業的定位戰略可以有多種不同的考慮途徑。很多餐飲企業的營銷實踐表明，餐飲企業定位戰略的制定大致可以有以下幾種可供選擇的方法：

（一）根據餐飲產品特點進行定位

這是最為常見的一種定位方法，即根據自己餐飲產品的某種或某些優點，或者說

是根據目標顧客所看重的某種或某些利益去進行定位。對於餐飲企業來說，這些優點或利益的基礎可以是本餐飲店的建築風格、坐落地點、服務項目、服務質量、房間和裝潢的設計與質量，或者這些方面產品特色的任何組合。

(二) 根據價格進行定位

國際上有些餐飲店則是根據產品價格來考慮自己的定位。採用這種方法進行定位的餐飲店將其產品的價格作為反應其質量的標誌。眾所周知，產品價格的重要作用之一便是象徵產品的質量。產品越具有特色，即產品的性能越高或者提供的服務越周到，其價格也就越高。對於一個提供全方位餐飲服務的高檔餐飲店來說，為自己的餐飲產品制定高價，本身就會對顧客起到一種知覺暗示作用，即他們可以在這裡得到周到的高等級服務。在不同市場需求情況下，低價薄利多銷與高價厚利少銷都能幫助餐飲店實現銷售收入，從而達到銷售利潤最大化的目標。

(三) 根據消費群體定位

即餐飲企業選擇合適的消費者群體作為自己的目標市場。通常，餐飲店不會只選擇某一類消費群體為目標市場，而是根據餐飲店的實際情況選擇幾類消費群體作為自己產品和服務的對象。做好目標市場消費群體定位的基本方法是：第一，做好市場調查。掌握當地市場的客源數量、規模、類型、檔次結構、消費水平、支付能力、市場競爭狀況等。第二，分析市場可進入、可滲透的程度。包括可選目標市場規模大小、客戶類型、客源層次、市場份額高低、發展潛力大小、各種餐廳上座率高低等。第三，分析目標市場消費群體的市場需求，包括對餐飲企業的消費環境、產品風味、產品質量、產品價格、可以接受的價格波動幅度、人均消費的支付能力等。第四，最終選擇和確定目標市場的消費群體，完成市場客源定位。這一定位要最終落實到企業的不同餐廳的預測上座率和接待人次上，包括酒店餐飲的中餐廳、西餐廳、風味餐廳、宴會廳、咖啡廳和獨立餐飲企業的大眾散座餐廳、各種包房、雅間餐廳等。

(四) 根據服務質量標準定位

即餐飲企業以優良的服務標準為消費者提供產品和服務。餐廳和酒吧等場所的服務都牽涉到服務質量標準的決策問題。確定什麼樣的服務質量標準，完全應依目標市場及餐飲店所處的競爭地位而定。服務質量標準定位的具體方法是：①制定餐廳服務的通用質量標準，嚴格貫徹落實。具體包括餐廳服務態度、著裝儀表、禮節禮貌、服務語言、職業道德、清潔衛生、形體動作、客人投訴處理標準等。②制定各崗位服務程序和操作標準，逐級督導貫徹實施。具體包括餐廳迎賓領位、桌面服務、傳菜、酒水等各個崗位的操作標準。逐級督導檢查，及時糾正偏差，保證質量標準定位的具體落實，確保提供優質服務。

市場定位是一項比較細緻而又複雜的工作，餐飲企業必須根據市場對商品、服務、質量、價格、舒適程度等方面的需求情況，並自我評價本企業在顧客心目中的定位、受歡迎的程度、獨特形象等，通過營銷調查、信息反饋，才能準確制定出市場定位策略。

第二節　餐飲經營範圍

　　通常來說，要使企業保持長期穩定的經營，避免將有限的資源分佈得過於分散，集中投資力量而不使經營範圍過大，就必須根據目標顧客的需求和特徵，進行市場定位，然后來確定經營範圍，並相應地劃出市場區域，有針對性地進行宣傳營銷。

一、單一經營

　　單一經營是指餐飲企業將自己的生產、服務集中在某一個產品或某一類別產品上。

　　單一經營的優勢是：

　　首先，由於企業集中於一項專門業務，有利於企業形成自己獨特的經營能力和經營特色，容易創出名牌和樹立企業形象。國際上以「漢堡大王」麥當勞快餐和「烹雞專家」肯德基為代表，國內以「全聚德烤鴨」和「狗不理包子」等企業為單一經營的優秀代表。

　　其次，由於企業集中於特定的餐飲產品，企業能在確定的目標市場下將全部精力集中於產品開發和技術創新上並發揮專業優勢。如專門經營「北京烤鴨」的全聚德，能夠與目標顧客保持穩定的關係，有利於企業在市場上樹立穩定持久的信譽。

　　最後，採用單一經營的企業在滿足顧客需要、開發新的產品和服務、應付市場競爭、影響市場發展趨勢等方面能夠率先創新，成為市場的帶頭人。

　　雖然單一經營具有如此多的優勢，但我們仍應看到其存在的風險。其中最大的風險是，一旦餐飲消費市場對企業產品的需求發生了不利的變化，由於其經營的產品品種單一，整個企業的經營收益必將大大下降。這就要求企業必須具有雄厚資金和敏銳的洞察力以應付市場變化，並不斷根據市場的變化來改進和提高產品質量，尋求新的市場機會和市場需求。

二、縱向經營

（一）縱向經營方式

　　縱向經營是單一經營內容的擴展，它實際上就是擴大單一經營業務的經營範圍。縱向經營有后向與前向兩種不同的發展方向，如果把產品（服務）的推廣、促銷、廣告、服務等作為「后向經營」，那麼創造或挖掘細分客戶的需求、創造顧客價值、追求最大限度地滿足客戶的需求就是「前向經營」。餐飲業主要採用前向經營。前向經營是將企業的經營業務向前延伸，進入原材料供應和產品開發的經營範圍。如一些餐飲企業採用中心廚房式經營，就可以為本企業節約原材料成本，還可以為其他企業配送原料。

　　採取縱向經營主要從利潤、質量角度來考慮，可以獲得低成本優勢和高質量原料。如麥當勞和肯德基都建有自己的養畜場和加工廠，為保持產品特色建立后向經營基地，

不但穩定了原料來源渠道，還可以保證不斷地提供新鮮、高質量的原料。

(二) 縱向經營的限制條件

首先，企業的縱向經營擴張戰略可能會受到一系列條件的制約。如採用完整的縱向經營擴張戰略意味著大量的資金投入，將可能使企業背上沉重的債務負擔。

其次，採用縱向經營擴張戰略需要有一定的技術力量，要承擔更多的風險，而且使得企業的經營管理過程更為複雜。在縱向產品生產流程中，各個生產階段的規模經濟是不同的，各階段之間要做到投入產出量的準確銜接往往十分困難。

(三) 縱向經營應注意的事項

首先，實行縱向經營要與企業的長遠戰略利益和經營目標相適應。

其次，實行縱向經營要能在一定的程度上加強企業在主要經營業務上的市場地位。

最後，實行縱向經營要能在一定的程度上更充分地利用企業的各種資源。

企業實行縱向經營可以有兩種途徑。其一是從企業內部發展，逐步擴大生產經營規模；其二是兼併或聯營一批企業。

一般的企業如果能夠完成從原材料供應到將產品送到最終消費者手中的生產經營全過程的話，就可以自行控制生產經營過程的全部環節，不會在某個環節上受制於人。當然，實踐中能夠真正實現這一全過程集約化經營的企業總是少數，只有達到一定規模的餐飲企業才具備這一實力，大多數的餐飲企業還是需要和其他相關企業合作才能完成銷售任務。

三、多樣化經營

企業環境的變化以及未來的走向會對企業的戰略決策產生很大的影響，當餐飲企業經營達到一定規模的時候，企業應該不斷審視自身的優勢和行業的發展前景，及時進行必要的調整和擴張，以期實現企業的平穩、高效、快速增長。這時就必須採用多樣化經營。多樣化經營可以有兩種主要的形式，即相關多樣化經營和非相關多樣化經營。

(一) 相關多樣化經營

相關多樣化經營是指企業新發展的業務與原有業務相互間具有戰略上的適應性，它們在技術工藝、銷售渠道、市場管理技巧、產品等方面具有共同或者相近的特點。相關多元化可以使企業在核心產品的推動下，沿其主營業務向下或向上發展連帶產品，以分散經營風險，保持其競爭優勢。一般來講，所謂核心業務是指一個多樣化經營的企業所從事的時間較長、經驗比較豐富、仍有技術專長和競爭優勢並能帶來主要利潤收入的業務。當企業進行相關多樣化經營，將其技術專長和競爭優勢擴展到相關的業務時，就可以發揮其技術專長和競爭優勢的最大效益。

企業可以通過多種方式開展相關多樣化經營。常見的相關多樣化經營方式有：①進行密切相關產品的經營，如傳統餐館兼營快餐；②以企業現有技術為基礎開展相關多樣化經營；③通過提高現有設備的利用率開展相關多樣化經營；④充分利用現有原材料資源的多樣化經營；⑤利用餐飲企業已有的商標和信譽開展相關多樣化經營。

如麥當勞公司利用自己的商標經營兒童玩具。

(二) 非相關多樣化經營

　　非相關多樣化經營又稱混合多元化或複合多元化，指企業新發展的業務與原有業務之間沒有明顯的戰略適應性，所增加的產品是新產品，服務領域也是新市場，如生產化學工業產品公司同時兼營首飾、紡織、旅遊業等。這種跨行業的多元化經營既非沒有核心業務，也並非層次不分，同時在各項核心業務的發展時序上也不應一哄而起。相反，這種多樣化是以一種或幾種核心業務來支撐的多樣化，只有在核心業務已具有優勢，佔有較大市場份額並形成穩定收入時，才能再去發展另一核心業務。選擇非相關多樣化經營戰略一定要穩步推進，因為這種多樣化有效擴張不是若干行業的簡單相加，而應該作為競爭力的集合。餐飲企業開展非相關多樣化經營，一般是在其經濟實力相當雄厚、市場地位鞏固、品牌具有一定社會吸引力時採用。儘管如此，還應對市場進行認真分析，對不太熟悉、沒有經驗的行業，不要輕易進入。一般情況下，餐飲企業進行非相關多樣化經營是為完善企業功能而開展，如餐飲企業經營娛樂項目、餐飲企業經營客房等業務。

[補充閱讀2-1] 小產品怎樣做大文章

　　喝豆漿、吃油條，本是眾多市民倍感愜意的一頓早餐。隨著城市建設步伐加快，遍布城內街頭深巷的豆漿店漸次減少，讓不少人有種失落感，但來自寶島臺灣的「豆漿大王」彌補了人們的這種失落感。與傳統的豆漿、油條相比較，經營者將其重新進行了包裝和改進，從而使之具備了開拓大市場的條件，這便有了同一種產品的兩種命運。走進「豆漿大王」店堂，環境幽雅，服務員著裝統一。這裡看不見街頭冒著黑煞的大油鍋，取而代之的是先進的機器。據瞭解，街頭炸油條時一鍋油要用很長時間，直至油發黑，影響產品質量和顧客的身體健康。而現在的豆漿店一鍋油炸200根油條就必須換掉。對餐具的處理遵循「一刮、二洗、三過水、四消毒」程序。各連鎖店除供應色香味美的豆漿、個大色黃的油條外，還有多種風味小吃，品種不下30個，有麻團、煎餃、春卷、酥餅等。豆漿、油條的確是利潤薄、微不足道。然而正因為其在價格上的微不足道，方使得它能真正成為人人都消費得起、隨時都能消費的暢銷品種，與以高消費客源為基礎的極品宴席相比，它的客源面要廣泛得多。「豆漿大王」的成功用事實說明了儘管是小得不起眼的豆漿、油條，但經過現代化的包裝和改進，充分發揮大企業的技術、設備優勢，小產品可以被營造成為富有生命力的新產品，其市場效果也好得出奇。這也揭示了大企業產品創新的又一原則，即只要有市場，產品無所謂大小，關鍵在於如何去駕馭它。世界上最大的跨國企業可口可樂公司賣的只是小小的一瓶飲料而已。其實，除了豆漿、油條外，飲食行業中還有不少品種都是看似平常普通，但又與老百姓的生活聯繫緊密。如果經營者能動動腦筋，著力提高產品的附加值，在生產的規模化、標準化上下工夫，前途可以一樣廣闊。所以說，一個企業不在於它的產品大小，關鍵看所開發的產品是不是適應市場需求，是不是適合消費者的口味。只要適銷，小產品同樣能闖出大市場，獲得大利潤。

[資料來源] 饒勇. 現代飯店經營智慧與成功案例 [M]. 廣州：廣東旅遊出版社, 2000.

第三節　餐飲企業選址

餐飲產品與製造業產品不同，不是將產品從生產地向顧客消費地輸送，而是將顧客吸引到餐飲店內來就餐，因而餐廳的地理位置對餐飲經營的成敗有很大影響。好的店址，有利於餐廳合理做好長期投資、減少浪費，也有利於餐廳制定科學的營銷策略。有人把餐飲業稱為「選址的行業」，只要餐廳位置選擇恰當，就等於成功了一半。餐廳的經營管理者不僅要懂得去利用和發揮其原先的地形、地貌優勢，彌補不足，而且要學會充分考慮地區經濟的發展優勢、交通條件、人口狀況、消費習俗等，憑藉地區經濟的發展優勢，在一個完整構思理念的支配下，尋找合適的位置。

一、營業區域選擇應考慮的因素

(一) 選擇具有發展潛力的區域

1. 經濟發展較快、較活躍的區域

餐飲消費是在人們有足夠的收入滿足日常衣、食、住、行等基本需要之後的可自由支配收入的支付。一個地區人們的收入水平、物價水平都會影響到人們可用於消費的收入數量和他們必須支付的價格。一般來說，當人們的收入增加時，人們願意支付更高價值的產品和服務，尤其在餐飲消費的質量和檔次上會有所提高。一個經濟繁榮、商業活動頻繁的地區，人們外出就餐的機會也多。因此，餐飲企業一般應選擇在經濟繁榮、經濟發展速度較快的地區。

2. 與政府的發展規劃相一致

餐飲企業的區域選擇要考慮到地區的宏觀區域規劃，一定要向有關部門進行區域發展規劃方面的諮詢。因為區域規劃往往會涉及道路的拓寬延長、建築的拆遷和重建以及人流遷移。如果未經分析，餐廳就盲目上馬，在成本收回之前就遇到了拆遷等問題，餐廳經營無疑將蒙受損失，或失去原有的地理優勢。同時，掌握區域規劃後，便於我們根據不同區域類型，確定不同經營形式、內容和經營規格等。與政府的發展規劃相一致，不僅有利於企業確定地理優勢，而且具有發展潛力優勢。另外，還要分析當地市政規劃與大規模開發計劃實施的可能性。

(二) 處理好群體規模與單體壟斷的辯證關係

一般區位的選擇以避開競爭對手為好，否則容易引發價格戰。但是競爭既是一種威脅，又是一種潛在的有利條件。如果市場容量大，同類餐廳在適度競爭的情況下，以「同行同市」的形態出現，反而容易形成規模效應。同類的店鋪集中在一起，使得顧客擁有廣泛的選擇余地，因而往往會吸引更多的顧客來此消費，形成規模優勢。而一些主題非常鮮明的餐廳，也可尋求相對僻靜的區位，發揮其單體壟斷優勢。

（三）選擇適合於本企業經營活動的地點區域

地點特徵是指與餐飲經營活動相關的位置特徵。如餐飲企業經營所在的區域與政治中心、商業中心、旅遊中心、文化中心以及飲食服務區的距離和方向，一般以相近為宜，因為在消費過程中，距離近可以產生連帶消費作用。這就要求餐飲企業經營的項目和服務內容與地點特徵相一致。因此要注意影響市場區域大小的因素。餐廳的檔次越高，人們的購買決策就越慎重，為就餐願花的時間也就更多些。一家有特色的、聞名的餐廳，人們往往願意花較多的時間前來就餐，而經濟餐館和快餐店的購買決策屬於即時決策，人們一般不會為吃頓快餐而坐車或走很多的路。餐廳所處的地理位置也影響市場區域的大小。位於商業中心的餐館比僻靜區的餐廳市場範圍小些。因為商業中心交通往來和存車都不太方便。臺灣省的餐飲管理學家認為，在商業中心的餐廳的市場區，是以餐廳為中心，200米距離為半徑的圓圈為第一商圈；在較僻靜的城鎮，半徑為300米；市郊路段為2千米；如果是大廈內的餐飲店，則以大廈為第一商圈。

（四）選擇有利於降低企業經營成本的區域

餐飲企業經營的關鍵因素之一是經營成本。在選擇經營區域時就應充分考慮所在地區影響經營成本的因素。

1. 土地價格或建築物租金

地價或租金是在逐漸上漲的，而且餐飲企業在投資時，土地費用或建築物租金所占的比重也是較大的。城市不同區域、不同街道、不同地段，其地價或租金相差是很大的，因此在選址時，應選擇地價或租金合理的、有較大潛在優勢的位置。假日餐飲店的創始人威爾遜，一般把新建酒店土地購置費控製在總造價的10%以內。

2. 能源供應

能源主要是指水、電、天然氣等，它是餐飲經營過程中必須具備的基本條件。如果這一區域能源價格過高，將直接影響企業經營的成本。要說明的是，水的質量也很重要，因為水質的好壞直接關係到烹飪的效果。

3. 原材料的供應及價格水平

餐飲企業每天都必須大量採購鮮活的原材料，如果所在地區原材料供應不足，會影響餐飲企業的服務水平和聲譽，如從外地空運會增加成本。如果原材料有供應，那麼貨源是否充足、價格是否合理、價格是否穩定，都是餐飲企業選擇區域時需要考慮的因素。

4. 勞動力供應狀況及工資成本

餐飲企業屬於勞動密集型企業，需要很多掌握專項技術的人員，如廚師或管理人員，具有一定技能、操作嫻熟的服務人員等。這一區域市場上是否可供應足夠的具有餐飲專業知識的勞動力，以及他們的工資標準等，也是應考慮的經濟因素之一。

5. 稅收負擔

餐飲企業所在地區的稅收政策、稅收比例或額度，是選擇投資區域應考慮的因素。

6. 貸款及利率

投資貸款是否容易獲得，利率高低等影響貸款的成本，這是選擇營業區域時考慮的又一個重要因素。

7. 社區服務

社區服務包括治安、消防、垃圾廢物處理以及其他服務。目標地點所需服務的設施、費用和質量都是應該被評估的，這些信息可從當地政府相關部門獲得。

（五）選擇適合企業市場特徵的營業區域

通過對區域內人口、收入、就業人數及類型、工商企業、旅遊資源、交通運輸等方面統計數據的分析，來研究餐飲營業區域的特點。

1. 區域內的人口特點

區域內人口的數量及人口素質影響了對餐飲的需求量；

區域內人口年齡結構、職業結構影響了餐飲的消費習慣和消費方式；

觀光人口（流動人口）的增加，擴大了對餐飲的需求。

2. 區域內的餐飲需求特徵

不同的市場區域餐飲需求不同，包括對餐飲需求的內容、服務方式不同。經營者應根據區域內餐飲需求特徵來確定營業區域。在商業零售店、服務部門，購物者的餐飲需求是方便、衛生的食品；在賓館、商務寫字樓，住店客人的餐飲需求是具有一定品位的、價格適中的食品；在交通中心（機場、車站、碼頭），旅行者對餐飲的需求是快捷的食品；在學校，師生對餐飲的需求是營養、衛生、食品；在政府部門，招待客人的餐飲需求是有一定檔次的食品。

二、餐飲企業經營場所的選擇

餐飲企業的選址是一項複雜的工程，我們在選擇餐飲經營場所時要遵循餐飲企業選址的因素和原則，在營業區域已確定的基礎上，還應確定具體的經營場所。在具體的選址過程中，應遵循以下原則：

（一）作好目標市場分析

任何餐飲企業，都要根據其目標市場，研究其作息規律，按所在地人們行進、停留的規律選址，使顧客容易接近。餐廳原則上應選擇在顧客容易接近的地段和位置，因為在很大程度上，顧客是以方便性來決定進入哪家餐館的。

（二）綜合配套

選址時要注意，現代餐飲企業經營，一般都與休閒娛樂、住宿等相關行業配套。配套的方式一般有兩種：一是自身配套。即大型餐飲企業建立既有餐飲又有娛樂和消閒設施乃至住宿的綜合企業。二是與附近設施配套。即將地址選擇在有住宿和娛樂設施或購物中心的附近，形成一種互補的經營方式，如在高級賓館區建立適合住店客人用餐的餐飲企業即是出於此意。同時，選址時還要考慮與周圍環境的配套，包括衛生環境、建築物、美化環境以及綠化環境等；與基礎設施的配套，主要是指區位內實現「三通一平」，即通水、通電、通氣、道路平。

（三）可見度好

餐飲企業的可見度是指餐飲企業位置的明顯程度。比如說選址的位置無論在街頭、

街中還是街尾，應讓顧客從任何一個角度看，都能獲得對餐飲企業的規模外觀的感知。當然，這需要從建築、裝飾等幾個方面來完善。一般而言，連鎖餐廳宜緊靠某條主要街道、繁華的商業區域或某個公寓區。

(四) 考慮投資預期目標

餐飲企業在選擇地點時，除考慮外部因素外，還應考慮自身的條件，如經營品種、方式等。要以能實現預期投資目標的地點來衡量地理位置的優越程度。如在繁華的商業街上（地理位置好、租金高）開一家中高檔餐飲企業，其銷售額和利潤遠不如快餐企業大（顧客主要來自購物者和商場服務員）。

[補充閱讀2-2] 麥當勞的選址策略

麥當勞的成功，除了品牌優勢外，在選址方面更具敏銳目光，善於進駐具有發展潛力的地區。其選址策略包括：

(1) 建頻密網絡。麥當勞的目標消費群是家庭成員和年輕人，所以在選址上，人潮聚集地是其最主要的考慮因素。例如在商業中心的兒童用品商店或青少年運動產品連鎖店附近，便會積極進駐；至於靠近繁忙地鐵站的周邊，在不同的出口，也會設置分店，為顧客提供方便，以頻密的網絡，搶奪來自四面八方的顧客。

(2) 對地區進行評估。做生意是長線的投資，所以在揀選落腳地時，麥當勞都會做市場調查，對據點進行為期3~6個月的嚴密考察。考察的內容，包括進駐城市的規劃與發展、人口變動、消費和收入水平等，如果發現是正在或已經老化的城市，則會打退堂鼓。相反，若有興建中的新型住宅區、學校和商場等，則會將其納入考慮的範圍。

(3) 裝潢搶眼。除了底樓外，麥當勞也會在商場等一樓設店，而設店位置往往靠近玻璃窗，從落地玻璃窗可以看到顧客在店內的消費行為，借此吸引街外過客的目光，以取得視覺上的優勢，從而誘使顧客進店。

(4) 不打激進牌。雖然不少品牌都希望搶得黃金鋪位，但昂貴的租金往往在營運成本中佔了很大的比重。麥當勞在內地的對策是不打激進牌，例如在上海松江和金山區，便先發展其他二線據點，打響知名度和凝聚人流後，吸引代理高價店鋪的地產商主動招手，然後再做出議價行動，這樣才能獲得投資回報。

(5) 優勢互動。麥當勞在百貨公司也會開「店中店」，以吸引喜歡逛百貨公司的顧客，尤其在知名度高的品牌旁邊開店，如家樂福超市等，以達到優勢互動的好處。至於年輕人喜歡逛的購物商場，也會為其帶來穩定的客源。

[資料來源] http://www.canyin168.com/glyy/xd/dz/200701/4437.html。

三、餐飲企業籌建

通過可行性分析和市場調研，確定了目標市場和經營方向後，便進入餐飲經營的籌建階段，在籌建階段應估算各項有關費用。

(一) 土地和建築物的費用估算

土地費用彈性不大，一般不用估算。建築費用包括建築設備和工具費用，可以通過不同途徑進行估算，如按每個餐座所占費用計算；或參考近期剛剛建好的同種類型的餐廳建築費用等。餐廳建築費用是經營者根據經營方針和規模進行的基本投資之一，可以採用招標的形式，通過競爭達到降低費用的目的。

(二) 家具和設備的費用

家具和設備的費用估算由經營者和室內設計師及餐飲服務顧問共同研究決定。這些費用主要由餐飲經營規模、提供的產品和服務方式等因素決定。

(三) 業務設備費用

包括經營所需的餐具類如瓷器、玻璃器皿、銀器；布草類如臺布、餐巾、員工制服；另外還包括菜單製作費用等。這些業務設備的費用估算，是在每項所需數量和費用計算的基礎上產生的。

(四) 營運費用

除上述各項費用開支外，企業必須有一定數量的營運費用，用以維持餐廳的開業和正常營業。如辦理營業執照、衛生許可證等相關開業手續的費用；開業費用；廣告推銷費用；職工培訓費用；採購食品原料的費用；前期的員工工資，等等。

第四節 餐飲企業名稱、標誌和招牌

任何一個企業都和人一樣要有自己的名稱。名稱伴隨著企業整個經營過程，具有傳遞信息、引起注意、樹立形象的重要作用。餐飲企業名稱不僅是對這一企業的稱謂，也代表著這個企業的品牌。所以，餐飲企業不僅要有好的名字，還要有合適的表現形式，這就是標誌。名稱、標誌是餐飲企業投資的重要組成部分，好的名稱和標誌有助於企業樹立良好的公眾形象，有助於企業的長遠發展。

一、餐飲企業名稱設計的一般規律與原則

餐飲企業名稱是企業形象的首要元素，是企業文化濃縮的符號。有了好名稱，才能建立起形象鮮明的企業，否則，將是「皮之不存，毛將焉附」。所以在餐飲企業策劃設計名稱時，應瞭解名稱設計的一般規律與原則。

(一) 餐飲企業名稱設計的一般規律

1. 符合國家法律和相關法規

餐飲企業命名一定要符合相關法律法規。在正式命名之前，這一點一定要落實清楚，不要與之相衝突，以免給企業帶來巨大損失。特別是一些已經註冊並享有專屬權的名稱，在自己的餐飲企業命名時一定不能與其重複。如「假日」、「香格里拉」、「肯

德基」、「馬克西姆」等名稱都是專屬名稱。

2. 傳達企業理念與精神

企業理念，是餐飲企業形象的精髓和核心，它將指導企業在生產和經營過程中，形成哲理性的根本指導思想和基本觀念。企業精神，則是餐飲企業形象的重要組成部分，是企業核心價值觀的體現，是企業每個員工共同的信念、信仰和群體意識，是企業形成凝聚力的強大動力，是充分發揮每個員工的積極性、合作性、創造性的強大精神武器。

在設計餐飲企業名稱時，要為以后的企業理念、精神的提煉和確立打下堅實的基礎，使企業名稱在今后的傳播中，能起到加強和宣傳企業理念、企業精神的作用，真正讓企業名稱體現出「名副其實，名正言順」的效果。如上海嘉賓餐飲有限公司，其名稱一看就知道企業理念是全心為賓客服務，一切為了賓客。

3. 讀音響亮上口，給人以好印象

企業名稱的讀音必須考慮兩個方面：

（1）聲母、韻母、聲調不宜相同，要有差別。如果所取的名稱的聲母或韻母相同，則讀起來既不響亮又很拗口，從而影響企業形象。如「歌高閣」聲母都是「G」，「老狼來」聲母都是「L」，「蘭蔓」韻母都是「an」，讀音不順。如將其改成「歌頓閣」、「野山狼」，就比較有個性，且讀音好聽了。

（2）音調，就是讀音的平仄。一、二聲為平，三、四聲為仄。也就是說，餐飲企業名稱的文字讀音也要有聲調變化，給人以抑揚頓挫之感。

（3）名字的讀音應避免不吉利、不文雅的諧音。取名時，也要注意吉利。吉利不是迷信，是一種民俗，是一種人的心理現象在社會生活中的反應。所以，應注意這點。

4. 字形易認易讀，字義明確清楚

字形從視覺上給客人一種感受，所以要從整體上給人易認易讀的設計效果。餐飲企業的名稱是用來被大家讀、記和傳播用的，在選字時應避免用生僻的、難認的、繁體的字，因為這樣的字，客人看不懂、讀不出，印象雖然深刻，但無法交流，不便於傳播。如「鳳壽閣」中的「壽」是個不常用的字，沒有多少人能讀懂它，傳播起來就很困難。另外字形的結構要有整體性和新穎性。例如「樓外樓」、「聚春園」、「渝加漁」都是很好的字形的組合，具有藝術感染力，使人回味無窮。

字義包括本意和寓意兩個方面，寄托著起名者對所起名稱的希望和追求，同時又反應出起名者與被起名者的性格特徵。名實相符，表達行業特徵，才能提高企業形象和產品形象的知名度和美譽度。如著名的假日餐飲店集團，其字體簡單易認，含義一目了然，就是讓賓客感覺像回到了家一樣輕鬆自然。否則，可能是知名度提高了，但美譽度卻一落千丈。

(二) 餐飲企業名稱設計要求

從可口可樂（Coca Cola）、索尼（Sony）、麥當勞（McDonald's）等世界名牌的標準名稱來看，表現出四大共同特點，即簡明扼要、朗朗上口、意向準確、誘發聯想。這些對餐飲企業名稱設計具有很多借鑑和指導意義。

1. 應與餐廳檔次一致

餐飲企業的投資者和經營者，在確定自己餐廳的名稱之前，首先應明確該企業的檔次、規模、目標客源的層次。如果確定經營檔次是豪華餐廳，面向高端顧客，並且餐廳的裝飾、菜品和服務都是按高標準設計和實施的，那麼餐飲企業就應取一個高貴、豪華的名稱，如金碧花園酒店。這既有助於向顧客傳達一個明確的信息，又有助於塑造餐飲企業的形象。如果是大眾化的實惠型餐飲企業，就應該有個通俗易懂的朗朗上口的名稱，如「食餐飽」餐廳、「好又來」餐飲店。

2. 應與餐飲企業的目標市場相適應

餐飲企業面對的市場需求具有明顯不同的檔次。因此，餐飲企業的投資者，在投資初期就已經確定了規模和檔次，也就是選定了目標市場。所以，其名稱應與既定的目標市場相適應。如果餐廳經營的主要品種是面向西方人的，可以取洋名；如果經營的是快餐店，那麼取名要新，針對工薪階層、上班族，使名稱涵蓋面大，適用面廣，如「對又來快餐店」。

3. 名稱應考慮到世界各地的通用性和民族性

這要求在命名時不僅要考慮本國語言中名稱的原形、音、義的特徵，還要兼顧國際上其他語言翻譯出來的含義及發音。如「雪碧」碳酸飲料，英文名稱是「Sprite」，但是在翻譯成中文的時候沒有直接音譯，而是考慮了中國人的理解習慣和商品特點，結果迅速占領了中國市場。

我們中華民族有著悠久的歷史和燦爛的文化，我們的文字有形有音有義，當幾個單字聯成詞彙后，有獨特的含意和深刻的寓意，體現我們傳統文化集體潛意識的延續力，如全聚德烤鴨店。所以我們在為本土餐飲企業設計名稱時，除了某種特殊的偏好之外，不應該有崇洋媚外的心態，把企業名稱設計成外語的譯音，會給人不中不洋、不爽不快的感覺。

4. 追求簡潔明快

按中國人的習慣以及人的記憶規律，一個名稱的字節最好不超過四個。餐廳的名字也要遵循這個規律，最好是二至三字，這樣顧客稱呼上口，用詞響亮，筆畫少，容易記憶。一個讀音困難、拼寫太長的名稱，往往會影響企業的傳播效果和經營狀況。國外一些著名的企業進入中國，將店名譯成中文時，盡量做到字數少、筆畫少、記讀容易，如「麥當勞」、「必勝客」、「馬克西姆」、「肯德基」。在為企業起名時，要簡潔明快，言簡意賅，給人乾脆愉悅的感覺，為企業今后的發展興旺打下堅實的基礎。切忌拖泥帶水，表達不清，所指不明，給人不知所云的感覺。

5. 新穎別致，不落俗套

無論是在視覺上還是在聽覺上，均要新穎別致，不落俗套，使消費者感到可信可近，能提高和激發消費者認名的興趣，從而建立企業良好的形象。如娃哈哈，名稱來源於人們最基本的愉快的表達方式，即哈哈笑的基本發音。

6. 一旦選定名稱，就不要輕易更改

要讓大多數人熟悉餐飲企業名稱是不容易的，這需要時間，需要各方面的努力，所以不要輕易改變，以利於銷售，樹立企業形象。

二、餐飲企業標誌設計

在 CI 設計中的 VI 視覺要素中，標誌是核心要素。企業標誌是指那些造型單純、意義明確的統一、標準的視覺符號，一般是企業的文字名稱、圖案記號或兩者相結合的一種設計。標誌具有象徵功能、識別功能，是企業形象、特徵、信譽和文化的濃縮，一個設計傑出的、符合企業理念的標誌，會增加人們對企業的信賴感和權威感，在社會大眾的心目中，它就是一個企業或某品牌的代表。

(一) 標誌的功能

一個標誌代表著一個企業、一個品牌，它能向人們準確地傳遞信息。例如當我們看到一個金黃色的雙拱門時，就知道它是一家麥當勞快餐店。因此，標誌在企業的經營活動中具有特殊的功能。

1. 識別功能

識別功能是標誌的基本功能，它能將該企業與其他企業區別開，便於消費者辨別和記憶，強化消費者對該企業的感知和認定。

2. 寓意功能

一個標誌總有其深刻的意義，它不僅體現著企業的經營理念，象徵著經營者美好的追求和願望。同時，通過標誌，也可以喚起消費者的注意和聯想，進而起到一種促銷的作用。

3. 保護功能

標誌在國家的商標管理機構註冊后，就取得了專用權，受到法律的保護，禁止他人假冒和仿造使用，這不僅可以保護正當的市場競爭，維護經營者的信譽和經濟利益，也可以維護消費者的利益。

(二) 標誌的類型

目前，餐飲企業的標誌共有以下四種類型：

1. 文字標誌

文字標誌一般均以企業名稱為基礎，然后加以字體造型而成。廣東「東東雲吞面」是一家食品快餐連鎖店，其標誌是「東」字的草書體，象徵筷子和麵條的可視圖形。

2. 字母標誌

字母標誌有兩種類型，一種是漢語拼音的造型，另一種是英文字母的造型。漢語拼音造型一般是將該企業名稱的聲母組合在一起或者是第一個字的聲母。如五糧液的標誌就是以「W」為中心，用兩個同心圓圈住，中間用代表五種糧食的直線連接，寓意深刻。英文字母造型一般是英文的縮寫或頭一個字母，例如麥當勞從英文 McDonald's 的第一個字母演化出一個拱門的造型，成為麥當勞的顯著標誌。

3. 圖形標誌

用圖形作標誌，簡潔、明快、生動，能給人留下深刻的印象和美的享受。例如：深圳野力肥牛火鍋城店標為一頭牛的圖形，它以醒目的寫實牛頭突出酒家特色，使人一目了然，過目難忘。還有北京國際餐飲店標誌為圓形的地球狀，意為面向全世界；

主體為中國的古代酒具——爵，表示酒店。

4. 複合標誌

此為圖形和文字複合而成的標誌，這是目前用得最多的。複合標誌的優點十分明顯，它不僅能標示企業類型、經營特色，還能使人瞭解企業的精神和品味。例如西安清雅齋飯莊店標為英文字母Q（即店名的漢語拼音字頭）的字形，主體為伊斯蘭教清真寺的建築造型，店標底色為伊斯蘭教崇尚的墨綠色，富有獨特的民族風情和地方特色。

（三）標誌設計的原則

餐飲企業標誌的設計，要通過策劃、構思、設計、修改、定稿等一系列的複雜過程，因此，在設計時，不僅要投入必要的人力和財力，還要慎重，力爭達到一勞永逸的效果。所以，在設計時應該遵循下列原則：

1. 簡潔、明快

標誌不僅是消費者辨認企業的途徑，也是增強企業廣告宣傳效果的最好手段。因此，標示設計應該簡潔、明快，讓人一見就能借助於無意識記憶迅速理解和記憶。

簡潔、明快，並不是說圖文簡單、缺少內涵，而是說圖文看起來清楚明瞭，不造成視覺上的負擔或讓人難解、誤解。往往越簡潔的標誌，寓意越深刻，傳播越容易。很多馳名的產品，其標誌都是非常簡明的。

2. 寓意豐富

作為標誌，一般應有寓意，讓人一看就能從中感受到該企業的經營特徵。寓意要準確貼切，通俗易懂，以讓人一見即可理解為佳。如上海百樂門大酒店由繁體字的「門」經巧妙變化而成中國傳統拱門的基本圖形，又似一笑口常開的臉面，其嘴的形狀如酒杯，而笑眯眯的眼則意為微笑服務，又隱含「進我店門，百事快樂」之意，圖形創意奇巧但又寓意明顯，讓人記憶深刻，過目不忘。

3. 新穎、獨特

標誌設計還應該新穎、獨特，只有新穎才能引人注目，只有獨特才易於與其他標誌相區別，而形成鮮明印象。

新穎、獨特的前提是必須研究本企業與眾不同的基本特徵，然后再尋求與眾不同的表現手法。當然，要與眾不同，就必須首先研究其他企業的標誌。這種研究是必要的，不僅是為了獨特、有新意，也是為了避免以后在法律上發生糾紛。

4. 精致巧妙

標誌的設計還應該精致。無論選材、製作還是標準字、標準色，都應該給人一種精致、考究的感覺。巧妙主要表現在構思、造型、標準字與標準色的搭配上。精致與巧妙，是標誌設計富於藝術性的根本所在，應避免那些生硬、牽強、松散的設計形象。

三、餐飲企業的招牌

餐飲企業的標誌設計完以后，要通過一定的形式表現出來，它可以制成徽章、招牌、牌匾以及印刷在其他物品上，將本企業的信息傳播出去。

自古以來，餐飲業就非常重視招牌的設計和製作。招牌懸掛在店鋪門前，形象直觀地推介商品，使人望物明義，一目了然，用以招徠和吸引顧客。

(一) 傳統招牌的種類

餐飲業以招牌來吸引和招徠顧客的歷史可追溯到 2000 多年前的春秋戰國時期。傳統的招牌主要有酒旗和幌子，幌子也是由酒旗演變而來的。

1. 酒旗

酒旗也叫「酒招」，最初為無字布簾，后來，喜歡舞文弄墨的古代人在布簾上題寫了店鋪名號和簡單的經營範圍。由於布簾容易褪色損壞，后來便用木牌代替，於是出現了今天很常見的各式招牌。

2. 幌子

原指布幔，古代酒肆常在門前懸掛，一則吸引路人視線，二則提示路人這裡是酒館，久而久之便成為酒店特有的一種標誌，所以有人稱為「酒簾子」或「酒望子」。現在，在東北的鄉鎮還能看到用紅布、藍布（清真餐飲店）或紅絨線、紅（藍）塑料布制成的幌子。

(二) 現代餐飲企業的招牌

現代企業招牌是企業的標示，展示著企業的形象和市場定位。隨著社會經濟發展，現代餐飲企業招牌也向多元化方向發展。

1. 霓虹燈招牌

霓虹燈招牌可適應餐飲企業晚上營業的需要，不僅能引起消費者的注意，還能製造熱烈和光怪陸離的氣氛，以達到美化城市、促進銷售的目的。因此，霓虹燈招牌是目前普遍使用的一種招牌。但是，從環境保護和節約能源的角度講，霓虹燈招牌不應該成為主要的招牌類型。

2. 懸吊式招牌

懸吊式招牌是橫掛或豎掛在餐飲企業門口一側的招牌。這種招牌像一把刀突出了餐飲企業的門面，所以又稱「刀匾」。這種招牌一般都是雙面印有企業名稱或標誌，讓來往的行人注意。這種招牌有的設計成燈箱式，也有的鑲上霓虹燈，是常見的招牌之一。

3. 鑲嵌式招牌

鑲嵌式招牌就是將企業的名稱、標誌鑲嵌在企業的牆上，以示企業性質的招牌。這種招牌設計簡便，但要充分考慮字體大小、顏色與建築物的高低和色彩的關係。一般來說，字的大小應與建築物的大小成正比，字的顏色要與底色形成較強烈的反差，只有這樣才能突出招牌。

4. 橫立式招牌

橫立式招牌是最常見的一種招牌，橫立在企業門的上方或貼在門面上。這種形式的招牌是企業裝飾門面的重要方法之一。

除上述幾種招牌類型以外，還有人物、動物、模擬實物等造型的招牌，這些招牌具有生動性、誇張性和趣味性，是招牌發展的一種趨勢。

第五節　餐飲經營計劃

一、餐飲經營計劃的特點

經營計劃是企業經營目標和管理任務的具體體現，它直接決定了企業的人、財、物等資源的調配和業務經營活動的組織，並影響資金使用和經濟效益。正確預測計劃指標，編製經營計劃，合理確定計劃目標，做好計劃管理，是餐飲管理的首要條件和基本要求。

(一) 目標性

從實質上說，計劃管理就是確定目標，組織業務活動的開展，保證計劃指標的實現。因此，餐飲經營計劃必須以企業經營方針為指導，分析客觀環境，掌握市場供求關係的變化，在收集計劃資料的基礎上，做好預測。然后通過財政預算，對餐飲收入、成本、費用、利潤等做出全面安排。這些指標一經確定和分解，就成為企業、部門和基層管理的具體奮鬥目標，指導餐飲管理各項業務活動的開展。因此，餐飲經營計劃實質上是對目標管理的具體運用。

(二) 層次性

餐飲經營計劃有店級計劃、部門計劃、基層作業計劃。餐飲部門內部還有食品原材料採購計劃、廚房生產計劃、各餐廳銷售計劃、成本計劃等。從計劃指標的安排看，各級、各部門、各餐廳的計劃都是互相聯繫、互相依存的。下一級的計劃指標既是對上一級計劃指標的分解，又是制定上一級計劃指標的基礎。因此，餐飲管理應建立在國家引導市場、市場調節企業的運行機制的基礎上。企業內部計劃的編製和執行都應堅持逐級負責、逐級考核的原則。

(三) 綜合性

編製經營計劃是一項綜合性較強的工作，它涉及企業各部門、各環節、各項業務活動的開展。具體來說，經營計劃業務上涉及採購、儲藏、生產和銷售，內容上涉及各級、各部門的收入、成本、費用和利潤，計劃的貫徹執行涉及業務管理的全過程，體現在供、產、銷活動的各個方面。因此，餐飲經營計劃必須以經濟效益為中心、以銷售預測為起點、以業務經營活動為主體、以經營措施為保證，具有較強的綜合性。

(四) 專業性

編製經營計劃是一項專業技術性較強的工作。在編製計劃以前，要做好調查研究，分析經營環境，掌握市場供求關係的變化。在編製過程中，要做好銷售預測，搞好財政預算，合理安排各種指標。執行過程中又要利用信息反饋，掌握計劃進展和可能出現的偏差，發揮計劃控制職能。因此，餐飲管理人員只有掌握這些專業技術，並善於靈活運用，才能做好計劃管理工作。

二、餐飲經營計劃的內容

經營計劃是企業經營目標和管理任務的具體體現，它直接決定了企業人、財、物等資源的配置方向和業務經營活動的組織，並影響資金使用和經濟效益。

(一) 銷售計劃

銷售是市場營銷的本質表現和對各種交易行為的直接反應。餐飲銷售計劃是根據市場需求，在確定產品風味和花色品種的基礎上，分析企業檔次結構、接待對象、接待能力而制定的，其內容主要包括餐廳接待人次、上座率、人均消費、不同餐廳的食品收入、飲料收入、菸草收入和其他收入及總銷售額等。

(二) 產品生產計劃

廚房生產是餐飲業務經營活動的中心環節之一。生產過程的組織直接影響產品質量、客人需求和食品原材料消耗，是確保銷售計劃得以順利完成的基本條件。餐飲產品生產計劃是以餐廳銷售計劃為基礎，通過計劃指標的分解來制定的。它以短期計劃為主，其內容主要包括花色品種安排、食品原材料消耗、廚師任務安排、單位產品成本控制等。

(三) 食品原材料計劃

食品原材料是保證餐飲產品生產需要，完成銷售計劃的前提和保證。其計劃指標以食品原材料採購為主。計劃的內容主要包括採購成本、庫房儲備、資金週轉、期初庫存、期末庫存等。

(四) 餐廳服務計劃

餐廳服務過程就是餐飲產品的銷售過程。餐廳服務質量是餐飲管理的生命，它直接影響客人需求、產品銷售和營業收入的最終完成。餐廳服務計劃以提高服務質量、擴大產品銷售為中心，根據餐廳類型、就餐環境和接待服務規格來制定。其內容主要包括服務程序安排、服務質量標準、人均接待人次、職工人均創收、人均創匯、人均創利、優質服務達標率、客人滿意程度、投訴降低率等。

(五) 營業利潤計劃

營業利潤是餐飲企業經濟效益的本質表現。營業收入減去營業成本、營業費用和營業稅金就是營業利潤。營業利潤計劃包括稅金安排和利潤分配。因此，計劃指標內容應包括利潤額、利潤率、成本利潤率、資金利潤率等。表 2-1 列出了餐飲企業中重要的經營計劃指標。

表 2-1　　　　　　　　餐飲管理經營計劃指標

編號	名稱	公式	含義
1	餐廳定員	=座位數×餐次×計劃期天數	反應餐廳接待能力

表2-1(續)

編號	名　稱	公式	含義
2	座位利用率	$=\dfrac{日就餐人次}{餐廳座位數}\times 100\%$	反應座位週轉次數
3	餐廳上座率	$=\dfrac{計劃期接待人次}{同期餐廳定員}\times 100\%$	接待能力利用程度
4	食品人均消費	$=\dfrac{食品銷售收入}{接待人次}$	客人食品消費水平
5	飲料比率	$\dfrac{飲料銷售額}{食品銷售額}\times 100\%$	飲料經營程度
6	飲料計劃收入	$=食物收入\times 飲料比率+服務費$	反應飲料營業水平
7	餐飲計劃收入	$=接待人次\times 食物人均消費+飲料收入+服務費$	反應餐廳營業水平
8	日均營業額	$=\dfrac{計劃期銷售收入}{營業天數}$	反應每日營業量大小
9	座位日均銷售額	$=\dfrac{計劃期銷售收入}{餐廳座位數\times 營業天數}$	餐廳座位日營業水平
10	餐飲毛利率	$=\dfrac{營業收入-原材料成本}{營業收入}\times 100\%$	反應價格水平
11	餐飲成本率	$=\dfrac{原材料成本額}{營業收入}\times 100\%$	反應餐飲成本水平
12	喜愛程度	$=\dfrac{某種菜肴銷售份數}{就餐客人人次}\times 100\%$	不同菜點銷售程度
13	銷售利潤率	$=\dfrac{銷售利潤額}{銷售收入}\times 100\%$	反應餐飲銷售利潤水平
14	餐飲流通費用	$=\Sigma 各項費用額$	反應餐飲費用大小
15	餐飲利潤額	$=營業收入\times（1-成本率-費用率-營業稅率）$	反應營業利潤大小
16	餐飲利潤率	$=\dfrac{計劃期利潤額}{營業收入}\times 100\%$	餐飲利潤水平
17	人均接待客次	$=\dfrac{客人就餐人次}{餐廳（廚房）職工人數}$	職工勞動強度
18	計劃期庫存量	$=期初庫存+本期進貨-本期出庫$	反應庫存水平
19	平均庫存	$=\dfrac{期初庫存+期末庫存}{2}$	月度在庫規模

表2－1(續)

編號	名稱	公式	含義
20	流動資金週轉天數	$=\dfrac{\text{計劃期營業收入}}{\text{同期流動資金平均占用}}$	反應流動資金管理效果
21	流動資金週轉天數	$=\dfrac{\text{流動資金平均占用}\times\text{計劃天數}}{\text{營業收入}}$ $=\dfrac{\text{流動資金平均占用}}{\text{日均營業收入}}$	
22	餐飲成本額	$=\text{營業收入}\times(1-\text{毛利率})$	反應成本大小
23	邊際利潤率	$=\text{毛利率}-\text{變動費用率}$ $=\dfrac{\text{銷售份額}-\text{變動費用}}{\text{營業收入}}\times 100\%$ $=\dfrac{\text{銷售份額}-\text{變動費用}}{\text{銷售份額}}$	反應邊際貢獻大小
24	餐飲保本收入	$=\dfrac{\text{固定費用}}{\text{邊際利潤率}}$	反應餐飲盈利點高低
25	目標營業額	$=\dfrac{\text{固定費用}+\text{目標利潤}}{\text{邊際利潤率}}$	計劃利潤下的收入水平
26	餐飲利潤額	$=\text{計劃收入}\times\text{邊際利潤率}-\text{固定費用}$	反應利潤大小
27	成本利潤率	$=\dfrac{\text{計劃期利潤額}}{\text{營業成本}}\times 100\%$	成本利用效果
28	資金利潤率	$=\dfrac{\text{計劃期利潤額}}{\text{平均資金占用}}\times 100\%$	資金利用效果
29	流動資金利潤率	$=\dfrac{\text{計劃期利潤額}}{\text{流動資金平均占用}}\times 100\%$	流動資金利用效果
30	投資利潤率	$=\dfrac{\text{年度利潤}}{\text{總投資}}\times 100\%$	反應投資效果
31	投資償還期	$=\dfrac{\text{總投資}+\text{利息}}{\text{年利潤}+\text{年折舊}}+\text{建造週期}$	反應投資回收效果
32	庫存週轉率	$=\dfrac{\text{出庫貨物總額}}{\text{平均庫存}}\times 100\%$	反應庫存週轉快慢
33	客單平均消費	$=\dfrac{\text{餐廳銷售收入}}{\text{客單重量}}\times 100\%$	反應就餐客人消費狀況
34	食品原材料淨料率	$=\dfrac{\text{淨料重量}}{\text{毛料重量}}\times 100\%$	反應原材料利用程度
35	淨料價格	$=\dfrac{\text{毛料價}}{1-\text{損耗率}}$	淨料單位成本
36	某種菜生產份數	$=\text{就餐總人次}\times\text{喜愛程度}$	產品生產份數安排

[資料來源] 蔡萬坤．餐飲管理［M］．北京：高等教育出版社，2008．

三、餐飲經營計劃的編製與落實

(一) 餐飲經營計劃編製與落實

餐飲經營計劃是一個重要的管理工具。它的編製與落實須遵循以下程序：

1. 分析經營環境，收集計劃資料

分析經營環境、收集計劃資料是計劃管理的前提和基礎。分析經營環境主要指市場環境。它要求在認真做好市場調查的基礎上，掌握市場動向、市場特點、發展趨勢和市場競爭狀況，然后結合本企業的實際情況，分析企業顧客類型、檔次結構、需求變化、產品風味、花色品種、價格水平、服務質量等同市場需求的適應程度，找出自己的優勢和不足，為確定餐飲經營方向和計劃目標提供客觀依據。收集包括地區旅遊接待人次、停留天數、旅客流量等以及其他餐飲企業近年來的接待人次、餐廳上座率及人均消費等資料，在此基礎上預測各餐廳的上座率、接待人次、人均消費和營業收入。

2. 分析食品原材料消耗

制定各餐廳標準成本，觀測成本額、成本率，確定成本降低率指標。

3. 分析營業費用

根據業務需要和計劃收入分析營業費用構成及其比例關係，預測各項費用消耗，確定費用降低率指標。

4. 預測餐飲利潤目標

分析營業收入、營業成本、營業費用和營業利潤的相互關係，預測餐飲利潤目標。

5. 根據原始記錄和統計分析編製經營計劃

原始記錄和統計分析既是企業累積、收集計劃資料的基礎，預測、確定計劃指標的前提，又是執行計劃、發揮計劃控製職能的重要基礎工作。在餐飲計劃管理中，從食品原材料採購、儲藏、入庫驗收、領料發料、廚房生產到餐廳銷售，都必須建立原始記錄制度，做好原始記錄工作。其工作內容是：班組設原始記錄員，每天記錄各項收入、成本、費用、接待人次等的實際發生額；部門設統計員，逐日、逐月、逐季分類統計各項計劃指標的完成結果；財務部門分類核算，做好分析工作。將原始記錄和統計分析結合起來，既為餐飲經營計劃編製提供了原始依據，又為計劃管理提供了信息反饋，成為各級管理人員加強計劃控製，指導餐飲業務經營活動順利開展的重要決策參考。

6. 搞好綜合平衡，落實計劃指標

實事求是、綜合平衡是計劃管理的基本原則。餐飲計劃方案完成以後，還要搞好綜合平衡，落實計劃指標。其具體任務是：審查收入、成本、費用和利潤的相互關係；審查採購資金、儲備資金、週轉資金的比例關係，使之保持銜接和協調；審查收入、成本、費用和利潤在各部門之間的相互關係，使資源分配和計劃任務在各部門之間保持協調發展。在此基礎上，企業召開計劃會議，經過分析討論，做出計劃決策，形成各項計劃指標，為業務經營活動的開展提供客觀依據。

7. 發揮控製職能，完成計劃任務

編製計劃方案，落實計劃指標後，執行計劃的過程就是發揮計劃控製職能，完成計劃任務的過程。要重點做好三方面的工作：第一，以餐廳、廚房為基礎，分解計劃指標，明確各級、各部門及其各月、各季具體奮鬥目標，將全體職工的注意力引導到計劃任務上來，為共同完成計劃任務而努力工作。第二，建立信息反饋系統，逐日、逐周、逐季統計計劃指標完成情況，發現問題，及時糾正偏差，發揮計劃控製職能。第三，根據各級、各部門計劃完成結果，合理分配勞動報酬，獎勤罰懶，擇優汰劣，保證計劃任務的順利完成。

(二) 營業收入計劃的編製方法

餐飲經營計劃的編製是以營業收入計劃為起點的，編製營業收入計劃一般分為三個步驟：

1. 確定餐廳上座率和接待人次

它要求以餐廳為基礎，根據歷史資料和接待能力，分析市場發展趨勢和準備採取的推銷措施，將產品供給和市場需求結合起來，確定餐廳上座率和接待人次。其中，賓館接待人次要充分考慮住店客人，同時又要考慮店外客人需要。住店客人的接待人次一般是根據客房出租率計劃分析住店客人到不同餐廳用餐的比率，店外客人則可根據歷史資料和市場發展趨勢來確定。

2. 確定餐廳人均消費

確定人均餐飲消費應將食物和飲料分開進行，確定食品人均消費額和飲料銷售比率，部分國營餐飲店和涉外餐館的餐飲人均消費將食物和飲料一起計算，不管屬於哪一種形式，都要考慮三個因素：一是各餐廳已經達到的水平，二是市場環境可能對餐飲人均消費帶來的影響，三是不同餐廳的檔次結構和不同餐次的客人消費水平。

3. 編製營業收入計劃方案

營業收入計劃一般可通過季節指數分解到各月，也可逐月確定。季節指數的確定，既可以餐廳為基礎，又可以全部餐飲銷售額為基礎。營業收入計劃方案都以餐廳為基礎，最后匯總，形成食品、飲料和其他收入計劃。

(三) 營業成本計劃的編製方法

餐飲營業成本包括食物成本和飲料成本。編製營業成本計劃的工作步驟是：

1. 確定不同餐廳的食品毛利率標準

根據市場供求關係和企業價格政策，結合企業餐飲管理實際，確定餐廳的毛利率標準。毛利率標準一經確定，餐廳食品的成本率和成本額也就確定了。其計算公式為：

食物成本率 = 1 - 毛利率

食物成本額 = 計劃收入 × 成本率

2. 編製飲料成本計劃

各餐廳的飲料成本以進價成本為基礎，它受飲料銷售額和上期成本率兩個因素的影響，其計算公式為：

飲料成本額 = 去年實績 × (1 ± 銷售額增減率) × (1 - 成本降低率)

$$計劃成本率 = \frac{飲料成本額}{計劃收入} \times 100\%$$

3. 編製職工餐廳成本計劃

中國的賓館飯店、涉外餐館的職工餐屬於職工福利，在管理體制上分兩種情況：一是職工餐廳歸餐飲部管理，其原材料成本從餐飲部轉撥。二是職工餐廳歸企業總務部管轄，其成本計劃不在餐飲部編製。一般來說，三星級以上的餐飲店都是單獨核算的，職工餐廳不要求盈利，其成本率較高。編製方法是：

成本額 = 去年實績 × (1 - 成本降低率)

$$成本率 = \frac{成本額}{計劃收入} \times 100\%$$

4. 確定簽單成本消耗

企業為了開發市場，組織客源，推銷產品和開展業務經營活動，需要一部分交際費，它是列入計劃的。其中相當一部分用於餐飲消費。當這部分費用發生時，均由有關主管人員簽單，列入餐廳成本消耗，在企業或部門交際費用中列出。因此簽單成本也是餐廳餐飲成本內容之一，其計劃額一般根據企業銷售額和交際費及歷史統計資料來確定。

5. 編製餐飲成本計劃方案

編製時，職工餐廳成本和簽單成本計劃必須單列，以保證成本計劃的真實性，有利於餐飲成本控制。如果職工餐廳歸企業總務部管理，單獨核算，則不列入企業餐飲部門經營計劃。

(四) 營業費用計劃的編製方法

餐飲營業費用計劃指標根據費用項目不同而變化，其主要確定方法有六種：

1. 財務分攤預算法

這種方法以財務會計報表為基礎，結合餐飲費用實際消耗或佔用來確定計劃費用額。它主要適用於房屋折舊、家具及廚房設備折舊等費用預算，其具體方法有使用年限折舊法、綜合折舊率法、工作量折舊法等多種。具體採用哪種方法，均由企業財務部門統一掌握，並預算出企業各部門的折舊額，作為餐飲管理計劃指標。

2. 銷售額比例預算法

這種方法以餐飲計劃銷售額為基礎，分析費用消耗比例，參閱歷史統計資料來確定費用計劃額。它主要適用於餐飲管理費用、銷售費用、維修費用、裝飾費用、餐具茶具消耗等費用指標預算。具體方法是先確定上述費用佔餐飲計劃銷售額的比例，由此確定計劃額。

3. 人事成本預算法

餐飲管理人事成本分為固定人事成本和可變性人事成本。前者以職工人數為基礎，確定人均需要量，其內容包括固定工資、浮動升級、職工膳食、副食補貼、物價補貼、醫療補助、退休統籌等。後者主要指餐飲管理中計劃安排的職工獎金、臨時工、季節工等人員的成本消耗。固定人事成本的預算方法是：

人事成本 = 人均需要量 × 職工平均人數

可變性人事成本一般根據餐飲管理經濟效益的高低和業務需要大致確定。

4. 業務量變動法

這種方法以歷史統計資料為基礎，分析費用消耗合理程度，結合餐飲業務量的增減變化來確定計劃費用額。它主要適用於水費、電費、燃料費、洗滌費等可變性費用指標預算。這些費用一般是隨餐飲業務量的變化而變化的。其預算公式為：

可變性費用額＝上年實績×（1±業務增減率）×（1－費用降低率）

5. 不可預見性費用預算法

不可預見性費用是指企業管理中常常發生的捐助、贊助、攤派等費用消耗。這些費用支出往往是不可預見的，但又是必然會發生的。這部分費用一般在全店統一列支，作出計劃安排。其預算方法一般根據歷史統計資料大致確定。

6. 營業性稅金預算方法

營業性稅金主要指在營業費用中列支的稅金支出。其內容包括印花稅、車船使用稅、土地使用稅、房產稅、資金占用稅五種。預算方法是根據企業實際情況和國家規定的稅種稅率，各稅種分別預算。在餐飲管理中，一般在全店統一列支，只有營業稅需要在部門計劃中單列。

(五) 營業利潤計劃的編製方法

餐飲營業利潤計劃的編製，主要是將收入、成本和費用計劃匯總，形成計劃方案。其方法分為兩個步驟：

1. 編製餐飲計劃營業明細表

它以餐廳為基礎，將各餐廳營業收入、營業成本和營業毛利匯總，形成計劃方案，作為餐飲管理成本控制的主要依據。

2. 編製餐飲管理利潤計劃表

在餐飲店賓館以部門為基礎，在涉外餐館則既可以部門為基礎，也可以全店為基礎。其方法是將整個餐飲管理的收入、成本、費用匯總，形成餐飲管理損益計劃表。它是餐飲經營計劃的本質內容。其中，營業明細表是利潤計劃表的補充。兩者結合使用，成為餐飲業務管理的重要工具。

本章小結

本章介紹了餐飲企業如何進行餐飲市場定位、經營範圍的選擇、選址、設計餐飲企業名稱及標誌和招牌、編製餐飲經營計劃。本章內容是對餐飲經營管理以市場為起點和終點的最好詮釋。

復習思考題

1. 餐飲企業如何根據經營區域的特徵進行市場定位？

2. 餐飲目標市場應具備哪些條件？
3. 單一經營、縱向經營、多元化經營的優劣勢各是什麼？
4. 餐飲企業營業區域選擇應考慮哪些因素？
5. 餐飲企業名稱設計的要求及取名技巧是什麼？
6. 餐飲企業標牌在不同場所的作用是什麼？
7. 請以你所在的實習餐飲店為例，說明年度餐飲經營計劃的編製需要完成哪些任務？

案例分析與思考：高校周邊餐飲蓬勃發展

如今的高等院校，無論校內校外，各類餐館都已經悄然興起，龐大的高校餐飲市場已經形成，這是任何經營者都無法否認的事實。高校餐廳的成功也許並不為飯店界所注意，但針對特定客源的針對性營銷也能給經營者以足夠的啟示。事實上，在消費水平全面提高的今天，客源結構已呈現多極化，並非只有商務旅遊者才是餐飲市場的目標。當然，這種「靠山吃山」的做法也是大有學問的。

廣州某大學門口有一學府飯店。店主黃先生本是該學校某系教師，後來學校院系調整，黃先生暫時賦閒在家。黃先生幾乎每天都要外出吃飯。時間一長，便有了開餐館的念頭。接著就是找門面、籌資金、辦執照，一番緊鑼密鼓的籌備後，便有了今天的學府飯店。黃先生執教多年，十分熟悉青年學生的消費特點和消費心理，他開餐飲店的指導思想就是：「靠山吃山，靠水吃水，靠著學校，就得圍繞著學生做文章。」青年學生思想單純，喜歡文化氛圍濃厚的環境。黃先生就將飯店中農村來的服務員全部換掉，在校園裡招了批大學生鐘點工。學生們利用課餘時間來這裡鍛煉鍛煉，也可以補貼一下生活。整個餐廳裡真的做到了「談笑有鴻儒，往來無白丁」。學生們思想活躍，迫切想瞭解各類信息。黃先生便自任主編，組織幾個中文系的「筆桿子」，將每天的國內外要聞和體育新聞及人才交流信息、飯店的特別菜肴介紹編成一份「信息日報」，就餐的學生人手一份，用完餐後帶回學校又是一份絕妙的廣告。學生們邊看報，邊聊天，飯廳裡氣氛熱烈，就像課間討論一樣。

學生們來自全國各地、五湖四海。他們大多沒有收入，主要靠父母供養，支付能力不強，但又喜愛社交，沒有養家糊口的負擔，所以特別愛「撮一頓」。黃先生針對這些特點，沒有將飯廳裝飾得富麗堂皇，而是簡樸整潔。四壁上懸掛著描繪祖國各地風土人情的油畫，學子們無不見景生情，惦念故鄉。為了讓學生們吃得開心，黃先生特意讓廚師準備了各式地方風味菜肴，有湖南人愛吃的辣椒、東北人愛吃的豬肉炖粉條……學生們在這裡可以任意享用久違了的家鄉風味。收費也很便宜，基本與學校飯堂的小炒價格持平。學生們真正是「吃得開心，走得順心」。

足球比賽是學生們的節日。每到重大賽事舉行之際，鐵桿球迷們便開始四處找電視。黃先生將四臺彩電一字排開，貼出告示免費歡迎球迷觀戰。一時間，餐飲店裡，人聲鼎沸、群情激昂，黃先生也興奮地當起了業餘「球評」。不用說，這些鐵桿球迷不久又將成為餐飲店的鐵桿主顧。越來越多的人知道了學府飯店的大名，越來越多的人

光臨學府飯店。

［資料來源］http：//vip.6to23.com/adec/Jyzcls/008.htm.

思考題：

「回頭客」市場是怎樣建立起來的？

實訓指導

實訓項目：餐廳選址。

實訓要求：分組對所在城市餐飲業進行市場調研；根據小組調研結果，進行餐飲目標市場定位分析；根據目標市場定位分析結果，確定餐廳類型，明確小組餐廳的選址情況。

實訓組織：科學分組，任務分配；市場調研，小組討論；任務匯報，作品展示；項目評價，選址確定。

項目評價：小組互評；教師評價。

第三章　菜單的設計與製作

【學習目的】
瞭解菜單的重要性；
掌握菜單的策劃；
懂得菜單的設計和製作。

【基本內容】
★菜單概述：
菜單的定義；
菜單的由來；
菜單的種類；
菜單的作用。
★菜單的策劃：
策劃菜單；
選擇菜點。
★菜單的設計和製作：
菜單設計的原則；
菜單設計的內容；
菜單內容的安排；
菜單的設計。

【教學指導】
　　指導學生以小組為單位設計菜單，要求綜合考慮書中所提出的各項因素，並分析成本和定價。

　　在餐飲經營與管理中，菜單的策劃與設計是餐飲經營中一個至關重要的環節。菜單策劃是餐飲產品的生產、服務和銷售的總綱，菜單的設計製作是餐飲服務與管理中主要的和基礎性的工作。

第一節　菜單概述

餐廳所有的銷售都是從菜單開始的，菜單是決定餐廳經營主題的決定性因素之一。只有充分瞭解菜單的內涵和作用，才能設計出一套理想的菜單。

一、菜單的定義

「菜單」一詞最早來源於拉丁語「minutus」，意為指示備忘錄。菜單現在的英文名為「menu」，語源為法文中的「Le menu」，原意為食品的清單或項目單。根據《牛津辭典》，其意義為「在宴會或點餐時，供應菜肴的詳細清單、帳單」。

人們經常會把菜單與菜譜、食譜弄混，實際上它們是截然不同的概念。菜譜是描述某一菜肴製作方法和製作過程的食譜。食譜是為了合理調配食物以達到合理營養的要求而安排的膳食計劃，根據就餐者的營養需要量（如生理的或因病的特殊需要）、飲食習慣和食物的供應情況，制訂在一定時期內（通常為一周）每餐用料和菜肴配制的計劃，包括採用主、副食品的種類、數量、烹調方法等。而菜單則是指餐廳中使用的可供顧客選擇的所有菜品的一覽表，即菜單是向客人介紹餐飲經營商品的目錄單，其主要內容包括食品、飲料的品種和價格。

二、菜單的由來

關於菜單的由來，有很多種不同的版本，主要有以下三種。第一種版本是「法國人版」：菜單源自1498年的蒙福特公爵。他在每次宴會前，總命人用一張羊皮紙寫上廚師所要做的菜的名單，放在客人座位上。第二種版本是「英國人版」：16世紀的布朗斯威克公爵，在私邸宴請親朋好友，席間每上一道菜，公爵都要看看自己面前的菜單，邊吃邊欣賞。旁人紛紛效仿，並逐漸普及。第三種版本是「民間版本」：菜單源於歐洲，尤其是法式西餐廳，廚師把菜單的內容用粉筆寫在黑板上，並掛在餐廳牆上，由就餐者選擇他們所需要的食物和菜肴。隨著時間的推移，歐洲一些知名餐廳也把每天供應就餐者的食物和菜肴的名稱寫在紙上或卡片上。

據資料記載，第一份詳細記載並列有各項菜肴細目的菜單出現在1571年一名法國貴族的婚宴典禮上。之後的法國國王路易十六不但講究菜式的結構，而且重視菜單的製作。后來，菜單就演變成了王公貴族及富豪宴客時不可缺少的物品。歐洲保存的最早菜單主要是為聚餐會備餐用的食品單，它主要用於廚房備餐，一般不給顧客看看。法國大革命后，餐廳逐漸把掛在餐廳牆上的菜單發展成提供給顧客的單獨的菜單。后來人們又在菜單的設計上做了很多努力來增強菜單的吸引力，並且菜單的形式也發生了很大的變化。

中國烹飪的歷史較長，很早就有了記述菜肴的文字。但是，這些文字大多是菜譜、食譜，主要側重於記載菜肴、食品的配料、製作方法、火候及烹飪時間等。

三、菜單的種類

菜單的種類多種多樣，根據不同的分類標準，可以把菜單劃分為很多不同的類型。按照經營風味分類，菜單可以分為中餐菜單、西餐菜單和其他風味菜單等。按照用餐時間分類，菜單可以分為早餐菜單、午餐菜單、晚餐菜單、夜宵菜單等。按照用餐形式劃分，菜單可以分為宴會菜單、自助餐菜單、冷餐酒會菜單、客房送餐菜單等。按照菜單的使用週期劃分，菜單可以分為固定性菜單、循環性菜單和即時性菜單等。按照菜單價格形式劃分，菜單可以分為零點菜單、套餐菜單等。按照菜單裝幀製作方式劃分，菜單可以分為合卡式菜單、招貼式菜單、紙墊式菜單、活頁式菜單、立牌式象形菜單、迷你型小菜單等。

在酒店，我們通常按照菜單的功能將其劃分成零點菜單、套菜菜單、特色餐廳菜單和特種菜單。

（一）零點菜單

零點菜單，又稱點菜菜單、單點菜單，是針對零散客人點菜準備的一種菜單，也是最常見、使用最廣泛的一種菜單形式。這種菜單的特點是每一道菜都要標明價格。在零點菜單上分門別類標明菜式品種的名稱、規格及其對應的價格，賓客可以根據自己的喜好和消費能力自由點菜。

在零點菜單的餐別上可以有早餐和正餐兩種，一般正餐包括午餐和晚餐，通常午、晚餐使用相同的菜單。

1. 早餐零點菜單

從目前中式早餐菜單經營項目來看，中式早餐零點菜單一般可分為粥類、點心類、小菜類和甜品類。有些餐館還提供水果。大多數飯店早餐不經營酒類。在中國的南方包括香港、澳門地區，早餐以品種齊全、經營靈活著稱，形成了自己獨特的粵式風格。在中國的大部分地區，早餐點心的品種相對固定，一般多為油條、麵條、餛飩、燒賣、包子、餃子等。而西式早餐零點菜單一般包括果汁與水果類、餐包類、奶與麥片類、蛋與火腿類和飲品類。

2. 正餐零點菜單

中式正餐零點菜單有不同的形式，一種是傳統式的，以原料的類型進行分類，如冷菜類、海河鮮類、家禽類、畜肉類、蔬菜類、羹湯類、主食類、甜品類、飲料類等；另一種是流行式的，不拘泥於傳統的類別，將特色菜肴體現出來，如風味涼菜、燒鹵類、野味類、家庭小竈、家常砂鍋系列、江南風味類、竹筒風味類等。

西式正餐零點菜單一般按照就餐順序分類編排菜肴項目，其分類的種類主要有開胃品、湯、主菜及附屬菜、沙拉與漢堡類、甜點、酒水飲料。

（二）套菜菜單

套菜菜單，又稱和菜菜單、定食菜單和公司菜單，就是將各種類型的菜肴，經過合理的搭配以後組合在一起的菜單編排形式。中式套菜就是在冷盤、熱炒、湯、主食各個類別中選配若干個菜，按照一定的原則組合在一起以一個價格銷售的形式。而西

式的套菜就是將開胃菜、湯、主菜、甜點等各個類別選配幾個菜肴組合在一起以一個價格銷售的形式。

套菜菜單通常分為普通套菜、團隊套菜和宴會套菜。

1. 普通套菜

普通套菜就是一個人或幾個人吃一頓飯所需要的幾種主食、菜肴或飲料的組合，通常提供一種或幾種價格供用餐者選擇，可以免去客人點菜的麻煩。

普通套菜菜單包括中式早餐套菜菜單、中式正餐套菜菜單、中式下午餐套菜菜單、西式早餐套菜菜單、西式正餐套菜菜單。其中，中式早餐套菜菜單根據各地風俗不同形式也有所不同，但無論何種形式，粥、點心、茶等品種是一致的。中式正餐套菜菜單的種類很多，經濟型的大眾套餐深受工薪階層的歡迎。在南方很多地方，由於氣候和生活習慣的不同，還有下午餐，其實下午餐的主要內容與正餐大致相同，只是在菜單的選擇上更多地選用小吃類食品，而就餐形式更加自由、隨意。

西式早餐套菜菜單包括英式早餐套餐、美式早餐套餐和歐陸式早餐套餐，大多數西式早餐套菜菜單都有固定的格式。一般歐陸式早餐主要有果汁、麵包加黃油、果醬、咖啡、牛乳或茶。美式早餐在此基礎上加了雞蛋配咸肉、火腿或香腸。英式早餐是在美式早餐的基礎上加各種谷麥片或麥片粥。在香港地區，有些飯店將西式早餐進行簡化，並將中式早餐和西式早餐結合，從而形成中國人能夠接受的一種早餐套菜菜單。而西式正餐套菜菜單，較全面的由一份開胃品、一份湯、一份主菜、麵包加黃油、甜點及咖啡組成，最簡單的可以由一份湯、一份主菜加麵包和黃油組成。

2. 團隊套菜菜單

團隊套菜菜單以各種會議或旅遊團隊為服務對象，根據客人的訂餐標準進行設計。除了高檔會議和豪華團隊外，團隊套菜多是便餐，多以實惠的家常菜肴為主，菜品經濟實惠，搭配有致。

3. 宴會菜單

宴會菜單是按照宴會主辦者的要求，根據宴請規格和標準、所宴請客人的特點、宴請賓主單位等諸因素設計制定的專用菜點。從宴會的形式上來分，可以分為桌筵式和自助式，其中中餐多用桌筵式，主要有慶典式、商務式和特色式；而西餐多用自助式，主要有自助餐、雞尾酒會和冷餐酒會。桌筵式菜單根據其宴請對象、宴席規格、宴請目的等而有所不同，但由於中餐習慣上的要求，通常由三大組菜組成，一是冷菜，二是熱菜、大菜、湯、甜品，三是主食、點心、水果等。而自助式菜單由於從西方傳來，更多地採用冷食、點心。

宴會菜單既講究規格，又必須考慮菜單的組合及品質、價格，還需要按照季節的變化安排時令菜單。大多數宴會檔次比較高，都有特定的目的或主題，並且用餐進程緩慢，欣賞、評價菜肴的機會較多，因此宴會菜單需要精心設計製作，力求菜單藝術與生產、服務技術有機完美地結合。

(三) 特色餐廳菜單

特色餐廳主要是專門經營特色風味產品的餐廳，由於這類風味餐廳產品少而精，

對於喜好某一食品的顧客極具吸引力。

1. 快餐店菜單

快餐是一種世界範圍的產業。無論是中式快餐還是西式快餐，其最大的特點就是快速的產品製作和方便的食用方式。

2. 風味餐館菜單

風味餐館一般是提供特色餐飲的餐館，其種類很多，可以經營單一產品，也可以經營多種產品，價格便宜，經濟實惠，重點突出菜餚的風味特色，如火鍋菜單、面食專賣店菜單等。

（四）特種菜單

特種菜單一般是為特殊行業或部門服務的。

1. 客房送餐菜單

由於客房送餐是餐廳的額外服務，因此大多數飯店都會收取一定的服務費。餐廳送餐到客房需要一定的時間，在服務中要有輔助設備作保證，如保溫車、保溫容器等。同時，菜單中不要選擇烹制方法複雜或加工時間長的菜餚。

客房送餐菜單形式多樣，可以以菜單的形式出現，可以掛於門把手上，也可以放在床頭。

2. 航空菜單

航空菜單提供給乘坐飛機的乘客使用。航空菜單的菜式通常不複雜，多以西餐的形式出現，一般附有中英文文字說明。

3. POP 菜單

POP 菜單（Point of Purchase Advertisement），又稱賣場廣告菜單，一般將飯店經營的特色菜餚或全部菜餚寫在紙張、餐巾、桌面、牆壁等地方，以起到宣傳、推廣的作用。

四、菜單的作用

菜單是飯店餐飲部出售的食品、飲料等的名稱和價格的一覽表，也是客人挑選、品嘗菜餚的最主要依據。全面地理解和發揮菜單的作用是菜單策劃和設計的前提與基礎。

（一）菜單是溝通產品信息的橋樑

餐廳通過菜單向客人介紹餐廳提供的產品，推銷餐飲服務，體現餐廳的經營特色。客人通過菜單瞭解餐廳的類別、特色、產品及其價格，並選擇自己需要的菜餚和服務。因此，菜單是連接餐廳與客人的橋樑。

（二）菜單是餐飲經營的計劃書

菜單在整個餐飲經營活動中起著計劃和控制作用，是一項重要的管理工具。菜單影響著餐廳人員的配備和選擇，影響著餐飲設備和用具的選擇和購置，影響著食品原料的採購和儲藏，影響著餐飲成本和利潤，影響著廚房佈局和餐廳裝飾。

1. 菜單影響餐飲設備的選擇和購置

餐飲企業選擇和購置設備的種類、規格、質量和數量的時候，要考慮菜單上菜肴的品種、質量和特色。因此，菜單是餐飲企業選擇和購置設備的依據和指南，在一定程度上決定了餐飲企業的設備成本。

2. 菜單決定了廚師和服務員的配備

餐飲企業必須根據菜單上菜肴製作和服務的要求，配備廚房和餐廳員工，並以既定菜單內容為依據對員工進行培訓，使他們達到相應的技術水平。

3. 菜單決定了食品原料的採購和儲藏活動

食品原料的採購和儲藏是餐飲企業業務活動的必要環節，而菜單的內容在一定程度上決定著採購和儲藏活動的規模、方法和要求。

4. 菜單決定了餐飲成本的高低

餐飲成本管理需從菜單設計開始，用料珍稀、價格昂貴的菜肴過多，必然導致原料的成本較高；而精雕細刻、過多裝飾的菜肴過多，又會相應增加企業的勞動力成本。因此，菜單在體現餐飲服務規格、風格的同時，也決定了餐飲成本的高低。菜單制定得是否科學合理，是餐飲企業成本管理的首要環節。

5. 菜單影響著廚房佈局和餐廳裝飾

廚房是加工製作餐飲產品的場所，廚房內各種設備、工具的定位佈局，應當以適合既定菜單內容的加工製作需要為準則；餐廳裝飾的目的是形成餐飲產品理想的銷售環境，因此，裝飾的主題立意、風格情調以及飾物陳設、色彩燈光等，都應根據菜單內容的特點來精心設計，以達到從整體環境上體現餐飲風格、氛圍、烘托餐飲特色的效果。

(三) 菜單是餐飲促銷的手段

菜單不僅通過信息向客人進行促銷，而且餐廳還通過菜單的藝術設計來展現餐廳的形象。菜單上不僅配有文字，往往還配有圖案，附有食品的圖例。菜單的藝術設計美觀給人以感性認識和視覺刺激。菜單內容的編排、菜單上的菜點和圖片均會增強就餐者的食欲和影響客人對菜點的選擇，能促進菜肴的銷售。

(四) 菜單是餐飲銷售的工具

餐飲企業通過菜單來推銷餐飲產品和餐飲服務，使之成為一個很好的營銷工具。菜單是管理人員分析菜肴銷售情況的基礎性資料。管理人員可以通過定期地對菜單上每項菜肴的銷售情況、顧客喜愛程度、菜肴的價格敏感度進行分析和調查，從中發現菜點生產計劃、菜點烹制技術、菜點定價以及菜點選擇方面的問題，從而更有效地更換菜點品種，改進生產計劃和烹調技術，改善菜點的促銷方法和定價方法，完成餐飲企業的菜肴銷售工作。

(五) 菜單是傳播餐飲文化、引導美食時尚的使者

菜單是餐廳主題、等級和特色的標誌。菜單的設計和製作是餐廳主題氣氛的縮影，與餐廳的裝潢布置相一致。菜單上所列出的菜點品種的數量、品質和價格，體現了餐

廳的等級和特色。同時，菜單的藝術性設計也反應了菜單設計者對美的鑒賞力和創造力。菜單不僅是餐廳的一種點綴，更是餐廳的重要標誌。而且，菜單的藝術性會感染賓客的情緒，會成為賓客愉快就餐經歷中的一個美好記憶。

第二節　菜單的策劃

在餐飲經營中，每個餐飲企業都以菜單的形式表現自己的經營內容。

一、策劃菜單

一個新開張的餐飲企業首先應該瞭解菜單，通過對菜單的分析、整理選擇自己的經營目標，然后進行定位。在確定可行的前提下，考察競爭對手，分析市場，為菜單設計提供參考。

（一）經營目標的定位

經營目標的定位就是要確定餐飲企業經營的方向、選擇經營的檔次和顧客群以及面對的競爭對手，從而確定自己的經營範圍。

1. 主營方向

確定餐飲企業的經營方向就是要確定企業的經營風格，是小吃、快餐、特色餐廳還是酒樓，不同的經營風格有著不同的經營模式。

2. 經營檔次

經營的檔次有高、中、低三種。就實際經營效果來看，走中間路線的難度較大。一般選擇高檔和低檔為佳。一般來說，走高檔路線需要有強大的資金作為后盾，而走低檔路線儘管投資較少，但競爭對手很多，也需要經營出特色。事實上，以上只是對經營檔次的一個大體分類。實際工作中，高檔、中檔和低檔的每一檔次中還可以進行進一步的細分。

3. 面向顧客

餐飲企業經營的主要對象是顧客。每一個餐飲企業的知名度、美譽度和品牌效應是其顧客群範圍大小的決定性因素。對於一般新開張的餐飲企業來說，不具備知名度、美譽度和品牌效應，因此其顧客群的來源以自己企業周圍一定範圍作為選擇對象。通常來說，一般顧客願意在步行 10～15 分鐘的時間範圍內、開車或乘車在 20～30 分鐘之內的範圍區域就餐。在餐飲經營中，有一種現象值得注意，那就是有特色、名氣大的餐廳，人們願意花時間前去就餐，而快餐店和經濟餐館的選擇屬於即時性決策，人們一般不會為吃一頓無關緊要的飯而開車、乘車或走路前往。

一個餐廳無論其規模多大、實力多麼雄厚，也不可能滿足市場上各種類別的需求，它只能滿足市場上某一類或幾類群體的需求，因此餐廳必須選擇一群或數群具有相似消費特點的顧客作為目標市場，以便更好、更有效地滿足顧客需求。

新開張的餐飲企業首先要考察自己周邊範圍內的顧客，盡可能地得到這些顧客的

飲食消費資料，要讓周邊的顧客認可自己的產品，然后努力創造品牌、擴大影響力。

（二）市場競爭

對競爭對手瞭解是新開張企業最基本的工作思路。可以通過查看菜單、體驗服務等明察暗訪手段來瞭解競爭對手的情況，從而做出自己的菜單計劃。

1. 選定競爭對手

任何競爭都是要有對手的，在眾多的餐飲企業中一定要挑選對自己構成直接威脅的競爭對手，即直接競爭對手。直接競爭對手就是在本餐廳的中心市場區域內與本餐廳的經營範圍和目標市場相似、提供類似產品和服務的餐飲企業。

2. 調查的主要內容

對直接競爭對手的調查主要包括以下幾個方面的內容：餐廳面積、餐座數、座位週轉率；營業時間和狀況；菜單的菜系和供餐方式、經營範圍及價格水平範圍；餐廳環境；服務狀況；生意和盈利動態；客源和變化情況；菜單變更情況以及價格變化情況等。這些情況對於本企業目標的選定和調整、確定菜單的主要菜點和價格水平都有重要的參考價值。

（三）餐廳主題

餐廳主題就是餐廳的總體風情和格調所表現出來的飲食文化。菜單的策劃和設計應能體現出餐廳特定的主題和風格。

如今餐廳主題呈現出多元文化的特徵，它以特定的社會發展階段為背景，按照一定的歷史沿革、文化傳統、風俗時尚來展現自然的或人文的、多姿多彩的古今中外飲食文化的魅力。餐廳的主題廣泛，涉及不同時期、不同國家和地域的文化藝術、風土人情、歷史人物、宗教信仰、生活方式等。餐廳主題決定了餐飲經營目標和組織形式。以特定菜系和風味為主題的餐廳，側重於表現餐飲產品的特色、品質、服務等；而文化主題餐廳則側重於文化品位，通過營造環境氣氛來創造一定的文化氛圍。

餐廳的運作應圍繞餐廳主題這個中心開展。餐廳主題為餐飲產品的開發、菜單的設計、服務方式的運用和就餐氛圍的營造提供了客觀依據。菜單的核心內容，即菜點品種的特色、品質，必須反應餐廳主題的飲食內涵和特徵。菜單價格的定位必須與決定餐廳主題的目標客源市場的消費層次相適應。菜單設計的藝術性和技術性應與餐廳主題的文化性相一致，使菜單成為餐廳主題形象的一個標誌。

（四）生產條件

1. 餐飲工作人員的能力

餐飲工作人員主要包括廚房的各類廚師、點心製作師與調酒師及餐飲服務人員等。策劃和設計菜單時首先要考慮廚師的烹飪技術水平。一般情況下，要盡量設計廚師能生產和廚師有條件生產的菜點品種。對於餐飲產品製作人員的分析項目包括年齡結構、餐系和菜系結構、受教育及文化層次結構、工作經歷狀況、技術等級狀況、整體性別比例狀況等。餐飲服務人員的素質和能力也是設計菜單時要考慮的因素，若沒有他們悉心的服務，菜單的營銷目標就無法實現。

2. 餐飲設施設備狀況

在策劃和設計菜單時，應根據餐飲設施設備的生產能力進行，即餐飲設施設備能否保質保量、高效地按照菜單的要求生產菜點。具體而言，在設計菜單時，必須考慮設施設備的生產能力，應避免過多地使用某一種設備而讓其他設備閒置，要及時調整菜單，讓所有設備都能得到均衡使用。若生產設備和服務設施不足或缺少，會限制菜餚品種的生產。隨著社會經濟的發展和科學技術的提高，飯店、廚房對先進設備的依賴性加大，因此在策劃和設計菜單時應充分考慮到廚房設施設備的現代化水平和餐飲服務設施的電腦化、網絡化水平。

(五) 原材料採購

凡是列入菜單的菜點品種，廚房必須無條件地保證供應，這是一條相當重要但極易被忽視的原則。某些餐廳菜單上的菜點雖然豐富多彩，但顧客點菜時卻常常缺這少那，結果招來顧客的不滿。究其原因，通常是採購制度不完善和採購計劃不細緻造成原材料斷檔和菜點脫銷。因此，在策劃和設計菜單時，必須充分掌握各種原材料的採購情況。設計菜單中所需的食品原材料，在採購時應本著「四適當」的原則，即在適當的地點，以適當的價格，在適當的供應商那裡採購適當數量和質量的食品原材料。菜單設計者還應充分重視現有的庫存原料，特別是那些易損壞的原料，可以考慮根據具體情況增設當日特選菜點進行推銷，或做適當的處理。

(六) 成本控製及盈利能力

餐飲盈利主要取決於以下幾個因素：餐位數、週轉率、營業時間、顧客消費水平、勞動力及其他成本開支等。菜單上的菜點作為一種商品是為銷售而生產的，設計菜單時要從供需兩個方面來考慮菜點的成本和價格。根據國家有關物價政策和餐廳的規模等級、經營目標、客源市場來確定餐飲產品的總體毛利率，嚴格進行成本控製。

二、選擇菜點

在選擇菜點時，既要反應出餐廳的經營特色和風格，又要能滿足顧客的就餐需求。在這個前提下，要確定菜餚的種類和數量，並進行菜餚的可行性評估，從而確定菜單的主要內容。菜單可以在具體的餐飲活動中得到實施和修正。

在策劃和設計菜單、選擇菜點時應注意以下幾個方面的內容：

(一) 菜系的風味和獨特性

1. 突出地方風味，保持經營特色

中國幾千年飲食文化的發展形成了眾多的具有地方風味特色的菜系。在風味選擇上，餐廳可以採取單純經營某一種風味的菜品和以某一種菜系風味為主、兼營其他菜系的菜品兩種策略（見表3－1）。

表 3－1　　　　　　　　　　　　中國各菜系特點表

菜系	主要地域	特色	代表菜肴
魯菜	由濟南和膠東兩部分地方風味組成	以清香、鮮嫩、味純著稱，講究清湯和奶湯的調製，烹調重視火候，爆、炒、燒、炸、燜、扒有特長。	糖醋黃河鯉魚、蔥燒海參、德州扒雞
川菜	有成都、重慶兩個流派	味型多，有「一菜一格，百菜百味」之譽。	魚香肉絲、宮保雞丁、麻婆豆腐、回鍋肉
粵菜	有廣州、潮州、東江三個流派	選料廣博，講究鮮嫩爽滑且季節性強，使用獨特風味的調料。	三蛇龍虎會、脆皮乳豬、竹絲雞燴五色
淮揚菜	由揚州、蘇州、南京等地方共同發展而成	以清淡味雅著稱，選料講究；重視刀工和火候；特別強調菜肴的本味。	淮揚獅子頭、糖醋鱖魚、無錫肉骨頭、三套鴨、碧螺蝦仁等
浙菜	由杭州、寧波、紹興等地方菜構成	重原汁原味，擅長紅燜、蒸煮。	西湖醋魚、東坡肉、龍井蝦仁等
閩菜	由福州、泉州、廈門、漳州等地發展起來	以海鮮見長，具有鮮、淡、香、爛，稍帶甜酸辣的獨特風味。	佛跳牆、雞汁燕窩等
湘菜	湘江流域、洞庭湖地區、湘西山區等菜組成	製作精細，用料廣泛，講究原料的入味，重油，重辣。	麻辣子雞、冰糖湘蓮、清蒸水魚
徽菜	由皖南、沿江和沿淮地方風味構成	以烹制山珍野味著稱。	葡萄魚、清炒鱔糊、符離集燒雞

2. 繼承、發揚與創新

菜品創新是歷史發展的必然，沒有菜品的創新，就沒有飲食文化的發展。任何一個餐廳在設計菜單時，除要保持其風味特色和傳統特色外，還要不斷開發新品種，創本店名菜，樹立本店的形象。所謂「名師出名菜、名菜興名店、名店出名師」即是如此。有不少餐廳將其創新菜品冠以本店的名稱，這是一個值得借鑑的做法。

3. 中西融合

中、西餐菜品的融合也是設計菜單時要考慮的因素。過分強調正宗菜品和正宗風味不一定會收到理想效果。餐廳可以西餐中做，也可以中餐西吃，以滿足客人多品位（味）的需求，為餐廳創造更多的利潤。

(二) 迎合目標消費群體的口味需求

口味是顧客對菜點的主要需求指針。不同的消費群體對菜點風味、口味的需求取向是不同的，因此，在策劃和設計菜單時應根據自己的餐廳主題和經營目標，選擇適合目標消費群體口味需求的菜點。

(三) 菜肴應與就餐氛圍、環境相協調

菜點並非在任何情況下都是越精細越好，應與就餐氛圍、就餐環境相協調，這樣主客雙方才會感覺舒適。因此，在策劃和設計菜單時，應選擇與就餐氛圍和就餐環境相協調的菜點。

（四）菜品數量與生產和服務條件相適應

菜單上列出的菜點應該無條件地保證供應，這是毋庸置疑的原則。若菜點的總數過多，勢必會增加保障供應的難度，而菜點數量過少又不方便客人選擇，也會影響餐廳的經營業績。因此，在策劃和設計菜單時，應在廚房生產硬件條件具備、生產人員及技術許可、餐廳服務力所能及的前提下綜合平衡，確定菜點的數量，列入菜單常規經營。一個大型宴會要求眾多的菜品同時上齊，或者在最短的時間內上齊，這對於廚房的生產能力和操作速度是一個考驗。因此，在設計這種菜單時，一定要考慮這些菜品能不能做到同時服務。

（五）菜點組合結構平衡

無論哪種形式的菜單，都應在以下幾個方面進行綜合平衡：

1. 原料搭配平衡

每種菜肴都有各自的主料、配料，菜肴與菜肴之間的主料和配料應區別選用，以滿足顧客對不同原料菜肴的需要。如同樣是湯類菜，其主料應分別安排雞、魚、肉、蛋、蔬菜等，以便給就餐者更多的選擇餘地。

2. 菜肴價格平衡

同一目標市場的顧客，因為其需求和消費水平不同，對菜肴價格的接受能力也會有所不同。因此，菜肴的價格應盡量在一定的範圍內有高、中、低的搭配，以滿足不同消費能力顧客的消費需求。

3. 菜點口味、口感平衡

在策劃和設計菜單時，不同口味、不同質地的菜肴應盡可能地都安排，以滿足不同年齡、不同區域、不同口味消費者的需求。

4. 烹調方法、技術難度平衡

在每類原料的菜肴中，應包含有不同烹制方法的菜肴，同時其製作的難易程度也應搭配均衡，既滿足消費者的需求又體現餐飲企業的實力。

5. 菜點營養結構平衡

在策劃、設計菜單和選擇、搭配菜肴時，要注意各種營養成分的菜肴都有所包括，以方便就餐者自行選擇、搭配菜點。另外，為客人推薦或組合產品時，也要考慮菜點營養成分的合理搭配（見表3-2）。

表3-2　　　　　**食品營養素的功能和來源**

營養素	主要功能	食物來源
蛋白質	蛋白質是由氨基酸組成的具有一定架構的高分子化合物，是與生命、生命活動緊密聯繫在一起的物質。功能：構成組織和細胞的重要成分，其含量約占人體總固體量的45%；用於更新和修補組織細胞，並參與物質代謝及生理功能的調控；提供能量。人體每天所需熱能大約有10%～15%來自於蛋白質	牛奶及奶製品（含有全部必需氨基酸）、家禽、肉類（瘦肉）、魚類、蛋類
脂肪	脂肪的主要功能是供給人體熱量，保護內臟，保持體溫	動植物油

表 3-2（續）

營養素	主要功能	食物來源
碳水化合物	食物中的碳水化合物主要是澱粉與糖，人每天總熱量的 50%～70% 靠糖供給。糖缺乏不好，過量食糖也不利	蔗糖、穀物、水果、堅果、部分蔬菜
維生素	維生素又名維他命，是維持人體生命活動必需的一類有機物質，也是保持人體健康的重要活性物質。人缺乏維生素，物質代謝發生障礙，產生維生素缺乏症。但過多食用也會有害	各種蔬菜、水果
無機鹽	構成機體組織的重要材料；調節體液平衡；維持機體酸鹼平衡；酶系統的活化劑	牛奶、肉類、調味品、糙米、小米、雞蛋黃、豆類、海產品等
膳食纖維	對於促進良好的消化和排泄有很重要的作用	胡蘿蔔、黃豆、玉米、燕麥、大麥等

（六）選擇受歡迎、毛利較大的品種

如何選擇呢？關鍵是對菜餚的銷售狀況進行定量分析。菜餚銷售狀況的定量分析就是對菜單上各種菜餚的銷售情況進行調查，分析哪些菜餚最受顧客歡迎，用顧客歡迎指數表示；分析哪些菜餚盈利最大，一般來說，價格越高的菜毛利額越大，用銷售額指數表示。這種分析方法稱為 ME 分析法，也稱為菜單工程，是英文 Menu Engineering 的縮寫。任何一家餐廳的餐飲產品，不外乎就是如圖 3-1 所示的四種情況。

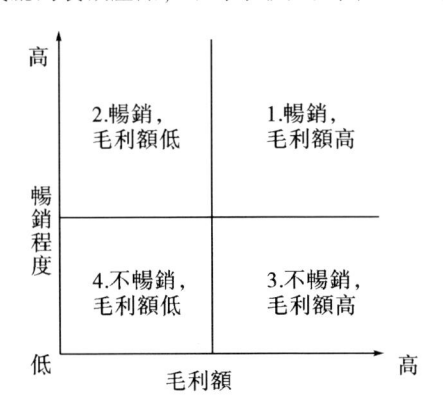

圖 3-1　ME 分析中菜品的分類

很明顯，第一類菜品是餐廳最希望出售的，因為這類菜既受顧客歡迎，又能給餐廳帶來較高的利潤，所以，在設計新菜單時，這類菜品應絕對保留。第四類菜品既不暢銷，又不能帶來較高的利潤，在新菜單中，應去掉這些菜品。值得說明的是，在進行 ME 分析時，不應將餐廳提供的所有菜品、飲料放在一起進行分析，而應按類進行分析，因為只有在同一類中進行比較分析，才能看出上下高低，分析才有意義。

對菜餚進行分類，是做菜餚狀況定量分析的第一步。菜單一般分幾類列出菜名，各類菜餚之間競爭不大，但是同類菜餚之間會相互競爭，在同類菜餚中，一道菜的暢

銷會剝奪其他菜的銷售額。所以在分析時，先將菜單的菜肴按不同的類別劃分出來，對相互競爭的同類菜肴進行詳細分析。

顧客歡迎指數、銷售額指數分析。首先瞭解顧客歡迎指數、銷售額指數概念：顧客歡迎指數表示顧客對某種菜的喜歡程度，以顧客對各種菜購買的相對數量來表示。

$$顧客歡迎指數 = \frac{某菜銷售數的百分比}{每份菜應售的百分比}$$

$$各菜應售百分比 = \frac{100\%}{某類菜肴菜品總數}$$

僅分析研究菜肴的顧客歡迎指數還不夠，還要進行菜肴的盈利性分析。一般通過銷售額指數來研究。

$$銷售額指數 = \frac{某菜銷售額的百分比}{每份菜應售的百分比}$$

不管分析的菜肴項目有多少，任何一類菜的顧客歡迎指數和銷售額指數的平均值總是1，超過1的就是顧客喜歡的菜，也就是高利潤的菜。這樣，我們可以把要分析的菜品分為四類，並對各類菜品分別制定不同的產品策略。

例如，某餐廳菜單上的湯類品種共有5個，某統計期各湯的銷售份數、顧客歡迎指數和銷售額指數如表3－3所示：

表3－3　　　　　　　　　　菜肴銷售狀況定量分析

類名	銷售份數	銷售數百分比	顧客歡迎指數	價格（元）	銷售額（元/天）	銷售額百分比	銷售額指數	評論	相應的產品政策
花螺炖鳳翅	300	26%	1.3	25	7,500	16.1%	0.8	暢銷，低利潤	作為吸引品或取消
上湯螺片	150	13%	0.65	20	3,000	6.5%	0.3	不暢銷，低利潤	取消
冬蟲炖鮑	100	9%	0.45	40	4,000	8.6%	0.4	不暢銷，低利潤	取消
洋參炖烏雞	400	35%	1.75	50	20,000	43%	2.2	暢銷，高利潤	保留
葱米水魚	200	17%	0.85	60	12,000	25.8%	1.3	不暢銷，高利潤	吸引高檔客人或取消
總計/平均值	1150	20%	1	—	46,500	20%	1		

菜肴銷售狀況定量分析的原始數據來自於點菜單，匯總帳單上各種菜的銷售份數和價格，便可以算出顧客歡迎指數和銷售額指數。這些統計與計算工作均可由電腦處理，既準確又快捷。對於不同的菜品可採取不同的對策：

（1）暢銷、高利潤菜品：既受顧客歡迎又能盈利，在計劃菜品時應當保留。

（2）暢銷、低利潤菜品：一般可用於薄利多銷的低檔餐廳。如果價格不是太低而又較受顧客歡迎，可以保留，使之起到吸引顧客到餐廳來就餐的作用。因為顧客進了

餐廳后還會點別的菜，所以這樣的暢銷菜有時甚至於賠一點也值。但有時盈利很低而又十分暢銷的菜，也可能轉移顧客的注意力，擠掉那些盈利大的菜品的生意。如果這些菜明顯地影響盈利高的菜品的銷售，就應果斷地取消這些菜。

（3）不暢銷、高利潤的菜。不暢銷、高利潤的菜可以用來迎合一些願意支付高價的客人。高價菜毛利額大，如果不是太不暢銷的話，可以保留。但如果銷售量太小，會使菜單失去吸引力，所以在較長時間內銷售量一直很小的菜應該取消。

（4）不暢銷、低利潤菜品。不暢銷、低利潤菜一般應取消。但有的菜品如果顧客歡迎度和銷售額指數都不算太低，接近0.8左右，又在營養平衡、原料平衡和價格平衡上有需要的，仍可保留。

需要說明的是，這種分析方法有它的不足之處，但仍不失為一種行之有效的方法。

（七）符合國家的環保要求和有關動植物保護法規

飲食不僅體現了民族文化，也體現了民族素質。環境保護與可持續發展是當今社會的重要議題。菜品的製作應符合國家有關環境保護的制度和規定。所有違反國家野生動物保護法規和國家環保要求的行為，都應制止。

第三節　菜單的設計與製作

一、菜單設計的原則

菜單設計的依據是我們設計菜單的出發點，而菜單設計的原則是在具體設計菜單品種時所要顧及和遵循的。

（一）適應餐飲發展的趨勢

一份好的菜單應該適應當前餐飲市場的發展趨勢。在具體設計和選擇經營哪些菜點時，要瞭解當前的飲食現狀和當地的消費習俗，比如顧客喜歡什麼，流行什麼，什麼賣得最好，什麼銷量最高，只有掌握了這些情況，才能選擇和設計出適應市場需要的菜單。

（二）樹立餐廳形象，體現經營風味

各種餐廳的菜單設計應反應經營風味，有利於樹立餐廳形象。如高檔飯店的餐廳，菜單設計應高雅莊重，菜品名貴價高；海味餐廳、野味餐廳可配備不同的圖案，反應各自的風格等。無論哪個菜系，其菜肴都是由大眾風味、家常風味、宴席、食肆風味組成的，都存在著高、中、低三個檔次。因此，選擇菜肴時應與企業的形象、檔次相適應。

（三）品種要平衡

菜單中所列的品種應該適應同一目標市場中對菜點口味的不同要求的需要，尤其是中餐菜單，更應該充分注意到中國人民在飲食需求上的多樣性和挑剔性。光是大魚

大肉不行，光是蔬菜也不行，一種原料僅有一種做法更不行。因此，要注意品種的平衡。

(四) 創造競爭優勢，保證利潤目標

菜單的設計與制定要充分做好市場調查，掌握客人需求變化，有利於開展市場競爭。因此，要充分考慮顧客的喜愛程度，突出本餐廳重點風味產品和重點推銷產品。菜單要定期調整，花色品種要循環更新，使客人有新鮮感。價格制定在成本核算的基礎上，要有利於競爭，在條件基本相同的情況下，應略低於競爭對手。產品毛利率要分類掌握，一般主食毛利較低，冷盤毛利較高，主菜毛利最高，面點毛利可個別掌握。材料費高、加工精細、享受成分高的特殊風味產品，毛利率要適當高些。具體毛利標準的掌握要根據餐廳檔次、設備條件、接待對象、消費水平的不同而變化。

二、菜單設計的內容

菜單也是餐廳的推銷工具。菜單內容的編寫關係到如何完整地把餐廳菜品信息傳遞給顧客，同時也影響餐飲企業的各項工作安排和經營。如果菜單設計得有特色，必定能吸引和引導顧客選擇。具體來說，一張菜單的內容通常由五個部分組成：

(一) 菜品的名稱和價格

菜品的名稱會直接影響顧客的選擇。顧客未曾嘗試過某菜，往往會憑名稱去挑選，因為菜單上的品名會在就餐客人的頭腦中產生一種聯想。顧客對就餐是否滿意在很大程度上取決於看了菜單品名后對菜品產生的期望值，而更重要的是，餐廳提供的菜品能否滿足顧客的期望。菜品名和價格要具有真實性。這種真實性要求全面，它包括：

1. 菜品名稱真實

菜品名應該好聽，但必須真實，不能太離奇。國際餐館協會對顧客進行調查後發現，那些充滿想像力、離奇和故弄玄虛的名字，顧客不熟悉或不符實的名字，不容易被顧客接受，只有那種小型的、以常客為主的餐廳可用不尋常的名字。向大眾開放的餐廳應該採用名實相符並為顧客熟悉的菜名。當然也有餐廳用獨特名字獲得成功的。

2. 菜品的質量真實

菜品的質量真實包括原料的質量和規格要與菜單的介紹相一致。如菜品名為炸牛裡脊，餐廳就不能供應炸牛腿肉。產品的產地必須真實。如果品名是烤新西蘭牛排，那麼原料必須從新西蘭進口。菜品的份額必須準確。菜單上介紹份額為300克的烤肉就必須是300克。菜品的新鮮程度應準確，如果菜單上寫的是新鮮蔬菜，就不應該提供罐頭或速凍食品。

3. 菜品價格真實

菜單上的價格應該與實際供應的一樣。如果餐廳加收服務費，則必須在菜單上加以註明，若有價格調整要立即改動菜單。

4. 外文名字正確

菜單是餐廳質量的一種標誌。如果西餐廳將菜單的英文或法文名字搞錯或拼寫錯誤，則說明該西餐廳對該國的烹調根本不熟悉或對質量控製不嚴，這樣就會使顧客對

餐廳產生不信任感。

    5. 菜單上列出的產品應保證供應

    既然菜單上有，就應該保證供應，否則也會讓顧客產生不好的印象。

(二) 菜品的介紹

    菜單上要對一些產品進行介紹。這種介紹可代替服務員向顧客介紹，減少顧客選菜的時間。菜品介紹的內容有：

    (1) 主要配料以及一些獨特的澆汁和調料。有些配料要註明規格，如肉類要註明是裡脊還是腿肉等，有些配料需註明質量如新鮮橘子的汁、河鮮或人工養殖等。

    (2) 菜品的烹調和服務方法。某些菜品具有獨特的烹調方法和服務方法，必須加以介紹，而普通的方法則不需介紹。

    (3) 菜品的份額。有些菜品要註明每份的量。如果以重量表示是指烹調后菜品的重量，有的菜品還註明數量，如美式早餐套餐註明有兩個農式煎蛋。

    對菜品的介紹有利於推銷菜品。菜單上的介紹要注意引導顧客去訂那些餐廳希望銷售的菜肴，因此要著重介紹高價菜、名牌菜。同時，還要介紹一些名字表意不太清楚的菜。

    餐廳的菜單中，往往有許多菜僅憑名字難以讓客人明白是什麼樣的菜，客人難以做出菜品的選擇決策。例如西餐菜單上有一個品名是「Any Pork in a Storm」，譯成中文是「暴風雨豬肉」。它是某餐廳的特色菜。如不加介紹，客人難以知道它是什麼樣的菜。餐廳在菜單上作了如下介紹：「山核桃熏咸肉、維也納咸牛肉、瑞士奶酪、海甘藍沙拉，配合法式麵包趁熱上菜。」這樣介紹菜，令人明白並能吸引客人。又如中餐菜單上有一個名為「叫化雞」的菜，譯成英文為「Beggar's Chicken」。若不作介紹，會給客人一種不好的印象而不去點這個菜，應該加上一段英文和中文說明：「鑲有肉丁、火腿、海鮮、香料的童子雞，外裹荷葉和特殊焙泥等烤制而成。Chicken stuffed with diced pork, ham, fine herbs and seafood wrapped in lotus leaves and special mud; and roast.」這樣，客人不僅會清楚是什麼菜，並且會產生興趣，願意去嘗試而點此菜。

    對菜品的介紹不宜過多，非信息性介紹會使顧客感到厭煩，使顧客拒絕菜單而不產生購買行為或不再光顧該餐廳。但如果一張菜單就像產品目錄那樣平板地列出菜名和價格，這張菜單也會顯得過於枯燥。

(三) 告示性信息

    每張菜單都應提供一些告示性信息。告示性信息必須十分簡潔，一般有以下內容：

    (1) 餐廳的名字。通常安排在封面。

    (2) 餐廳的特色風味。如果餐廳具有某些特色風味而餐廳名又反應不出來，就要在菜單封面的餐廳名下列出其風味。例如：

馬來餐館

(清真風味)

    (3) 餐廳的地址、電話和商標記號。一般列在菜單的封底下方。有的菜單還列出餐廳在城市中的位置。

（4）餐廳經營的時間。列在封面或封底。

（5）餐廳加收的費用。如果餐廳加收服務費，要在菜單的內頁上註明，如果餐廳只收外匯也必須註明。例如在菜單上註上這樣一句話：「所有價目均加10%服務費，請用外匯券結帳。」

（四）機構性信息

有的菜單上還介紹餐廳的概況、歷史背景和餐廳的特點。許多餐廳需要推銷自己的特色，而菜單是推銷的最佳途徑。例如肯德基家鄉雞餐館的菜單介紹了這個國際集團的規模、這種炸雞的烹調特色以及肯德基家鄉雞餐廳的產生和歷史背景。

（五）特色菜推銷

1. 什麼樣的菜品需要特殊推銷

一家成功的餐廳，一般不會將菜單上的菜品作「同樣處理」。無論哪一類菜品、湯類、熱炒、主食，如果每個菜品與其他菜品作同樣處理，就顯不出重點。一張好的菜單應有一些菜能得到「特殊處理」，以引起顧客的特別注意。從餐廳經營的角度出發，有兩類菜品應得到特殊處理：第一類是能使餐廳揚名的菜品。一家餐廳總要有意識地推出幾種菜品使餐廳出名，這些菜應有獨特的特色且價格不能貴。這些能使餐廳出名的菜品應該得到特殊處理。第二類是願意多銷售的菜品。價格高、毛利大、容易烹調的菜是管理人員最願意銷售的菜。西菜中的開胃品、主菜、甜品一般盈利較大並容易製作，應列在顯眼的位置。

特殊菜品的推銷主要有兩大作用：對暢銷菜、名牌菜做宣傳；對高利潤但不太暢銷的菜作推銷，使它們成為既暢銷、利潤又高的菜。

2. 特殊推銷菜品的類別

特殊推銷菜品有以下四類：

第一類是特殊的菜品。一般指一種暢銷或高利潤的菜。這種特殊菜品可以是經常銷售的某種菜品，也可以是時令菜。時令菜容易吸引客人，也能獲取高利潤。

第二類是特殊套餐。推銷一些特殊套餐能提高銷售額，增強推銷效果。例如北京麗都飯店在各國國慶節時推出該國的風味套餐，並配合演出該國的文娛節目，吸引了駐京的各國朋友。

第三類是每日時菜。有的菜單上留出空間來上每日的特色菜和時令菜，以增加菜單的新鮮感。

第四類是特色烹調菜。有些餐廳以獨特的烹調方法來推銷一些特殊菜。例如有的餐廳推出主廚特色菜；主廚特色湯、主廚特色沙拉、主廚特色主菜等。

3. 如何進行特殊推銷

在菜單上對重點推銷的菜作特殊處理的方法有多種：

（1）用粗體字、大號字體或特殊字體列出菜名。

（2）增加對特殊菜品介紹的內容，對特殊菜進行較為詳細的推銷性介紹。

（3）採用框框、線條或其他圖案使特色菜比其他菜更為引人注目。

（4）放在菜單上容易引人注目的位置。

（5）放上漂亮的菜品彩色照片。

三、菜單內容的安排

(一) 按就餐順序排列

　　菜單的內容一般按就餐順序排列，因為顧客一般按就餐順序點菜，也希望菜單按就餐順序編排，以便能很快找到菜品的類別而不致漏點。中餐菜單的排列順序一般是冷盤、熱菜（分類排列）、湯羹、面點、飲料。西餐菜單的順序一般是開胃品、湯、沙拉、主菜、配菜、甜品、飲料。

(二) 按視線順序排列

　　菜品編排順序要考慮菜單的不同位置對顧客視線的吸引力。按照常規編排原則，主菜應該盡量列在醒目的位置：單頁菜單應列在單頁的中間，二頁菜單應該列在右頁，三頁菜單應該列在中頁，四頁菜單應該列在第二頁和第三頁。

　　但是，菜單的編排也要注意眼光集中點的推銷效應，要將重點推銷的菜列在醒目之處。菜品在菜單上的位置對於菜單的推銷有很大的影響。要使推銷效果顯著就必須遵循兩大原則，即最早和最晚原則。列在第一項和最後一項的菜品最能吸引人們的注意，並能在人們頭腦中留下最深刻的印象。因此，應將盈利最大的菜品放在顧客第一眼和最後一眼注意的地方。經過調查發現，顧客幾乎總是能注意到同類產品的第一個和最後一個菜品。

(三) 有些重點推銷的菜、名牌菜、高價菜和特色菜或套菜可以單獨進行推銷

　　這些菜不要列在各類菜通常的位置，應該放在菜單顯眼的位置。不同大小的菜單其令人注目的重點推銷區是不同的。

1. 單頁菜單

單頁菜單應以橫線將菜單對分，菜單的上半部是重點推銷區（見圖 3-2）。

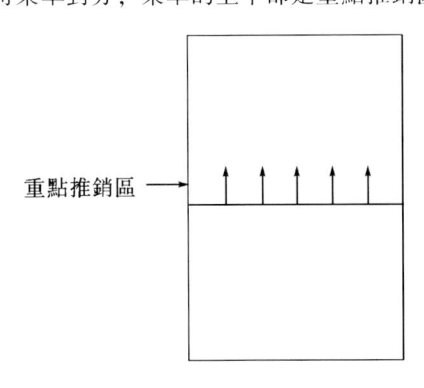

圖 3-2

2. 二頁菜單

二頁菜單的右上角為重點推銷區，該區域是以上邊及右邊的 3/4 作出的一個三角

形（見圖3-3）。

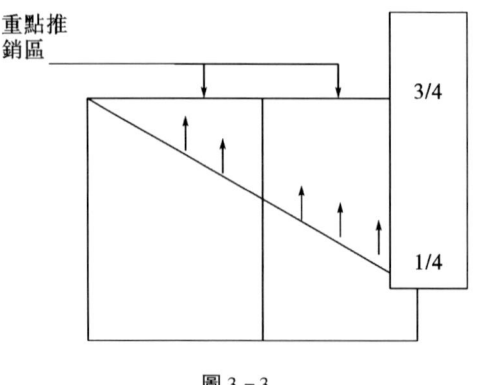

圖3-3

3. 三頁菜單

三頁菜單進行菜品推銷很有利。中間部分是人們打開菜單首先注意的地方。如果顧客的眼睛首先注意到普通的菜品和飲料，會立即對菜單失去興趣。使用三頁菜單，人們一般首先注意其正中位置，然后移到右上角，接著移向左上角，再到左下角，之后眼光又回到正中，再到右下角，最后回到正中及正中之上方（見圖3-4）。對人們眼睛注意力研究的結果表明，人們對正中部分的註視程度是對全部菜單註視程度的七倍。因而中頁的中部是最顯眼之處，應列上餐廳最需要推銷的菜品。

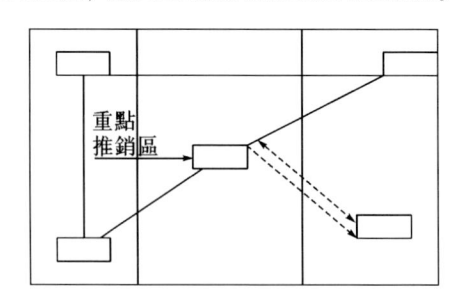

圖3-4

四、菜單的設計

（一）菜單的設計要注意藝術、美觀

菜單要請藝術家設計，一張漂亮的菜單會增加人們的就餐情緒，製造合適的就餐氣氛。菜單的設計要與餐廳的經營宗旨相匹配，要體現和推銷餐廳的形象。例如一家牛排餐館，它菜單的封面具有菜品的圖形，一家海鮮館的菜單封面上則印有新鮮活魚的圖案，這種設計能立即反應出餐廳提供什麼菜式。菜單的設計要與餐廳的環境、餐具和餐桌的色調相協調。一家高檔餐館應有設計高雅精致的菜單。

(二) 菜單的尺寸應合適

美國餐廳協會對顧客的調查證明，菜單的最理想尺寸為23cm×30cm，這樣的尺寸顧客拿起來感覺舒服。尺寸太大，顧客拿起來不方便；尺寸太小，會因篇幅過小而文字過密，難以閱讀。菜單的篇幅上應保持一定的空白。篇幅上的空白會使字體突出，易讀，並避免雜亂。如果菜單的文字所占篇幅多於50%，會使菜單看上去又擠又亂，會妨礙顧客閱讀和挑選菜品。菜單四邊的空白應寬度相等，給人以均勻之感。左邊字首應排齊。

(三) 仔細選擇菜單字體

菜單的字體要為餐廳製造氣氛，反應餐廳的環境。它與餐廳的商標一樣，是餐廳形象的一個重要組成部分。菜單的顏色、標記、字體可作為鑑別餐廳的特徵。一旦選定了字體和標記圖案，這種圖案和標記就不僅可用在菜單上，還可用在火柴盒上、餐巾紙上、餐墊上、餐桌廣告牌上及其他推銷品上。使用令人容易辨認的字體和標記，能使顧客感到餐廳的食品和飲料、服務質量具有一定的標準從而留下深刻印象。仿宋、黑體等字體，較多地被用於菜單的正文，而隸書則常用於菜肴類別的題頭說明。在使用外文時，應盡量避免使用圓體字母，宜用一般常見的印刷體。為使菜單的字體易於辨認，字體不宜過小。要使顧客在餐廳的光線下特別是在晚間的燈光下也能容易地閱讀。根據調查統計，最易被就餐者閱讀的字是二號字和三號字，其中以三號字最為理想。

(四) 巧用顏色和照片

菜單的顏色能起到推銷菜品的作用。在菜單上使用顏色和照片是當代餐廳的一種潮流。菜單顏色的作用是具有裝飾作用，使菜單更具有吸引力，更令人產生興趣；顏色能顯示餐廳的風格和氣氛，因此菜單的顏色要與餐廳的環境以及餐桌和餐具的顏色相協調。菜單上使用顏色，能增加美觀和推銷效果。但色彩越多，印刷成本越高；單色菜單成本最低。如果採用色紙，不但能增加菜單的色彩、美化菜單的外觀，而且還不增加印刷成本。菜單不宜選用顏色過深的色紙，以免因文字不突出而影響顧客閱讀。另一種經濟的辦法是在菜單上使用一條寬的彩色帶，彩色帶能改善菜單的外觀和色彩。

彩色照片也能對食品、飲料起推銷作用。彩色照片能直接展示餐廳所提供的食品和飲料。一張菜品的彩色照片勝於千字說明，它是真實菜品的證據。儘管印製彩色照片必須使用四色，比印單色或雙色的印刷費用高出35%，但是一張精美的彩色照片，其效果遠勝於文字說明，能最真實地展現菜品特點。許多食品只有以顏色和照片才能顯示出質量，如描繪新鮮牛排、對蝦的質量只有用顏色來反應。許多圖形漂亮的菜肴和飲料也只有用照片才能顯示出來。

彩色照片能使顧客加快點菜的速度，它是推銷菜品的有效工具。顧客看到誘人的菜品照片很快就能決定要選擇的菜品，這樣能提高座位週轉率。

印成彩色照片的菜肴應該是餐廳最願意銷售並最希望顧客注意購買的菜品。餐廳常把高價菜、名牌菜和受顧客歡迎的菜製成彩照印在菜單上。另一類常用彩照的菜是

形狀美觀、色彩豐富的菜。這種照片會為菜單和餐廳增加光輝。

彩色照片的印刷要注意質量。如果印刷質量差，反而會使顧客倒胃口。如果一塊牛排被印成綠色、蘋果餡餅被印成灰色，那還不如不要彩色照片。彩色照片旁邊要印上菜名，註明配料和價格，以便於顧客點菜。為增強彩照的吸引力，還常在旁邊配上些水果和蔬菜作為背景。

本章小結

本章的核心內容一是菜單的策劃，主要考慮如何進行菜品的選擇；二是菜單的設計和製作，涉及菜單內容的安排和具體的製作。掌握菜單的策劃和設計製作方法是做好餐飲計劃工作的核心。

復習思考題

1. 試比較菜單和菜譜有何不同？
2. 菜單在餐飲經營與管理中起著怎樣的作用？
3. 一份完整的菜單應包括哪些方面的內容？
4. 策劃和設計菜單時，應考慮哪些因素？
5. 如何進行菜單分析？
6. 菜單內容的編排應如何注意推銷效應？

案例分析與思考：營養專家特別推薦的春節菜單

春節吃什麼？營養學專家特別推薦下列兩款菜單：
一、大眾菜單
年三十晚
冷盤：糟鳳爪、蔥油蝦、酸辣白菜心、蔥油海蜇皮
熱菜：蔥烤河鯽魚、蛋皮魚卷、水煮牛肉、青椒炒豆芽、面筋炒白菜
點心：三絲春卷
湯：酸菜肚子湯
初一早上
芝麻湯圓、牛奶、菜肉鍋貼
初一中午
冷盤：什錦沙拉、鹽水鴨、鹵肚子、醋拌藕片
熱菜：麻辣魷魚卷、奶油玉米烙、香芹排骨煲、奶湯西蘭花、平菇炒青菜
點心：八寶飯
湯：烏骨雞湯

初一晚上
冷盤：五香青魚、蔥油牛百葉、糖衣紅薯條、芥末西芹
熱菜：砂鍋魚頭、椒鹽辣子雞、三鮮鍋巴、山藥炒胡蘿蔔、蒜泥豆角
點心：炒年糕
湯：雪菜小黃魚湯

二、小康菜單
年三十晚
冷盤：手撕鳳鵝、五香驢肉、冰糖蓮心、芥末拌生菜
熱菜：翡翠鮮鮑片、蛋黃焗青蟹、腐竹羊肉煲、蒜茸荷蘭豆、蚝油橄欖菜
點心：蟹粉小籠包
湯：蟲草老鴨湯

初一早上
桂圓水泡蛋、牛奶、蝦仁薺菜、小籠包

初一中午
冷盤：臘雞腿、海苔腰果、燴雙耳、蜜汁淮山藥
熱菜：干燒明蝦、雙冬燴魚肚、栗子雞煲、上湯蘆筍、生煸觀音菜
點心：牛肉煎包
湯：洋參甲魚湯

初一晚上
冷盤：鹵水鵝掌、芥末羊羔、醋拌姜芽、蒜泥海帶
熱菜：雞茸魚翅、清蒸鱘魚、沙茶牛肉煲、酒香芋頭、冬筍牛肝菌
點心：酒釀小丸子
湯：原汁草雞湯

[資料來源] http：//www.csbbs.cn/bbs/viewthread.php？tid=281885.
思考題：
請分析營養專家特別推薦的這兩份春節菜單有何特別之處？

實訓指導

實訓項目：菜單設計。
實訓要求：根據企業定位，完成菜單類型組合設計；根據餐廳特點，完成菜單內容設計；根據餐廳經營特點，設計菜單定價策略方案；設計菜單科學管理方案。
實訓組織：項目引導，任務分配；小組調研，內容設計；小組討論，師生交流；方案匯報，項目評價。
項目評價：小組互評；教師評價。

第四章　食品原材料採購供應管理

【學習目的】
瞭解食品採購的重要性；
熟悉食品採購的程序、方式、採購制度、供貨商選擇標準、採購數量的確定及採購質量和價格的控制；
掌握食品驗收的體系、內容、步驟；
瞭解不同食品儲存的條件；
掌握食品發放的管理；
瞭解食品原料盤存的意義、目的及方法。

【基本內容】
★食品原材料的採購管理：
食品原料的採購及其重要性；
採購運作程序；
建立嚴格的採購制度；
採購人員的配備與選擇；
供貨單位的選擇；
採購質量管理；
採購數量的確定及管理；
採購價格管理。
★食品原材料的驗收管理：
建立合理的食品原料驗收體系；
食品原料的驗收步驟。
★食品原材料的儲存管理：
食品原料儲存的目的；
食品儲藏室設計要求；
食品原料的儲存分類與管理；
食品儲藏室的安全管理。
★食品原材料的發放管理：
直接進料的發放管理；
儲藏室原料的發放管理；
食品原料的調撥處理。

★食品原材料的盤存管理：
盤存的目的；
存貨記錄制度；
期末庫存原料的計價方法；
儲藏室庫存原料短缺率的控製；
廚房庫存盤點；
庫存週轉率。

【教學指導】
請有實踐經驗的採購人員、驗收人員或儲藏室管理員與學生交流、座談。
食品原料的採購、驗收、保管與發放是整個餐飲企業運作的開始和基礎。採購過程運行的好壞，將影響企業資金的使用或流失；驗收是保證食品質量的關鍵環節；儲存對企業的成本計算有直接關係；而發放控製則是保證廚房生產供應、控製原料使用的重要一環。

第一節　食品原材料的採購管理

餐飲企業的日常運作從總體上可分為三大環節，即進貨環節、生產環節和銷售環節。這三大環節是一個有機整體，即餐飲企業要滿足客人的需求，而食品原料的採購又必須滿足生產的需求。只有使產、供、銷在運行中形成協調的一體化格局，才能使餐飲企業進入良性循環，其中的供即食品原料的採購是第一個環節，也是其他環節正常運轉的前提。

一、食品原料的採購及其重要性

食品原料的採購是指餐飲企業根據生產經營的需要，以適當的價格訂貨，併購買到所需質量的食品原料。採購是由餐飲企業的生產特點及原料供應情況決定的，包括訂貨和購買兩個部分。

訂貨指根據餐飲企業的生產需要量、庫存、質量要求、價格適宜度，結合供應商的各項條件，綜合其他方面影響因素確定需要購買的物品及其數量的過程。

購買指根據訂貨確定的物品及其數量實施購買行為，完成採購的過程。作為餐飲企業日常運轉的第一個環節，採購是非常重要的，因為餐飲企業必須購買食品原料和其他輔料以便生產和出售食品、飲料。採購過程運行的好壞將影響資金的使用或流失。例如，如果採購的物品太少，出現庫存短缺，就會影響餐飲產品的生產；如果採購得太多，導致原料積壓，資金週轉速度太慢，就會加大企業成本。

具體來說，採購工作的重要性主要表現在：

（1）採購價格影響餐飲產品的利潤。在市場經濟條件下，一定數量的餐飲產品的價格受到市場競爭的影響，在供求關係綜合作用下產生價格的波動，將影響餐飲企業

利潤的高低。

（2）採購影響企業流動資金的週轉。在市場經濟條件下，一定數量的流動資金週轉一次獲取的利潤基本上是一定的。餐飲企業用於採購的流動資金週轉的次數越多，利潤就越多，但並不是用於採購的流動資金流動得越快越好，因為每一次採購都會有非採購費用發生，如採購人員的差旅費、採購物品的運輸費等，這些都使得餐飲企業必須根據自身的實際需要確定採購的週期，從而影響整個餐飲企業流動資金的週轉。

二、採購運作程序

採購程序是採購工作的核心之一。實施採購首先應制定一個有效的工作程序，使從事採購的有關人員和管理人員都清楚應該怎樣做、怎樣溝通，以形成一個正常的工作流程，也利於管理者履行職能，知道怎樣去控製與管理。各飯店可根據自己的管理模式，制定符合飯店實際的採購程序，但設計的目的和原理是相同的（見圖4-1）。

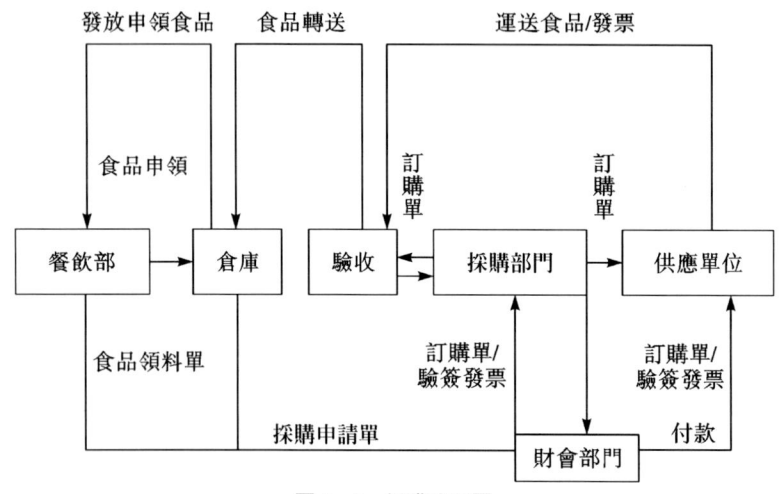

圖4-1 採購流程圖

餐飲產品生產人員需要食品、飲料和其他輔料去制備菜肴，他們據此填寫領料單，並將寫好的領料單交給儲藏室管理人員，然后由儲藏室管理人員發放所需原料。

在某些時點上，儲藏室的存貨，即食品、飲料和其他輔料的存貨數量必須補充。需要訂貨時，由儲藏室人員填寫請購單交給採購部。請購單是詳細描述所要購買原材料的憑證，包括所需數量以及所需物品，然后採購部通過正式或非正式的採購預訂系統向供應商訂購所需貨物，並將訂購單的副聯交給驗收和會計人員。

供應商將訂購的貨物送到驗收處，並給驗收員一張送貨發票，供應商的發票上寫明所送貨物的名稱、規格、數量和價格以及應付款的總價。驗收員要對照請購單的副聯或採購記錄單對所送貨物進行核查，同時，還要檢驗貨物的質量和損壞情況等事項。

所送貨物經檢驗並接受后，送貨員將其轉送到合適的儲存地點，送貨發票則送到財務部門。會計人員即可以處理有關單據，並支付供應商貨款。

儘管採購程序因企業的經營情況不同而各異，但這些基本步驟卻是相同的。即使電子數據處理代替了採購程序的全部或部分手工勞動，其基本步驟仍大致如此。

三、建立嚴格的採購制度

沒有一個嚴格的採購制度，就無法對採購進行有效的控製，容易導致採購部門與廚房之間的矛盾，也容易滋生舞弊情況，提高企業成本。嚴格採購制度應做到以下幾點：

（一）確定崗位職責

由於不同的餐飲企業在規模、經營方式、特色上各不相同，其組織結構和管理方法也不盡相同，當然具體的崗位設置和崗位職責也就有所差別。大飯店有專門的採購部，負責飯店所有用品與原材料的採購；有的飯店則是在餐飲部下設採購部，只負責餐廳內所需物品的採購；中、小型餐廳裡，這項工作則由廚師、經理或老板直接負責。因此，在不同的企業，採購工作人員的崗位職責不完全相同，但有一點是相同的，即應做到崗位明確，職責清楚，使採購人員能明瞭採購過程中各細節的具體要求。

（二）明確採購權限

採購權限就是採購人員進行採購時所擁有的權力範圍。這個權限根據企業的性質特點及原料市場的不同而不完全相同。

正常情況下，採購人員根據用料部門的申請購物單填寫訂貨單，並據此購買所需原材料。但有些情況下，市場上的原材料供應未必與購物單上所列物品、數量、質量和價格的要求完全相符。採購員如果完全按照要求去採購，很可能空手而歸。為此，餐廳應授予採購員一定的權限，以便於其根據市場實際情況採購到基本符合要求的原材料。如果某些食品原料在市場上供過於求，價格十分低廉而且又是廚房大量需要的，只要質量符合標準並有條件儲存，即可利用這個機會購進，以減少價格回升時的開支。如果原料剛上市，價格日漸下跌，採購量則應盡可能減少，只要能滿足短期生產即可，等價格穩定時再行採購。

（三）制定食品原料的質量標準

要保證飯店提供的餐飲產品在質量上始終如一，就必須對餐飲產品進行質量控製，要求採購人員按照食品採購標準進行採購。

四、採購人員的配備與選擇

管理學認為，一個好的採購人員至少可為企業節約5%的成本。所以，選擇採購人員對餐飲成本控製來說非常重要。採購員必須要具有良好的道德標準以維護餐廳的經濟效益。採購員還必須對企業、合作夥伴和供應商負責，從而使自己與供應商在公平誠實的基礎上進行交易。

（一）採購人員的道德準則

（1）具有餐廳利益高於一切的覺悟，不得損公肥私，不得任意揮霍。

（2）在採購活動中做到公正、誠實，高效地履行崗位職責，處理好與供應單位之間的關係。

（3）努力做好本職工作。善於接受上級領導、同事和供應單位業務員的建設性意見。

（4）禁止接受禮物、有價證券和收取回扣。

(二) 採購人員應具備的業務素質

（1）瞭解食品製作的要領、程序和廚房業務。採購人員不僅要瞭解餐廳的菜單，熟悉廚房加工、切配、烹調各個環節，掌握各種原料的損耗情況、加工的難易度及烹調的特點，而且還要掌握餐廳供應菜品的季節變化及菜品的銷售情況。

（2）掌握食品原料的相關知識。採購人員不僅要隨時學習和掌握國家有關食品原料品質分類標準、有關政策規定，而且還應掌握各種原料的質量、規格和產地等知識。

（3）瞭解食品原料供應市場和採購渠道。瞭解餐飲企業原料的供應地點，如各大批發商與零售商的地址、電話，並建立長期穩定的、相互信任的交易關係。

（4）瞭解進貨價格與銷售價格的核算關係。採購人員應瞭解菜單上每一菜品的名稱、售價和分量，知道餐廳近期的毛利率和理想的毛利率。這樣在採購時就能決定某種食品原料在價格上是否可以接受。

（5）瞭解財務制度方面有關現金、支票、發票等使用的要求和規定，以及對應收帳款的處理要求等。

因為採購人員常在市場中活動，與形形色色的人交往，容易被金錢、物質所引誘和腐蝕。因此，對採購人員必須加強經常性的思想教育。首先領導要深入工作實際，瞭解掌握情況，及時開展有針對性的思想教育。其次要關心他們的政治學習，不能認為採購工作忙而放鬆了政治學習。最後要開展經常性的談心活動，做深入細緻的思想工作，使其警鐘長鳴，防患於未然。

經營中有一個重要的管理手段，就是要是非分明，獎優罰劣。對於堅持原則、大公無私的人和事要大力表彰，樹典型、抓榜樣、扶正氣。對於不接受教育、貪占便宜、損公肥私者，堅決給予嚴肅處理，及時調換不適合做採購工作的人員。在採購人員的使用上，可採取輪換制，一般三個月至半年輪換一次，這樣就可以克服採購工作中的很多弊病。

五、供貨單位的選擇

採購員在選擇供貨商時，除考慮價格因素以外，還應考慮以下因素：

（1）供貨單位的地理位置。供貨單位與餐飲企業的距離較近，可以縮短採購和供貨時間，節省採購費用。

（2）供貨單位的設施及管理水平。根據供貨單位的衛生條件是否良好、規章制度是否健全、設備設施是否齊備及是否具有現代化的標準來確定供貨單位。

（3）供貨單位財務的穩定性。要對供貨單位的財務狀況進行調查，從而保證貨物的供應。

（4）供貨單位業務員的技術能力和服務水平。供貨商不僅接受訂貨單，還應熟知出售的物品的性能，並能幫助購貨單位合理使用這些物品，能提供良好的售後服務。

（5）供貨商的信譽。良好的商業信譽能促使供貨商及時送貨，所供貨品質量得到保障，餐飲企業也能及時獲得採購信息和良好的售後服務。

六、採購質量管理

（一）採購質量標準

要保證餐飲產品的質量始終如一，飯店所使用的食品原料的質量也應該始終如一。食品原料的質量是指食品是否適用，越適於使用，質量也就越高。餐飲管理人員應在確定本企業的目標和編製有關計劃時規定食品原料的質量標準。採購部經理或成本控製會計員應當在其他經管人員的協助下，列出本企業常用的需採購的食品原料的目錄，並用採購規格書的形式，規定對食品原料的質量要求。

採購規格書是指根據餐飲企業的特殊要求，對所要採購的各種食品原料的標準和規格做出詳細而具體的規定，如原料的部位、產地、等級、性能、份額大小、包裝方法、外觀、色澤、新鮮度等。採購規格必須包括必要的信息，但詳細說明的文字應盡可能少。

一般餐飲企業只是對那些成本較高的各種魚、禽、肉以及高檔原料，按自定的採購標準來指導採購。採購標準的形式見表4-1。

表4-1　　　　　　　　採購標準的一般形式

××飯店餐飲部採購標準

1. 產品名稱：＿＿＿＿＿＿＿＿＿＿

2. 產品用途（明確說明產品用途）：

3. 產品概述（列明合格產品的一般性質量要求）：

4. 詳細說明（企業應列明其他有助於識別合格產品的因素。各種產品應列明的因素不同。這些因素包括產地、大小、比重、品種、每份大小、容器大小、類型、牌名、可以食用量與切除量；樣式、稠密度、分量、等級、包裝物）：

5. 產品檢驗程序：

6. 特殊指示和要求（列出明確表明質量要求所需的其他信息）

無論採用哪種形式，所有的採購標準都應包括以下內容：

（1）產品通用名稱或常用商業名稱；

（2）法律、法規確定的等級、公認的商業等級或當地通用的等級；

（3）商品報價單位或容器規格；

（4）基本容器的名稱和大小；

（5）容器中的單位數或單位大小；

（6）重量範圍；

（7）最小或最大切除量；

（8）加工類型和包裝；

（9）成熟程度；

（10）防止誤解所需的其他信息。

（二）編寫質量標準要考慮的因素

（1）企業的類型。不同類型的餐飲企業對原材料質量標準的要求不同。如，快餐店對原材料的要求比較單一，即某種原材料是專門供製作某一特定食品的，質量要求相對明確簡單。但在普通餐廳裡，一種原材料可供多種菜品使用，其質量標準也就相對複雜和多變。

（2）設備配備情況。企業的存儲場地和設備通常決定了可採購的品種和數量。

（3）市場供應情況。需從市場上採購的食品原料與企業需求和市場供應之間存在的差距，是制定質量標準時應考慮的重要因素。在市場發展成熟的西方國家，市場上出售的大部分原材料都按統一標準進行包裝和分類定級，所以編寫質量標準相對較容易，與此相對應的原材料質量也容易控制。但中國市場還處於起步階段，所以在編寫質量標準時，其內容必然較複雜和細緻，否則，採購人員將無法根據質量標準進行採購。

（4）菜單。企業應採購的食品原料是由菜單確定的。對於企業不供應的食品，顯然不必編寫採購標準。

（三）制定質量標準的程序

最好、最快的編寫方法應當是先由食品原材料採購人員從當地的各個供應單位獲得供應項目表，然后採購人員和餐廳經理、廚師長、驗收人員與儲藏室管理員共同研究，請所有有關人員指出哪些食品原料是生產和服務中需要使用的，再共同擬定採購標準。需要說明的是，企業應定期按照一定的測試程序，對有關食品原料進行測試和研討，採購標準應根據測試結果編寫。

（四）制定質量標準的作用

（1）採用質量標準，可以把好採購關，避免因採購的原料質量不穩定而引起產品質量不穩定。

（2）採購質量標準分發給供貨單位，使供貨單位掌握該餐飲企業的質量要求，避免發生分歧和矛盾。

（3）便於採購順利進行。不需每次都對供貨單位提出各種原料的質量要求，可以減少工作量。

（4）質量標準分發給若干個供貨單位以便通過招標選擇最低價格。

（5）有利於原料的驗收。

（6）防止原料採購部門與使用部門之間可能產生的矛盾。

總的來說，一份實用的採購標準書，可以成為訂貨的依據、購貨的指南、供貨的準則、驗收的標準。

七、採購數量的確定及管理

食品原料採購的數量要隨餐廳銷售量的變化而不斷進行調整。如果採購數量控製

不當，就可能出現兩種情況：一是採購數量過多，占用過多資金，造成資金週轉困難，並發生原料腐爛、變質、損壞，使成本增加；二是採購數量過少，導致供應中斷而影響正常銷售。

（一）影響採購數量的因素

1. 菜品的銷售數量

當銷售菜肴數量增加時，可增大採購的批量；而在菜肴銷售數量減少或經營不景氣時，則可壓縮採購數量。在不同的季節，顧客對某一個具體的菜品的需求也有所不同。所以，餐飲部門在採購原料時，不僅要考慮整體上的變化，而且也要考慮結構上的變化。

2. 現有的倉儲設施

現有的倉儲設施的儲藏能力，限制了採購的數量。比如，冷凍、冷藏空間過小，則不能採購過多的易腐爛變質的魚、肉、禽蛋類原料；除濕能力低或設備差，則不能採購過多的干貨。

3. 採購地點

採購地點的距離遠近影響採購的數量。如果採購點遠，可以增加批量，減少批次，以便節約運費，防止斷檔；如果採購點近，可以減少批量，增加批次。

4. 企業財務狀況

企業財務狀況的好壞影響採購的數量。餐飲企業經營較好時，可適當增加採購量；資金短缺時，則應精打細算，減少採購量，以利於資金週轉。

5. 食品原料的內在特點

食品原料的內在特點，決定了採購數量的多少。不適宜久儲的食品原料應快進快銷；易於保存的干貨，則可適當增加採購數量。

6. 市場供應情況

市場供求狀況的穩定程度影響採購的數量。當市場上原料供應比較穩定時，採購的數量可按照其消耗速度和供貨天數來計算；當原料的市場供應不穩定，比如忽多忽少或長期缺貨時，又可以增加採購數量。

7. 食品原料消耗的穩定性

有些食品原料並不是按穩定的速度消耗的。昨天銷售得多的菜品，今天可能一份也賣不出去。對於這種消耗速度不穩定的食品原料，應保持恰當的存貨，以防斷檔。

（二）採購數量的管理

對採購管理來說，食品原料可分為易壞性原料和非易壞性原料，對這兩類原料的採購應區別對待。

1. 易壞性食品原料的採購數量

易壞性食品原料一般為鮮活貨，這類原料要求購進後立即使用，用完後再購進新的原料。每次採購的數量可用下列公式表示：

應採購數量 = 需使用數量 - 現有數量

需使用數量是指在進貨間隔期內對某種原料的需要量。例如，如果每4天進一次

貨,那麼餐飲經理或行政總廚填寫請購單時要根據自己的經驗預測在此4天內大概使用多少該原料。

現有數量是指某種原材料的庫存數量,包括已經發往廚房而未被使用的原料數量。這個數量可以通過實地盤存加以確定。

應採購量是指需要使用量與現有量之差。這個數量還要根據特殊宴會、節日或其他特殊情況加以適當調整。這個數字雖然是估計的或預測的,不完全精確,但無關緊要。因為鮮活類食品原料採購週期較短,送貨也較方便。如果本次採購數量多,那麼下一次採購數量就可少一些。

餐廳可自行設計一個市場訂貨與報價單,將所有易變質的鮮活類食品原料分類列在表上(見表4-2),這樣既可以節省工作量,又有助於控制採購數量和採購價格。

表4-2　　　　　　　　市場訂貨與報價單（局部）

原料名稱	需使用數量	現有數量	訂貨量	供貨單位報價			
^	^	^	^	甲	乙	丙	丁
菠菜	6箱	$2\frac{1}{2}$箱	4箱	￥22.0／箱	￥23.0／箱	￥20.0／箱	￥21.0／箱
萵筍	8箱	1箱	7箱	￥17.0／箱	￥16.0／箱	￥18.0／箱	￥16.5／箱
胡蘿蔔	60千克	20千克	40千克	￥0.5／千克	￥0.45／千克	￥0.6／千克	￥0.55／千克
卷心菜	2麻袋	$\frac{1}{2}$麻袋	2麻袋	￥18.5／麻袋	￥18.6／麻袋	￥18.3／麻袋	￥18.0／麻袋
……	……	……	……	……	……	……	……

2. 低值易耗品的採購數量

餐廳中有些原料(包括部分易壞性原料和非易壞性原料),其本身價值不高,但消耗量很大,所需數量也較穩定,這類原料如果用上述方法採購就顯得費時費力。這時可採用長期訂貨法。

餐飲企業採購部門可與一家供貨單位簽訂合同,規定以固定價格,每天向其供應規定數量的原料。例如,餐飲企業可與養雞場約定每天送4箱雞蛋,有特殊變化時再增加或減少採購量。這類原料主要包括:麵包、奶製品、蛋製品、常用蔬菜、水果和常用飲料等。另外還可用於價值低、用量大、佔據空間多、天天需補充的其他物品,如餐巾紙、衛生紙、啤酒等。

3. 非易壞性食品原料的採購數量

非易壞性食品原料不像易壞性食品原料那樣容易腐敗變質,但這並不意味著可以大批量採購。通常使用最高或最低庫存量調節法和永續盤存法來對這類食品原料的採購量進行控制。

(1) 最高或最低庫存量調節法

訂貨數量可以根據不同的存貨定額來決定,即針對各種食品原料確定它的最高或最低庫存量,用採購量來調節這種庫存量。如:

采購品名：　　　　　　　　　　　竹笋罐頭
每天使用量：　　　　　　　　　　2 聽
採購週期：　　　　　　　　　　　30 天
採購日期內使用量：　　　　　　　2 聽×30 天＝60 聽

從訂貨到購回入庫的時間（間隔期）：3 天

從訂貨到購回入庫期間使用量：2 聽×3 天＝6 聽

庫存安全系數：2 聽×3 天＝6 聽

最低標準庫存量＝訂貨到入庫期間內的使用量＋庫存安全系數

即：6 聽＋6 聽＝12 聽

最高標準庫存量＝採購日期內的使用量＋庫存安全系數

即：60 聽＋6 聽＝66 聽

當處在最低庫存量訂貨時：

訂貨數量＝採購週期內的使用量，即 60 聽。

在庫存量未達到最低庫存量時，確定訂貨採購數量時，應先清點庫存數量，然后從清點的庫存量中減去最低庫存量：

現有庫存量：20 聽

減去最低庫存量：20 聽－12 聽＝8 聽

訂貨量＝採購日期內的使用量－超過最低庫存的數量

即：60 聽－8 聽＝52 聽

使用這種方法必須首先確定每項物品的最低和最高庫存量，並向採購人員說明不得在少於最低庫存量時才訂貨，也不得在超過最高庫存量時添購，以防積壓。

（2）永續盤存法

這是通過永續盤存表來指導採購，對所有入庫及發料保持連續記錄的一種存貨控製方法。但由於使用這種方法需要由專業人員來進行相當精確的數字記錄，所以採用此方法的餐飲企業並不多，只有那些大酒店集團才會使用這種方法。

使用永續盤存法的目的是保證採購的數量既能滿足預期的需要而又不致造成過多的進貨。採購要根據永續盤存表的記錄進行。大酒店中對主要干貨原料（非易壞性原料）都建立永續盤存表，由儲藏室管理人員記錄、保管，每天的進貨、發貨情況及結余都反應在這張表格上，一旦結余數量降至最低點時，則可按訂單進行採購。所以，它既是一種存貨控製方法，也是一種採購方法。

這種方法要求使用表 4－3 所示的永續盤存表。如：某餐飲店罐裝雪梨的採購週期為 15 天，日平均消費量為 10 罐，最高庫存量為 180 罐，最低庫存量為 60 罐。10 月 1 日庫管員發現發出 10 罐后還余 60 罐，已達到最低庫存量，於是發出訂貨通知，訂單號碼為#647－45。訂貨數量按最高或最低庫存量調節法來計算。當處於最低庫存量時，訂貨量＝採購週期內的使用量＝150 罐。考慮到以箱為採購單位，故實際訂貨量為 13 箱，即 156 罐，這樣三天之后貨物到達，庫存量又增至 175 罐。

79

表 4-3　　　　　　　　　　　　　　永續盤存表

編號 456

品名：雪梨　　　　　　　　　　　　　　最高庫存量：180 罐
規格：#3 號罐頭　　　　　　　　　　　　最低庫存量：60 罐
單價：68 元／箱（12 罐）

日期	訂單號碼	收入	發出	結餘
1／10	#647-45		10	60
2／10			8	52
3／10			11	41
4／10			12	29
5／10		156	10	175
6／10				

　　永續盤存表和貨品庫存卡相似，但它包含的信息要比貨品庫存卡多。兩者的主要區別是：貨品庫存卡需貼在存放食品原料的貨架上，而永續盤存表則由不在儲藏室工作的職工保管。

　　每次收發食品原料，都應在永續盤存表上做好記錄。如果能精確地記錄每次的收發數量，那麼，無論什麼時候，只要查閱一下永續盤存表，就能知道各種食品原料的存貨數量。

八、採購價格管理

　　有效的採購工作目標之一是用理想的價格來獲得滿意的原料和服務。原料的價格受各種因素的影響，諸如市場的供求狀況、餐飲的需求程度、採購的數量、食品本身的質量、供應單位的貨源渠道和經營成本、供應單位支配市場的程度、其他供應者對其的影響等。針對這些影響價格的因素，可以採取以下方法降低價格，保證原料的質量，以實施對採購價格的控製。

（一）規定採購價格

　　通過詳細的市場價格調查，飯店對廚房所需的某些原料提出購貨限價。當然這種限價是飯店派專人負責調查后獲得的信息。限價品種一般是採購週期短、隨進隨用的新鮮物品。

（二）規定購貨渠道和供應單位

　　因為飯店預先已同這些供應商議定了購貨價格，所以出現問題的機率就降低了很多。

（三）控製大宗和貴重原料的購貨權

　　貴重和大宗食品原料的價格是影響餐飲成本的主體。因此，有些飯店規定由餐飲部

提供使用情況的報告，採購部門提供各供應商的價格，具體向誰購買由飯店決策層確定。

(四) 提高購貨量和改變購貨規格

大批量採購可以降低購貨單價。另外，當某些原料的包裝規格有大有小時，如有可能，大批量地購買廚房可以使用的大規格包裝的原料，也可降低單位價格。

(五) 根據市場行情適時採購

當某些食品原料在市場上供過於求，價格十分低、又是廚房大量需要的，只要質量符合標準並有條件儲存，可利用這個機會購進，以減少價格回升時的開支。當原料剛上市，價格日漸下跌，採購量則應盡可能減少，只要能滿足短期生產即可，等價格穩定后再行採購。

(六) 盡可能減少中間環節

減少中間環節能使企業有效降低成本，可以獲得價格優勢，增加產品的市場競爭能力。

第二節　食品原材料的驗收管理

如果僅對餐飲原料的採購進行控製，而忽視驗收這一環節，往往會使對採購的各種控製前功盡棄。雖然採購物品的訂貨數量適當、質量合格、價格最優惠，但不能保證實際發送的貨物也是如此，如果不加以嚴格控製，供應商發送的貨物會有意無意地超過訂購量；或可能短斤缺兩；或質量不符合要求，高於或低於採購規格；帳單上的價格也往往與商定的價格有出入。因而驗收也是餐飲管理和成本控製中不可缺少的重要環節。本節將就食品原料驗收管理中的驗收體系的建立、驗收程序的確定、有關驗收表格及驗收控製等內容逐一給予介紹。

一、驗收體系

(一) 驗收部門

驗收部門的設立以及驗收部門與其他部門之間的關係因飯店規模大小而異。大型飯店有專門的驗收部門，而中型飯店或獨立經營的餐廳有的只設一個驗收員，小型餐廳則可能沒有專職的驗收員，驗收工作由廚師長或經理親自擔任。無論如何，企業應根據自己的特點，設計和建立自己的驗收體系，只要能發揮驗收員的作用，控製好成本和原料質量，減少作弊行為，就不失為一種好的驗收體系。

從驗收工作崗位的隸屬關係來看，許多餐廳並不一樣。嚴格地說，收貨驗收工作應由總會計師指導，並獨立於餐飲部門之外，驗收員應該是財會部門的正式員工。在驗收時，儲藏室經理應給予必要的協助。很多餐廳的驗收工作是由儲藏室負責的，驗收員隸屬於儲藏室經理。有些餐廳甚至不設專職驗收員，驗收工作由儲藏室管理員兼職。

餐飲企業的總經理應給予驗收部或驗收員一定的自主權，在企業組織結構圖或崗

位職責中應明確規定驗收員與採購員、廚師在對外交往中擁有的權力，使之處於相對獨立的位置，這樣才能排除干擾，嚴格按規定檢查。驗收員不應該設在採購部下面。

(二) 驗收員

對驗收員的選擇至關重要。驗收員必須聰明、誠實，食品原料知識豐富。選擇驗收員的最好方法是從儲藏室職工、食品和飲料成本控製人員、財務人員和廚工中發現人才。這些人員有一定的食品知識和經驗，而且願意通過從事驗收工作累積管理工作經驗。在工作中，驗收員要和採購人員、廚師等多接觸，虛心向他們學習，豐富自己的知識和經驗。

餐飲企業應制訂完整、嚴密、科學的培訓計劃，對所有的驗收人員進行培訓，以提高他們的業務素質和品德修養。同時，也應使驗收員牢記：未經上級主管同意，任何人都無權改變採購標準，遇有特殊情況，應及時向上級主管請示匯報，不得擅自行事。

另外，驗收員在工作時不應受廚師長和採購人員的干擾。驗收員的相對獨立有利於對整個採購進行有效的監督和控製。

(三) 驗收設備和工具

飯店一般設有驗收處或辦公室，它的位置一般在飯店的后門或邊門，這樣送貨車開到后門就可以看到驗收處，以便於驗收，而且此處要有足夠的空地以便於卸貨。

驗收部門應備有足夠的驗收工具。各種計量工具應定期校準，以確保其精確度。此外，驗收室還應備有溫度計、暗箱、起釘器、紙板箱切割工具、尖刀等工具，以及驗收單、驗收標籤、購貨發票、收貨單、驗收工作手冊、採購食品原料的質量標準等單據和材料。

二、食品原料的驗收步驟

驗收程序規定了驗收人員的工作職責和工作方法，使驗收工作規範化。同時，按照程序進行驗收，形成良好的習慣，是驗收高效率的保證。

(一) 驗收內容

驗收內容包括參照訂購單盤點數量、檢查質量、核實價格三項內容。

(二) 驗收步驟

1. 依據訂貨單或訂貨記錄檢查進貨

在這個過程中，驗收員首先應核實收受項目是否與訂貨單相符，然後對數量（個數、件數）逐一清點，對重量一一稱重，質量要根據標準手冊嚴格對照。在驗收過程中，驗收員一定要堅持原則，做到：①未辦理訂貨手續的物品不予受理。注意核對送貨發票上的供貨單位的名稱和地址，避免錯收貨和接受本飯店未訂購的貨物。②送貨量與訂購量不符的不予受理。根據訂貨單對照送貨單，通過點數、稱量等方法，對所有到貨的數量進行核對。③不符合質量要求的不予受理。

2. 根據發票檢驗進貨

(1) 供貨發票通常是隨同貨物一起交付的。發票是付款的重要憑證，應該依此核

實購進原料的數量和價格。

（2）如遇某種原因，發票未隨貨物一起送到，可開具本餐飲企業制備的備忘清單，在清單上註明已收到貨物的數量、價格，在正式發票送到以前暫以此據為憑。

（3）有些食品原料，尤其是在農貿市場或向個體戶購買的蔬菜原料是沒有發票的，這時應填寫無購貨發票收貨單以便財務入帳。

3. 受理貨品

貨品經檢驗無誤后，驗收員需填寫進貨驗收單，正確記錄供貨單位名稱、收貨日期以及各種原料的重量、數量、單位和金額，並在送貨發票上簽字和加蓋驗收章，接受貨品，貨品交由倉儲部門負責保管。驗收單上要有收貨日期、驗收員簽字、採購員簽字、成本控製員簽字、主管人員簽字等。

如果貨品分量不足或質量不符合訂貨標準或價格提高，而供應商又沒有通報給採購部，那麼驗收員有權拒絕收貨。在退回食品原料時，應填寫原料退回通知單，並取得送貨人的簽字後，將通知單連同發貨單副本一併退回供貨單位。

4. 送庫儲存

驗收合格後，驗收員要在貨物包裝上註明收貨期（有助於先進先出原則的貫徹）。對於魚、肉、禽等成本較高的原料，應使用肉類標籤，便於發貨時統計成本。驗收工作一完成，應立即將貨品入庫或直接送使用部門，以免引起質量下降，造成損失。

5. 填寫報表

填寫驗收日報表和其他表格。

6. 將票據、表格及時送財務部

將所有發貨單、發票、有關單據及進貨日報表及時送交財務部門，以便向供應單位付款。

(三) 驗收員應熟悉和使用的各種表格

1. 發貨票

所有送貨都應有發貨票，隨貨到達的發貨票（見表4-4）應一式兩聯，送貨人將發貨票交給驗收員後，要求驗收員簽名，交還第二聯，證明企業已收到供應單位發貨的貨物。第一聯應交給財務部，由財務部付款。

表4-4　　　　　　　　　　　發貨票

××市副食品公司				
戶名：				年　月　日
項目	單位	數量	單價	小計

2. 驗收單

驗收員應每天詳細填寫驗收單（見表4-5），準確記錄驗收部收到哪些商品，哪些商品沒有發貨票、供應單位因交貨數量與發貨票數量不符而貸記本企業哪些應收帳款。有部分驗收員為了節約時間，在驗收單上只記錄供應單位名稱和送貨金額，這種做法是錯誤的。

表4-5　　　　　　　　　　　　　貨物驗收單

××飯店 供貨單位： 供貨單位地址： 訂購單編號：				編號： 日期：	
存貨編號	項目及規格	單位	數量	單價	合計
總計					
驗收員： 儲藏室管理員：				送貨員：	

3. 肉類標籤

在驗收時，驗收員還應給魚、肉、禽等加上存貨標籤（見表4-6）。

表4-6　　　　　　　　　　　　魚、肉、禽類食品存貨標籤

標籤號： 收貨日期： 項目： 重量/單價/成本： 發料日期： 供貨單位	標籤號： 收貨日期： 項目： 重量/單價/成本： 發料日期： 供貨單位

使用存貨標籤時，要做到：

（1）驗收員應為每一塊肉、每一條魚、每一只家禽或每一箱魚、肉、禽填寫標籤；

（2）標籤應為兩部分，一半系在食品原料上，另一半送食品成本會計師；

（3）廚房領用原料后，解下標籤，加鎖保管。原料用完之后，將標籤送交食品成本會計師，核算當天魚、肉、禽的成本；

（4）食品成本會計師核對其保管的另一半標籤，並根據未使用的標籤盤點存貨。如存貨短缺，應分析原因。

4. 驗收日報表

驗收日報表（見表4-7）記載餐飲企業每日所購進的食品原料。它不僅要記載原料的品名、規格、單價和金額，並且要註明這些原料的去向，是直接進入廚房還是入庫。填寫驗收日報表的目的並不在於記錄所有驗收物品的名稱、單位、數量和價格，而在於區分當天驗收的所有食品原料有哪些是直接發入廚房、哪些進入儲藏室、哪些是食品原料以外的其他物品。所以，驗收日報表的主要目的是成本控製。

表4-7　　　　　　　　　　　　食品驗收日報表

貨品名	供應商名稱	發貨票	數量	單價	金額	直接採購原料				庫房採購原料					
^	^	^	^	^	^	一廚房		二廚房		一號庫		二號庫		三號庫	
^	^	^	^	^	^	金額	數量	金額	數量	金額	數量	金額	數量	金額	數量
合計															

5. 驗收章

驗收完畢后，驗收人員應在送貨發票或發貨單上簽字並接受原料。有些企業為便於控製，要求在送貨發票上或發貨單上加蓋驗收章（見表4-8）。

表4-8　　　　　　　　　　　　驗收章

驗收章　　　　　　　　　　　　　　　　　　日期：
驗收員：
管理員：
單價及小計審核：
同意付款：
採購員簽字：

使用驗收章，有以下作用：

（1）驗收員簽字可表明是誰負責驗收的，同時也可表明他對原料數量、質量和價格的認可。

（2）管理員簽字可表示他已收到訂購的貨品。

（3）採購員簽字可認定該貨品的採購人。

（4）單價及小計審核可表明審核員已經認可應付款項的正確性。

（5）同意付款欄由總經理或總經理指定的負責人填寫，表明已同意付款，採購過程正式結束。

6. 退貨通知單或貸方通知單

如果到貨數量不足、質量不符合要求，或存在其他問題，驗收員應填貸方通知單（表4-9）。

表4-9　　　　　　　　　　　　貸方通知單

（一式兩聯）			編號：	
發方：　　　　　　　　收方：				
下列項目應予貸記：				
發貨票號碼：　　　　　發貨票日期：				
項目	單位	數量	單價	小計
原因：　　　　　　　　　　　　　　　　　合計：				
送貨人簽名：　　　　　　　　　　　　　　負責人簽名：				

開具貸方通知單的工作程序為：

（1）在發票上註明哪些商品存在問題；
（2）填寫貸方通知單，要送貨人簽名，並把一聯貸方通知單交送貨人帶回；
（3）將貸方通知單存在發貨票背面，在發貨票正面註明正確的數額；
（4）打電話通知供應單位本企業已使用貸方通知單修正發貨票金額；
（5）如果供應單位補發或重發貨物，新送來的發貨票應按常規處理；
（6）將有差錯的發貨票單獨存檔，直至問題解決。

第三節　食品原材料的儲存管理

一、食品原料儲存的基本職能

倉儲工作有兩個基本職能：一是供給，二是控製。

（一）供給

儲藏室應及時地供應企業經營活動所需的各種食品原料、飲料和供應用品。倉儲工作和採購工作有著密切的聯繫。在儲藏室存儲一定數量的不易變質的食品原料，就可避免緊急採購高價食品原料，從而有助於保持食品原料價格穩定。如果企業有足夠的存儲場地，採購員就能爭取優惠價，大批量進貨，避免在某種商品供不應求的時候去採購。此外，許多商品也許可以每週或每月進貨一次，從而節省運輸費用。

(二）控製

經管人員應掌握倉儲成本控製藝術，指定專人監控儲藏室發料成本，檢查生產部門的領料數量，絕不能允許任何人不顧企業經營活動的實際需要任意大量領料。

二、食品儲藏室的設計要求

用以存放各種食品與原料的儲藏室，因其性質的不同，對儲存空間和儲存條件的要求也各不相同。如蔬菜多半適於冷藏，乳類、魚、肉、禽及海鮮食品適於冷凍，罐頭食品類則適於干燥環境。因此，設計食品儲藏室應考慮以下幾個方面：

（一）避免陽光直接照進庫房內

所有食品儲藏室均應避免陽光直射。儲藏室的玻璃窗應使用毛玻璃。在選用人工照明時，應盡可能挑選冷光燈，以避免由於電燈光熱，使儲藏室的室內溫度升高。

（二）通風良好，不潮濕

濕氣會使干貨儲藏室裡的食品發出霉味，誘發細菌生長，並使罐頭生鏽。

（三）儲藏室應處在方便收貨和發貨的位置

從理論上來看，儲藏室應盡可能位於驗收處與廚房之間，以便於將食品原料從驗收處運入儲藏室及從儲藏室送至廚房。但是在實際工作中，由於受建築佈局的限制，往往不易做到這一點。如果一家飯店有幾個廚房，且位於不同的樓層，則應將儲藏室安排在驗收處附近，以便方便、及時地將已驗收的食品原料送進儲藏室，這樣也可以減少原料被人順手牽羊的可能性。

（四）儲藏室應保持良好的衛生狀況

牆與天花板相接處應無裂縫，並用油漆或瓷磚裝飾，以便於清潔。地板應無裂縫且易於清洗，牆與天花板之間的連接應呈圓角，避免灰塵累積。企業應制定清潔衛生制度，按時打掃。

（五）儲藏室應設有櫃臺

儲藏室應設櫃臺隔斷，無關人員不得進入儲藏室內，以減少失竊的可能。

（六）儲藏室的儲藏場地應寬敞

有各種易於清洗的存貨架，有各類食品分隔存放區，有冷凍室、冷藏室、冷卻室等不同存放要求的特定區域，有存放容器的地方。

（七）面積

確定儲藏室面積時，應考慮到企業的類別、菜單、銷售量、進貨方針和交貨次數等因素。在具體的設計過程中，經管人員和設計師需根據預期的業務量、企業至市場的距離和市場供應情況等因素來進行設計。

三、食品原料的儲存分類與管理

（一）餐飲物品儲存管理的一般要求

儲存保管：基本要求是合理存放，精心養護，認真檢查，使物品在保管期內質量完好，數量準確；使庫存耗損開支和管理費用下降到盡可能低的水平；使物品發放工作便於開展，更好地為生產和銷售服務。

（二）食品原料的存放方法

1. 分區分類

根據物品的類別，合理規劃物品擺放的固定區域。分類劃區的粗細程度，應根據企業的具體情況和條件來決定。

2. 四號定位

四號是指庫號、架號、層號、位號；四號定位是指對四者統一編號，並和帳頁上的編號統一對應，也就是把各儲藏室內的物品進一步按種類、性質、體積、重量等不同情況，分別對應地堆放在固定的倉庫位置上，然后用四位編號標出來。這樣，只要知道物品名稱、規格，翻開帳簿或打開電腦，就可迅速、準確地查找和發料。

3. 立牌立卡

它是指對定位、編號的各類物品建立料牌和卡片（此處的料牌實際上就是前面所提到的食品存貨標籤）。料牌上寫明物品的名稱、編號、到貨日期，有可能的話，再加上塗色標誌。卡片上填寫記錄貨品的進出數量和結存數量等。

4. 五五擺放

五五擺放就是根據各種物品的性質和形態，以五為計量基數堆放物品，長、寬、高均以五作為計算單位。這樣，既能使物品整齊美觀，又便於清點、發放。

需要注意的是，並非所有的食品原料都可以用這十六字存放方法來處理，因為餐飲原料的外形、包裝等在許多情況下是無規則的。

（三）干貨原料的儲存管理

干貨原料主要包括：面粉、糖、鹽、穀物類、豆類、餅干類、食用油類、罐裝和瓶裝食品等。干貨食品宜儲藏在陰涼、干燥、通風處，離開地面和牆壁一定距離，不要放在下水道附近和水管下面，並遠離化學藥品。

1. 合理分類、合理堆放

可按各種干貨原料的不同屬性對原料進行分類並存放在固定位置，然后再將屬於同一類的各種原料按名稱的字母順序進行排列。也可以根據各種原料的使用頻繁程度存放，使用頻繁的物品存放在庫房門口易取的地方；反之，則放在距門口較遠的地方。

2. 貨架的使用

干貨儲藏室一般多使用貨架儲藏食品原料。貨架可以是金屬製品，也可以是木制的。貨架最底層應距地面至少 30 厘米，以便空氣流通，避免箱裝、袋裝原料受地面濕氣的影響，同時也便於清掃。貨架和牆壁應保持至少 5 厘米的距離。

3. 溫度的要求

對溫度要求低一些的食品，保存期可長一些；對溫度的要求越高，保存期越短。干貨儲藏室的最佳溫度應控製在15℃～20℃之間。干貨庫應遠離發熱設備。

4. 對蟲害和鼠害的防範

所有干貨食品都應包裝嚴密。已啓封的食品要儲藏在密封容器裡。要定期清掃地面、貨架，保持乾淨衛生。不留衛生死角，防止蟲害、鼠害滋生。

5. 註明日期，先存先取

所有干貨食品要註明日期，按先進先出的原則使用。

6. 非食品類用品應與食品分開並分類存放

如清潔劑、清潔用品和餐具、瓷器、玻璃器皿、刀叉等；各種鍋、勺、鏟等炊具；紙品、布件、餐巾紙、桌布、餐巾等應分類單獨存放。同時，要標明貨名，以免被誤用到食品中，尤其是清潔劑和清潔用品更是如此。

(四) 鮮貨原料的冷藏儲存管理

鮮貨原料包括新鮮食品原料和已加工過的食品原料。新鮮食品原料指蔬菜、水果、雞蛋、奶製品及新鮮的肉、魚、禽類等。加工過的食品原料指切配好的肉、魚、禽類原料，冷葷菜品，蔬菜與水果沙拉，各種易發酵的調味汁等。

鮮貨原料一般需使用冷藏設備。冷藏的目的是以低溫抑制細菌繁殖，維持原料的質量，延長其保存期。對此類冷藏室的具體要求：

(1) 所有易腐敗變質食品的冷藏溫度應保持在5℃以下；

(2) 冷藏室內的食物不能裝得太擠，各種食物之間要留有空隙，以利於空氣流通；

(3) 盡量減少冷藏室門的開啓次數；

(4) 保持冷藏室內部的清潔，定期做好冷藏室的衛生工作；

(5) 將生、熟食品分開儲藏，最好每種食品都有單獨的包裝；

(6) 如果只有一個冷藏室，要將熟食放在生食的上方，以防止生食帶菌的汁液滴到熟食上；

(7) 需冷藏的食品應先使用乾淨衛生的容器包裝好後才能放進冰箱，避免相互串味；

(8) 需冷藏的熱食品如湯汁類，要使其降溫變涼，然後再放入冷藏室；

(9) 需經常檢查冷藏室的溫度，避免由於疏忽或機器故障而使溫度升高，導致食品在冷藏室內變質；

(10) 保證食品原料在冷藏保質期內使用。在冷藏溫度下，不同食品原料的冷藏期是不同的，使用時應注意。一些食品的儲藏期可參照表4-10。

表 4-10　　　　　　　　常用食品原料的儲藏溫度表

儲藏庫域	食品名稱	適宜的溫度
干藏庫	1. 干貨食品原料 2. 米面類 3. 烈酒類 4. 果酒 5. 啤酒 6. 礦泉水	10℃～22℃ 10℃～19℃ 10℃～22℃ 10℃～22℃ 10℃～22℃ 10℃～22℃
冷藏庫	1. 肉類 2. 水產品（主要為海產品） 3. 禽 4. 乳製品 5. 黃油和雞肉 6. 新鮮水果和蔬菜 7. 熟食 8. 啤酒和礦泉水（備服務時用）	0℃～2℃ 0℃～2℃ 0℃～2℃ 0℃～2℃ 0℃～2℃ 2℃～3℃ 2℃～4℃ 3℃～5℃
冷凍庫	所有需冷凍儲藏的食品	-18℃～-24℃

（11）冷藏食品原料的其他注意事項：入庫前需仔細檢查食品原料的質量，避免把已經變質、被污染了的食品送入冷藏室；已經加工的食品和剩餘食品應密封冷藏，以免受冷干縮或串味，並防止滴水或異物混入；帶有強烈氣味的食品應密封冷藏，以免影響其他食品；冷藏設備的底部、靠近制冷設備處及貨架底層是溫度最低的地方，這些位置適於存放奶製品、肉類、禽類、水產類食品原料。

（五）食品原料的冷凍儲藏管理

冷凍儲藏適於冷凍肉類、禽類、水產類以及已加工的成品和半成品。

1. 冷凍溫度

任何食品都不可能無限期地儲藏，其營養成分、香味、質地、色澤都將隨著時間的流逝而降低。一般來說，食品原料的冷凍分三步進行：冷藏→速凍→冷凍。食品冷凍的速度越快越好。因為在速凍條件下，食品內部的冰結晶顆粒細小，不易損壞食品的結構組織。因此，餐飲企業最好採用速凍的方式冷凍食品。食品原料的冷凍儲藏溫度一般控制在-18℃以下（含-18℃）為宜。

2. 冷凍儲藏期

一般食品的冷凍儲藏期為3～6個月。

3. 冷凍儲藏的一般規則

為保證冷凍食品原料的新鮮，盡量延長其有效儲藏期，在食品原料的冷凍儲藏過程中應注意以下問題：

（1）把好驗貨關。需要冷凍的原料入庫時必須處在冷凍狀態，已經解凍或部分解凍的食品原料應即刻置在-18℃以下（含-18℃）。溫度越低，則食品原料的儲藏期及

其質量就越能得到保證。

（2）冷凍儲藏的食品原料，特別是魚、肉、禽類，要用抗揮發性材料（塑料袋、塑料薄膜）包裝緊密，以免影響原料的質量。

（3）堅持「先進先出」原則。所有原料必須標明入庫日期及價格，按照先進先出的原則使用，防止儲藏過久造成損失。

（4）不要將食品原料堆放在地面上或緊靠庫壁放置，以免妨礙空氣循環，影響原料冷凍質量。

（5）使用正確的解凍方法。正確的解凍方法有三種：一是冷藏解凍，即將冷凍食品放入冷藏室內逐漸解凍；二是自來水衝浸解凍，即將冷凍肉塊用塑料袋盛裝，密封置於自來水池中衝刷解凍；三是用微波爐解凍。切忌在室溫下解凍，以免細菌和微生物急遽繁殖。

有些冷凍食品原料（如家禽）可直接烹燒，不需要經過解凍，這樣有利於保持其色澤和外形。

四、食品儲藏室的安全管理

儲藏室就像銀行的保險庫，有效的安全控制可以防止偷盜事件的發生，避免增大食品成本。食品儲藏室的安全管理應注意以下幾個方面：

(一) 儲藏室的位置安全

儲藏室的位置最好設在驗收處和廚房之間，這樣不僅可使貨物流通順暢，確保貨物的儲存和發料方便、迅速，而且還可確保儲存的安全；切忌設在容易被偷盜的偏僻位置；一般不設窗戶，只設通風口。即使設計有窗戶，也應在窗戶上加裝防盜網予以保護。儲藏室的門要堅固耐用。

(二) 嚴格的鑰匙管理制度

（1）儲藏室的鑰匙應由專人管理。一般來說，儲藏室應有三把鑰匙：庫管員使用一把，值班經理保管一把，經理室的保險櫃內存放一把。庫管員一般上正常班，一旦庫管員下班時出現需要用料的情況，可以通過值班經理開庫取料。若值班經理不在，則由保安人員負責取用保險櫃內存放的鑰匙。同時儲藏室應定期換鎖或改變自動鎖的數字。職工調動工作或離職之後，應立即換鎖。

（2）對於貴重的食品原料，應在庫內劃出專門的儲藏間並上鎖單獨管理。

（3）儲藏室要有充足的照明。餐飲企業如果有條件，應採用閉路電視監控倉儲區的情況。

(三) 有效的存貨控製程序

1. 貨物的合理安排

庫房內部貨物的存放要有固定的位置，安排應合理，確保貨物循環使用。常用物品要求安排在存取方便之處。

存放位置固定。所有的貨物都應始終放在固定的位置，千萬不能分放在不同的位

置，否則容易被遺忘以至於發生變質，或易引起採購過量，並給每月盤點庫存帶來麻煩。新的同類貨物到達后要注意存放在同一位置。若條件許可，類別不同的貨物應盡可能儲存在不同的儲存設備中。

酒水也應分類存放。比如將所有的葡萄酒放在一起、所有的白酒放在一起，不同品牌的酒水要分開存放。由於許多洋酒的名字對於員工和客人來說可能都是生疏的，所以最好將不同商標的酒水編號，以方便儲藏室管理和客人訂酒。

食品和飲料庫房的門內最好貼一張標明各類物資儲存位置的平面圖，以便於管理員查找。

2. 遵守先進先出原則

庫房管理員應注意確保先到的貨物比后到的先用，這種庫存物資循環使用的方法叫先進先出法。為此管理員要把后進的貨品放在先進的貨品后面，這樣先進的貨品才能保證先使用。另外貨品上要貼上或掛上貨物標牌，貨物標牌上要標註進貨日期。管理員在發料時可參照進貨日期順序發放。庫房管理員在盤點庫存物資時，若發現儲存時間較長的物資，應將其列在清單上，以提醒廚師及時使用。

3. 根據使用率高低安排存放位置

在安排貨品的儲存位置時，要注意將最常用的貨品放在低處、接近通道和出入口處，這樣能減少勞動量和節省搬運時間。

4. 貴重食品原材料實行永續盤存制度

貴重商品可使用永續盤存表。這樣，餐飲經理就能根據帳實之差，發現存貨控製程序中存在的問題。

第四節　食品原材料的發放管理

離庫處理又叫發貨、發料，它是庫存管理中的最后一個環節。離庫處理管理的基本要求是：做好準備工作，嚴格離庫審核手續，按庫存物品週轉規律準確無誤地發送物品，並科學、合理地做好相應的原料成本登記工作。離庫業務的處理是雙方面的工作，對申領物品的一方來講，有申報、待批、領料、核查、提貨、運送等作業環節；對發放物品一方來說，有備貨、審核手續及憑證、編配、分發、送發、核定成本、復核等作業環節，庫存管理工作的重點主要放在后者之上。具體而言，食品原料發料管理的要求是：保證廚房和酒吧能及時得到足夠的原料；控製廚房和酒吧的用料數量；正確地統計食品飲料的成本。

一、直接進料的發放管理

直接進料的發放是指食品原料經驗收合格后，直接進入廚房用於生產，而不經過儲藏室儲存這一環節。直接發放的原料大多是新鮮蔬菜、奶製品、麵包等易壞性原料，而且在進貨的當天就基本被消耗掉。這一部分原料的進貨價格計入當日食品成本。成本管理人員在計算當日成本時，只需從驗收日報表（或稱進貨日報表）中的直接發料

中抄錄數據即可。但實際上，當天的直接進料不一定能完全消耗掉，有可能在第二天或第三天才能用完，成本卻只計在第一天裡，這樣，當天的成本就不太真實。所以，當天的食品成本，必須對當日直接發放、儲藏室發放以及當日廚房剩餘原料進行統計后才能求得。

二、儲藏室原料的發放管理

（一）定時發放

　　為使庫管人員有充分的時間整理儲藏室，檢查各種原料的庫存情況，不至於因忙於發料而耽誤了其他工作，餐飲企業應規定每天固定的領料時間。有的酒店規定早晨兩小時（8：00~10：00）和下午兩小時（14：00~16：00）為儲藏室發料時間，其他時間除緊急情況外一般不予領料。還有的餐飲企業規定，領料部門應提前一天交領料單，使庫管人員有充分的時間提前準備，以避免和減少差錯。這樣既節省了領料人員的時間，也促使廚房管理人員對次日的客流量做出準確預測，計劃好次日的生產。

（二）憑領料單發放

　　領料單（見表4-11）是儲藏室發料的原始憑證，它準確地記錄了儲藏室向廚房發放原料的數量和金額。

表4-11　　　　　　　　　　　食品原料領料單

儲藏室類別： 冷藏室： 冷凍室： 干藏室：V					日期 領料部門：			
品名	貨號	請領數量	實發數量	單價	小計	職工簽名		
						審批者	發料者	領料者
番茄醬	AA3301	2箱	2箱	￥30.00	￥60.00	何葉	張江	王紅
青豆	AA4031	3箱	3箱	￥22.00	￥66.00	何葉	張江	王紅
本單領料總金額						￥126.00		

　　1. 領料單具有三個作用

　　（1）控製儲藏室的庫存量。領料單是儲藏室發出原料的憑證，是計算帳面庫存額、控製庫存短缺的工作。

　　（2）核算各廚房的食品成本。領料單反應各廚房向儲藏室領取原料的價值，是計算各廚房餐飲成本的重要工具。

　　（3）控製領料量。領料單是領料的憑證，無領料單，任何人都不得從儲藏室取走

原料。即使有領料單，也只能領取領料單上規定的原料種類和數量。

由此可見，領料單是儲藏室管理和餐飲成本控製的重要工具。

2. 領料單發放原料的控製程序

（1）領料人根據廚房生產的需要，填寫領料單的「品名」、「規格」、「單位」及「申請數量」欄。領料數量一般按日消耗量估計，並參考宴會預訂單情況加以修正。

（2）領料人填完以上欄目後，簽上自己的姓名，持單請行政總廚或餐飲經理審批簽字。沒有審批人員簽字，任何食品原料都不可以從庫房發出。審批人員應在領料單的最後一項原料名稱下劃條斜線，防止領料者在審批人員簽字后再填寫並領取其他原料。

（3）庫管人員拿到領料單之後，按單上的數量進行組配。由於包裝原因，實際發料數量和申請數量可能會有差異，所以發放數量應填寫在「實發數量」欄中，並且填寫「金額」欄，匯總全部金額。

（4）庫管員將所有原料準備好后在領料單上簽上自己的姓名，以證實領料單上的原料確已發出，並將原料交領料人。

（5）領料單應一式三聯，一聯隨原料交回領料部門，一聯由庫管人員交成本控製員，一聯由儲藏室留存作為進貨的依據。

每天庫房向廚房和酒吧發出的原料都要登記在食品儲藏室發料日報表上。日報表上匯總每日儲藏室發料的品名、數量和金額，並且註明這些成本分攤在哪個餐飲部門的餐飲成本上，並註明領料單的號碼，以便日後查對。月末，將每日食品儲藏室發料日報表上的發料總額匯總，便得到本月儲藏室發料總額。

表 4-12　　　　　　　　　　**食品儲藏室發料日報表**

日期：2008 年 10 月 8 日

貨號	品名	數量	單價（元）	金額（元）	成本分攤部門	領料單號	備註
Bd-315	黃油	20 塊	6.00	120	咖啡廳廚房	3856	
Bd-314	雞蛋	15 千克	3.20	96	中餐廳廚房	3472	
本日發料匯總：		發料項目數：		總金額：		製表人：	

（三）正確如實地記錄原料的使用情況

廚房人員經常需要提前幾日準備生產所需的原料，例如，一次大型宴會的菜品往往需要數天甚至更長的準備時間。因此，如果有的原料不在原料領取日使用，則必須在領料單上註明該原料的消耗日期，以便把該原料的價格計入其使用當天的食品成本中。

三、食品原料的調撥處理

大型餐飲企業往往設有多個餐廳、酒吧等，這些餐廳、酒吧之間難免發生食品、飲料的互相調撥轉讓。為了使各自成本核算更具準確性，餐飲企業內部的原料調撥應使用調撥單，以記錄所有的調撥事項。調撥單應一式四聯，原料調出、調入部門各一聯，第三聯送財務部，第四聯由儲藏室記帳，以使各部門的營業結果得到正確反應。餐飲企業內部的調撥單見表4-13。

表4-13　　　　　　　　　食品飲料調撥單

調入部門：多功能廳 調出部門：大堂吧				時間：2009年3月5日 編號：89896		
品名	規格	單位	數量		金額（元）	
^	^	^	請撥數	實撥數	單價	小計
可口可樂	355ml	箱	4	4	40	160
雪碧	355ml	箱	4	4	40	160
合計						320
調出部門經手人： 調入部門經手人：				主管： 主管：		倉庫保管員：

第五節　食品原材料的盤存管理

一、盤存的目的

餐飲企業每月月末都要對庫存食品原料進行一次盤存清點。盤存清點工作要全面徹底地核實清點儲藏室存貨，檢查原料的實際存貨是否與帳面額相符，控製庫存物資的短缺。通過庫存清點，能計算和核實月末的庫存額和餐飲成本消耗，為編製每月的資金平衡表和經營情況提供依據。進行盤存的目的主要有：

（1）提供現有食品原料與供應食品的準確信息；
（2）幫助決定對所需原料用品的採購；
（3）提供食品成本控製依據；
（4）加強貨物的管理，防止丟失。

二、存貨記錄制度

常見的存貨記錄制度有兩種：永續盤存制和實地盤存制（詳見第十章餐飲產品成本控製）。

永續盤存制是一種逐筆記錄存貨數量和金額增減變化的一種存貨控製制度，主要用於大型企業。小型企業只對貴重原料和大量進貨的食品原料使用永續盤存制。

實地盤存制指通過實際觀察，即點數、稱重和計重，確定存貨數量。

三、期末庫存原料的計價方法

盤存清點結束後，應計算各種庫存原料的價值和庫存原料的總額，作為本期原料的期末結餘，也自然成為下期的期初庫存。但由於每一種原料往往以不同價格購進，也因為同一原料的市場價在一個會計期間內有漲有落，因此計算各種原料價值時，如何決定各種原料的單價常常是清點工作的關鍵。下面介紹兩種常用的計價方法：

（一）實際進價法

大型餐飲企業一般都在庫存的原料上粘貼或掛上貨物標牌，標牌上寫有進貨的單價。這時可採用實際進價法來計算庫存原料的價值。

（二）先進先出法（新近價格法）

先進先出法是指以原料的新近價格來計算庫存原料的價值。假設，原料發放是以先進先出為原則的，即先購進的原料，在發料時先計價發出，而期末剩餘的原料都是最近的進貨，以最近價格計價。

四、儲藏室庫存原料短缺率的控製

為控製實際庫存額的短缺，需要將實際庫存額與帳面庫存額進行核對。核對時，有以下公式：

期末帳面庫存額＝期初庫存額＋本期採購額－本期儲藏室發料總額

庫存短缺額＝帳面庫存額－實際庫存額

$$庫存短缺率 = \frac{庫存短缺額}{發料總額} \times 100\%$$

按照國際慣例，庫存短缺率不應超過1％，否則即為不正常短缺，必須查明原因，追究相關人員的責任，並採取改進措施。

期初庫存額的數據是從上一期的期末庫存額結轉而來的。本期儲藏室採購額的數據是從本期驗收日報表的儲藏室採購原料的總額匯總而來。本期儲藏室發料總額的數據是從本期領料單上的領料總額匯總而來的。

理論上，帳面庫存額和實際庫存額應該相同。但在大多數情況下二者會有差異，產生這種差異有客觀原因，也有主觀原因。如：

（1）領料單統計的發料額和月末盤存清點的庫存額不是完全按實際進價計價，從而造成人為差異；

（2）原料發放時，在允許的干耗範圍內失重；

（3）有些原料因管理不善而造成損失。主要包括：庫管人員工作疏忽，在對某些部門或個人發料時，不憑領料單或不計入領料單，或者發放的原料量與領料記錄不一致；管理不善，食品變質腐敗或飲料包裝破碎而損失；管理不嚴，致使原料丟失、被盜或私自挪用。

五、廚房庫存盤點

許多企業每日在廚房中結存價值量很大的庫存物資。每日從驗收處向廚房直接發送的原料，以及庫房向廚房發出的原料，不可能一天內全部都消耗完，廚房中通常會有一些未加工完的半成品和沒銷售完的成品。如果廚房對這些庫存物不加清點，會使廚房儲存的物資失控，還會使財務報表上反應的資產狀況、經營情況和成本消耗情況失真。

廚房結存物資的盤點與庫房的盤點略有不同。原因之一是因為廚房沒有庫存記錄統計制度，沒有登記貨品的庫存卡，結存品的計價難以精確；二是因為廚房儲存的物資使用頻繁，沒有使用和消耗的記錄，所以計算廚房儲存原料的短缺率比較困難。

廚房盤點時，只對價值大的主要原料進行逐一點數、稱重，計算出其價值，對類別多、價值小的原料和調料只需毛估。

六、庫存週轉率

評估庫存管理效率的指標除庫存短缺率外，還有庫存週轉率。庫存週轉率反應出企業原料的儲備量是否合適。為保證菜單品種的供應，原料的儲備要充足，但過量儲備會增加原料變質、丟失的可能性，加大庫存管理費和導致資金積壓。

$$庫存週轉率 = \frac{原料消耗額}{平均庫存額}$$

$$= \frac{月初庫存額 + 本月採購額 - 月末庫存額}{(月初庫存額 + 月末庫存額)/2}$$

庫存週轉率大，說明每月庫存週轉次數多，相對來說庫存量較小。庫存週轉率應控製為多大，取決於多種因素。例如，主要使用新鮮原料的餐廳，儲備原料量應小些。另外，企業的經營方式不同、處理剩菜的方法不同，也會使庫存週轉率不同。一般來說，食品原料的庫存週轉率每月為2～4次為宜，庫存原料週轉一次所需要時間為1～2周。但這只是平均值，不是所有的原料都應以同樣的速度週轉，許多鮮貨原料每天週轉一次，而有些干貨原料則數周或數月週轉一次。飲料一般不直接發送廚房或酒吧，因而飲料庫存週轉率略小些，一般為每月0.5～1次。一些高檔洋酒也許一年才採購一次，而用量很多的啤酒則可能每天進貨。

對於庫存週轉率來說，重要的是要注意它的變化。庫存週轉率太高，有時儲備的原料會供不應求；而庫存週轉率太低，又會積壓過多資金。因此企業管理人員應經常分析庫存週轉率，以保持適度庫存。

本章小結

本章主要對食品原料的採購、驗收、保管和發放及盤存各環節的基本知識和管理要點進行了詳細的闡述，包括食品的採購程序、採購制度的確定、供應商的選擇、採購質量及數量的確定、對食品原料採購價格的控製，食品的驗收體系及其內容、步驟，不同食品原料的儲存條件，食品存放過程的控制和有關庫存原料盤存的目的及方法等。

復習思考題

1. 簡述採購的流程及方法。
2. 驗收員對原材料進行檢驗的主要指標有哪些？
3. 食品儲藏室的設計有哪些要求？
4. 儲藏室原料發放管理的內容有哪些？
5. 如何進行儲藏室庫存原料短缺率的控製？

案例分析與思考：採購員問題、經營模仿、核心員工離職

某餐飲公司近日發生了一件事情：

此公司於2008年5月份成立，招聘了一位採購人員，並由此採購人員聯絡了一系列相關供應商，並從該人員原先所在餐廳挖了一批廚房的精英過來。

在此期間，此採購員通過高價採購、給供應商回扣來獲利，並於當年9月份自己開了一家與此餐飲公司一樣的餐廳。該採購員打算等時機成熟後，將原先他帶過來的精英連同餐廳另一批表現優秀的服務員一起帶走。

公司現在雖已基本掌握這個情況，也已經找到此人自己經營的餐廳的地址，而且大概知道哪些人參與了此事，但苦於沒有確切證據，不知究竟如何處理是好。

思考題：

1. 如何解決採購回扣問題？
2. 如何解決同類餐廳開業問題？
3. 如果公司想解決當前的問題，並保持公司正常運轉，需要做的工作有哪些？

實訓指導

實訓項目：食品原料採購管理、驗收管理表格設計。

實訓要求：根據所選餐廳類型與採購運作程序，分組設計一套實用的食品原料採購管理、驗收管理的表格。

實訓組織：項目引導，任務分配；小組調研，內容、表格設計；小組討論，師生交流；方案匯報，項目評價。

項目評價：小組互評；教師評價。

第五章　廚房組織與生產管理

【學習目的】
瞭解廚房管理的基本內容；
瞭解廚房環境與佈局；
瞭解不同類型的飯店廚房的組織結構與崗位；
掌握廚房生產流程、產品質量、衛生與安全管理。

【基本內容】
★廚房管理概述：
廚房概述；
廚房管理的含義；
廚房管理的基本職能；
廚房管理的作用；
廚房管理的主要任務；
廚房管理的運作流程。
★廚房的設計與佈局：
廚房設計與佈局的原則；
廚房的設計；
廚房的佈局。
★廚房的組織機構：
廚房的組織機構設置；
廚房各崗位職責；
廚房組織機構中人員的配備。
★廚房生產流程管理：
加工階段的管理；
配份階段的管理；
烹調階段的管理；
冷菜、點心的生產管理；
標準食譜的管理。
★廚房產品質量管理：
廚房產品質量概念；
影響廚房產品質量因素分析；

廚房產品質量控制方法。
★廚房衛生與安全管理：
廚房衛生與安全管理的意義及原則；
廚房衛生管理；
廚房安全管理。

【教學指導】
通過到大型酒店廚房參觀及與酒店廚房管理人員交流來驗證與擴充教學內容。

第一節　廚房管理概述

一、廚房概述

簡單地講，廚房就是加工、製作菜肴、點心的場所。一般來說，現代廚房應具備以下要素：專業的生產人員、必需的設施設備、必需的操作空間和場地、烹飪的原料以及能源。

(一) 廚房的種類

按照不同的分類標準，可以把廚房劃分為不同的種類。

1. 按照廚房的規模劃分

按照廚房的規模可以將廚房劃分為大型廚房、中型廚房、小型廚房和微型廚房。

（1）大型廚房。大型廚房是指生產規模大，能夠滿足眾多賓客同時就餐需求的生產廚房。它要求場地寬敞、生產設備齊全、生產人員齊備，能夠生產各式菜點。通常經營面積在 3,000m^2 或者餐位數在 800 個以上的餐飲酒樓，其廚房面積超大、爐竈眾多，可以稱其為大型廚房。

（2）中型廚房。中型廚房是指生產規模較大，能夠滿足較多賓客同時用餐需求的生產廚房。它要求場地面積適中，具備一般的生產設備，生產人員較多，能夠提供正常的特色菜肴。中型廚房是餐飲企業中各種廚房的基礎，其供應的餐位數在 300～600 個之間。

（3）小型廚房。小型廚房是指生產規模較小，能夠滿足少量賓客同時用餐需求的生產廚房。它的場地面積不大，具有主要的生產設備，生產人員較少，提供的菜式零散。其供應的餐位數多在 80～150 個之間。

（4）微型廚房。微型廚房是指只提供簡單食品、場地小、生產人員少的生產廚房。如酒吧、茶吧、咖啡屋等提供水果服務的廚房和社會上連鎖經營性餅屋的廚房。

2. 按照廚房生產的菜式劃分

按照廚房生產的菜式可以將廚房劃分為中式廚房、西式廚房、日式廚房、清真廚房以及其他廚房。

（1）中式廚房。中式廚房主要烹製中式菜肴和點心。廚房以經營中式菜肴為標準

進行設計，廚具設備按中式菜肴要求配置，生產人員應是會製作中式菜肴和點心的技術廚師。中式廚房有不同的流派，依照風味的不同可劃分為粵式廚房、淮揚式廚房、川式廚房和魯式廚房。

（2）西式廚房。西式廚房主要烹制西式菜肴和點心。廚房以經營西式菜肴為標準進行設計，廚房設備按西式菜肴要求配置，生產人員應是會製作西式菜肴和點心的技術廚師。西式廚房依據風味的不同可以劃分為法式廚房、美式廚房、俄式廚房等。

（3）日式廚房。日式廚房又稱日本料理廚房，主要烹制日式菜肴和點心。廚房以經營日式菜肴的標準進行設計，廚具設備按日式菜肴要求配置，生產人員應是會製作日式菜肴和點心的技術廚師。

（4）清真廚房。清真廚房主要烹制清真菜肴和點心。廚房以經營清真菜肴為標準進行設計，廚具設備按清真菜肴要求配置，生產人員應是會製作清真菜肴和點心的技術廚師。清真菜肴與其他各式菜肴有著截然不同的風味，有著許多的禁忌，因此在廚房要求上和餐炊具使用上與上述各種廚房有著很大的不同。

（5）其他廚房。其他廚房包括提供素菜的素菜廚房、提供泰國菜的廚房和提供韓國菜的廚房等。

3. 按照廚房生產的功能劃分

按照廚房生產的功能可將廚房劃分為冷菜廚房、加工廚房、面點廚房、零點廚房、宴會廚房以及其他廚房。

（1）冷菜廚房。冷菜廚房是專門負責加工各式冷菜、冷盤的生產廚房。大型酒店會備有專門的冷菜廚房，而一般的廚房中只設有冷菜加工區。

（2）加工廚房。加工廚房是專門負責各種烹飪原料的初加工、切割、干貨脹發的生產廚房。有的酒店將其稱為主廚房、中心廚房。

（3）面點廚房。面點廚房是專門加工各式主食、甜食、點心等的生產廚房。

（4）零點廚房。零點廚房主要負責散客的用餐，有時也負責部分宴會菜肴的製作。

（5）宴會廚房。宴會廚房主要負責各種商務、慶典宴會、會議及團隊客人的菜點製作。

（6）其他廚房。其他廚房包括粵式燒臘廚房、韓日式燒烤廚房以及廚房中專營燕窩、鮑魚、魚翅的廚房等。

4. 按照廚房經營的特色進行劃分

按照廚房經營的特色可將廚房劃分為快餐廚房、粥面廚房、糕餅廚房、海鮮廚房以及其他廚房。

（1）快餐廚房。快餐廚房是指專營快餐食品的專門廚房，它要求所提供的菜肴、點心出售迅速，因此對廚房設備有著特殊的要求。

（2）粥面廚房。粥面廚房是指專營粥、面的專門廚房，一般不經營其他菜肴，因此對其廚具設備有著特殊的要求。

（3）糕餅廚房。糕餅廚房是指專營糕餅、西點的專門廚房。

（4）海鮮廚房。海鮮廚房是指專營海鮮加工的專門廚房，具有海鮮製作的一般特點。

（5）其他廚房。其他廚房包括火鍋店的廚房、以冷餐為主的冷餐廚房等。

(二) 廚房在飯店經營中的地位

1. 廚房是飯店的一個重要組成部分

廚房是飯店不可分割的一部分，飯店存在的前提在於賓客的住宿和餐飲需求。飯店的發展有賴於廚房的建設和管理，其原因在於廚房生產的餐飲產品可以反應出一家飯店的檔次和經營管理水平，同時也關係到飯店經營的成敗。現代餐飲服務已成為飯店的必要組成部分，只是由於飯店的規模、類型、等級、地理位置的不同而使得各自餐飲服務的規模和特點也有所不同。

2. 廚房是飯店收入的主要來源之一

餐飲是飯店收入的主要組成部分，就一般飯店而言，餐飲收入約占飯店總收入的30%～35%，有的可高達40%～50%。雖然廚房生產成本較高，但盈利可占飯店利潤總額的20%左右。

3. 淡化旅遊的季節性差異

旅遊飯店經營存在明顯的季節性。在旅遊旺季，遊客較多，廚房滿負荷運轉；而在旅遊淡季，遊客較少，廚房人員及生產設施閒置較多。在旅遊淡季，廚房可以舉辦一些美食節以招攬顧客，同時也可製作一些食品外賣以擴大營業收入，以此來淡化旅遊的季節性差異。

4. 優質餐飲產品是飯店品牌建設的重要方面

品牌是企業的無形產品，它包括有形的品牌名稱、品牌標誌、商標和招牌，也包括無形的美譽度等。廚房是生產餐飲產品的主要場所，直接影響飯店的品牌，而飯店的品牌又可以影響餐飲產品的銷量。一個酒店菜點的品牌應該有多個，因為品牌的多寡和翻新頻率可以顯示一個飯店的餐飲實力。為此，飯店必須把開發菜色品種放在重要位置。餐飲產品極易被競爭者模仿，但餐飲品牌卻是獨一無二、長久不衰的，因為餐飲品牌讓餐飲產品昇華，為餐飲產品增色，為顧客提供購買理由。

(三) 廚房生產的特點

廚房是餐飲經營的生產中心，是飯店唯一的生產實物產品的部門，負責將各類烹飪原料加工、製作成各種各樣的菜肴和點心並提供給顧客。廚房生產出來的實物產品有別於其他無形的產品，具有自身的特點。

1. 廚房產品消費對象的個體性

廚房產品是由個別訂購生產的，廚房產品的消費對象是就餐者，就餐者由於個人喜好和飲食習慣的不同而對菜肴有不同的要求，這使得廚房產品的消費對象具有個體性的特點。

2. 廚房產品消費的即時性

廚房生產的菜點與其他產品的生產有所不同，具有一定的即時性，即從生產出產品到提供給就餐者食用是在短時間內完成的。廚房產品消費的即時性有兩層含義：一是廚房生產的菜點必須在短時間內消費掉，否則會失去應有的風味；二是廚房生產出來的菜點是一次性消費，不具有重複性。

3. 廚房產品數量的不確定性

廚房產品數量是指廚房員工加工生產產品的總量，包括採購數量、初加工數量、切配數量和烹制出品數量。由於就餐人數的不確定性、餐飲產品消費的即時性等原因，造成了廚房產品數量的不確定性。為此，廚房的管理者可以根據以往的銷售資料、生產經驗等進行較為準確的估計。

4. 廚房產品標準的多樣性

儘管目前大多數廚房的設施設備都達到了很高的水平，但就整個生產流程而言，手工操作仍占主導地位。這使得廚房的產品質量在色、香、味、形、質等方面產生差別性和波動性，從而使得廚房產品標準具有多樣性。

5. 菜點質量的不穩定性

菜點因人、因事、因時等因素的變化而變化。在整個廚房的生產中，從採購、加工、烹制到最后的菜肴裝盤，生產人員的手工操作占主導，帶有較多的人為因素，廚房生產的產品質量難以保持在一個相對穩定的範圍內。同樣的烹飪原料，由於產地、季節的不同，在烹飪生產中也會造成菜點質量的差異。

6. 廚房產品成本的波動性

廚房生產中的原材料、用具物料、調味料和易耗品等構成了廚房生產成本的主體。廚房產品的生產成本隨著季節、市場價格的變動而波動。在原料的申購、驗收、存儲、領用、加工等環節，以及廚房生產的每個環節之間的循環、重複現象，都會導致廚房產品成本的波動。

7. 烹飪原料和菜點成品易腐敗變質和損耗

雖然烹飪原料和菜點成品可以通過冷藏進行儲存，但時間不宜過長。烹飪原料大多為鮮活原料，如在加工過程中保管不善，極易腐敗變質。而菜點成品如若不及時銷售，極易變質和損耗。烹飪原料和菜點成品的變質和損耗會導致成本提高、利潤降低。

（四）廚房與各部門的關係

在飯店中，廚房並不是一個孤立的部門，它與採購部、餐飲部、宴會部、營銷部、管事部、工程部都有著一定的聯繫。只有各部門通力合作，廚房中的各項工作才能很好地推進，共同為客人提供滿意的菜點和服務。

1. 與採購部的關係

廚房和採購部的關係可以稱為順序依存，採購部為廚房提供高質量、合乎標準的原材料，因而廚房要與採購部保持密切聯繫，及時反饋原料的數量、質量以及需申購的原料。

2. 與餐飲部的關係

廚房與餐飲部關係密切，是前臺和后臺相互依存的關係。廚房生產出質量上乘的菜點，餐飲部提供熱情周到的優質服務，二者通力合作共同滿足賓客的消費需求。廚房作為后臺生產出賓客所需的美味菜點，而餐飲部作為前臺為賓客提供高效服務，推銷菜點、反饋賓客對菜點的意見，並用語言和服務彌補菜點中出現的一些問題。

3. 與營銷部的關係

營銷部是飯店對外交流的窗口。廚房要與營銷部保持一定的聯繫。一方面營銷部要將公司、團隊的預訂單提前下發到餐飲部和廚房，使之做好接待準備；另一方面廚房所搞的美食推廣活動需要營銷部的策劃、設計和推銷。

4. 與管事部的關係

管事部主要負責廚房炊具、餐具的清潔、保管和添置工作以及廚房的清潔工作。在日常工作中，廚房要積極配合管事部搞好廚房的環境衛生，保管好使用的炊具、餐具，並將需要申購的炊具、餐具提前報給管事部。

5. 與工程部的關係

廚房生產的正常運轉離不開工程部的大力支持，因此廚房應與工程部保持密切聯繫。廚房的設施設備在運轉的過程中會出現各種故障，為此廚房應邀請工程部技術人員就設施設備使用的安全知識和操作方法對全體廚房人員進行培訓。

二、廚房管理的含義

廚房管理是餐飲經營管理的一部分。過去餐飲經營管理比較重視餐廳的經營而忽視了廚房管理。隨著市場競爭的日益激烈，廚房生產管理的重要性日益凸顯。

廚房管理是指廚房管理者依照一定的規律、原則、程序和方法，對廚房的各項資源進行合理的配置，從而高效率地實現企業經營目標的活動過程。優質的餐飲產品生產，需要優質的烹飪原料和高超的烹飪技藝，更需要科學的廚房管理。

三、廚房管理的基本職能

廚房的生產和管理具有自身的特殊性，其基本職能主要有計劃、組織、激勵、協調和控制等幾個方面。

(一) 計劃職能

計劃是指為實現組織預定的目標而對未來行動進行規劃和安排的過程。計劃職能是廚房管理的首要職能，是其他管理職能的依據和基礎。在廚房管理中，首先應該考慮計劃的制訂，因為它決定著廚房要完成何種目標以及如何完成。要制訂出切實可行的計劃，就需要對廚房的內外條件進行細緻、深入的分析。瞭解廚房的現有技術力量、設施設備，瞭解本飯店的總體經營目標並根據餐飲部歷年的銷售資料進行預測，瞭解同行業及競爭對手的經營水平、規模、特色等，以此保證計劃的科學性。

根據時間的長短可將計劃分為短期計劃、中期計劃和長期計劃。短期計劃主要確定廚房在近期要完成的任務；中期計劃主要確定廚房的具體目標和戰略，計劃期在5年左右；長期計劃確定廚房今後的發展方向，計劃期可以在10年以上。根據計劃的內容可將計劃分為生產計劃、員工培訓計劃、設備添置更新計劃、廚房改造計劃、菜點開發創新計劃等。其中，廚房的生產計劃是各項計劃的基礎，它是依據餐飲部的經營方針和目標，從設計菜單到廚房的運轉程序，以及制定各種規格、標準等內容的一種計劃。

在管理實踐中，每一項計劃和目標都是容易制訂的。但在管理實踐中，大多數管理者往往注重了計劃的制訂而忽略了長期有效的跟進工作。因此在計劃的實施過程中，要及時檢查、總結計劃執行情況，不斷提高計劃的有效性。

（二）組織職能

組織是實現計劃的手段，是計劃的延續。組織就是由各種各樣的人通過分工協作來完成既定目標的一種結構。在實際的組織管理過程中會存在著正式組織和非正式組織兩種形式。正式組織中的管理人員應該注重人本管理的原則，重視、激勵手下員工，形成管理部門的團隊協作精神，從而弱化部分非正式組織對正式組織的危害作用。而非正式組織中既沒有正式結構，也不是由組織確定的聯盟，是為了滿足人們交往需要而在工作環境中自然形成的組織。非正式組織對組織有效地行使職能具有重要影響，在組織管理中一定要注意它。

廚房的組織職能就是廚房的管理者根據計劃的要求，建立一個有效、得力的組織機構。廚房的管理者應根據每個人的專長和工作特點合理地配置人員，使每個人都有適合自己的工作崗位，做到量才使用，人盡其才。

（三）指揮職能

指揮是計劃得以實施的保證。廚房是一個有機整體，要做到令行禁止、步調一致，必須有一個強有力的指揮系統，根據廚房工作的進展情況和計劃目標的完成情況，隨時發出命令、指示等，以保證廚房各項活動的順利開展和廚房計劃的有序進行。在指揮過程中應注意指揮要具體而明確，避免盲目指揮和多頭指揮。

（四）協調職能

協調被管理學家稱為「管理中的管理」，是指正確處理組織內外各種關係，為組織正常運轉創造良好的條件和環境，促進組織目標的實現。協調可分為水平協調、垂直協調、對內協調、對外協調等。水平協調是同級間的關係協調，垂直協調是上下級間的關係協調，對內協調是廚房內各工種、各環節間的關係協調，對外協調是廚房與其他部門間的關係協調。

（五）控製職能

控製是指檢查工作是否按既定的計劃、標準和方法進行，發現偏差，分析原因，進行糾正，以確保組織目標的實現。控製實際上就是將預期效果和實際效果進行比較，使之產生盡可能小的誤差。控製的關鍵就是發現偏差，分析偏差產生的原因並找出克服偏差的辦法。

在廚房管理中，所謂控製就是對各種資源進行控制，使之達到最大的效益和最高的效率。在廚房管理中，通常可以設立基金使用、人員狀況、設施設備和原材料的標準，一旦實際情況背離了標準，就需要管理者進行及時的調整，使之符合標準。

四、廚房管理的作用

廚房管理是餐飲管理的一個重要組成部分，是餐飲經營成敗的一個關鍵所在。在

餐飲市場競爭異常激烈的今天，加強廚房管理尤為重要。

(一) 加強廚房管理是生產優質餐飲產品的重要保證

餐飲產品由菜點、餐飲設施和餐飲服務組成。菜點是餐飲產品中必不可少的重要組成部分。只有加強廚房管理，將廚房的各項工作置於嚴格的管理體系之中，才能提供高質量的菜點，從而增強餐飲企業的競爭力。

(二) 加強廚房管理是餐飲企業獲利的根本保證

廚房成本控製是廚房管理的重要環節。從餐飲經營的角度來看，控製廚房生產流程的成本至關重要。廚房的成本控製直接關係到餐飲部門的利潤。只有加強廚房管理才能保持穩定的利潤。

(三) 加強廚房管理能有效地發揮人力資源的最大效能

廚房是一個勞動密集型的部門，生產人員多，生產隨意性大。加強廚房管理可以有效地發揮人力資源的最大效能，最大限度地發揮每個人的特長，共同完成餐飲產品的生產。

(四) 加強廚房管理是實現就餐者滿意的重要保證

餐飲企業經營的根本宗旨是讓就餐者滿意。實際上，就餐者的滿意度包括兩個方面的內容：生理方面的滿意度和精神方面的滿意度。生理方面的滿意就是指賓客對菜點的色、香、味、形、溫度、衛生、營養價值等方面的滿意。精神方面的滿意就是指就餐者對服務態度、進餐環境、菜點的裝盤造型等方面的滿意。加強廚房管理，可以提供優質的菜點，滿足就餐者的消費需求，提高就餐者的滿意度。

五、廚房管理的主要任務

(一) 提供優質菜點，形成獨特的飲食風格

提供優質菜點，滿足賓客的飲食需求是廚房管理的基本任務。要想滿足賓客的飲食需求，必須及時掌握客情，有針對性地設計菜單和製作菜點。與此同時，廚房可以根據自身的技術力量、廚房設備、土特產原料、本地風味特點等努力挖掘傳統菜點，研發創新品種，形成獨特的飲食風格。

(二) 合理組織人力，加強廚房生產過程的管理

合理組織人力即量才使用、人盡其才，充分挖掘潛力，調動員工的工作積極性。廚房管理者要明確各崗位職責，讓廚房生產人員各司其職，各盡其責，及時檢查和督導廚房生產過程。同時正確對待員工所提出的問題和要求，幫助和鼓勵員工發揮專長。

(三) 建立健全各項規章制度，努力提高廚房工作人員的素質

建立健全各項規章制度是廚房管理工作的根本保證。廚房的各項規章制度必須是切實可行的，以保證廚房的各項工作按程序、按規格、按標準進行。此外，還應努力提高廚房工作人員的素質，對員工進行多方面的教育和培訓，不斷灌輸廚房管理的新

理念，努力提高廚師隊伍的整體水平。

（四）加強廚房的生產成本控製，做到標準化、規範化生產

餐飲產品的價格高低直接關係到賓客的切身利益。要控製好廚房的生產成本，必須在菜點的生產過程中堅持標準化、規範化生產，按照標準菜譜進行生產。廚房生產的成本控製要從多方面著手。一是加強菜單的定價控製；二是加強原材料的控製，包括原料的採購、驗收、保管、領料、發放等；三是加強烹飪生產流程的控製，包括加工、切配、烹調、裝盤等；四是加強菜點成品的銷售控製；五是建立健全菜點質量分析檔案，發現問題及時採取措施予以處理。只有這樣，才能在保證菜點質量的前提下，減少消耗、降低成本、增強競爭力。

六、廚房管理的運作流程

（一）確定廚房生產目標

廚房的生產目標是根據飯店的總目標和餐飲部的經營目標制定的。在制定廚房生產目標時，要進行廣泛的市場調查以確定廚房生產的特色和規模，並根據服務的主要對象來確定廚房的生產指標和利潤指標。

（二）分析客情並進行各項預測

分析客情通常從兩個方面著手：消費者個人和消費者群體特徵。通過對消費者個人的調查可以瞭解到客人的飲食喜好、菜點的數量和質量及菜肴價格是否合理等。通過對消費者群體特徵的調查可以瞭解到賓客的消費層次、消費的數量和水平。通過對客情的調查和分析，可以增強企業的市場競爭力，形成企業的經營特色。

各項預測主要包括客源傾向預測和需求預測、廚房生產成本的消耗和生產量的預測、產品價格和利潤的預測等。預測可以是長期的，也可以是短期的。廚房生產的預測多是短期預測和近期預測。短期預測就是對半年或3個月的預測，而近期預測則是對未來3個月以內的預測。近期預測的精確度較高，能更好、更有效地制定廚房生產目標。

（三）策劃菜單

菜單是廚房生產的依據，它標誌著一個廚房的生產特色。菜單規定了廚房生產的全過程，廚房的一切工作都是圍繞菜單進行的。

（四）制定各項生產標準

制定各項生產標準是為了確保菜點符合質量標準和成本要求，便於廚師進行生產和管理者進行監督和評價。由於廚房生產的手工性、經驗性及廚房分工合作的生產方式，導致了菜點的形狀、數量、色澤、口味的不穩定性。為保證菜點質量的穩定性，需要制定各項生產標準。

（五）組織採購

根據菜單的內容確定原材料的採購。廚房通常根據正常銷售量、用料量來確定訂

購數量；根據菜點的製作要求來制定原料的質量規格；根據用料的時間來制定採購的時間和到貨時間。

（六）驗收儲存

驗收就是檢查供貨商送來貨物的數量、質量和價格等是否符合訂購要求。驗收時若發現不符合要求的原料要退貨。驗收時要填寫驗收單，符合要求的原料送往廚房或倉庫。倉庫接貨后按照原料的不同性質採用不同的方法儲存。

（七）領料和發放

廚房使用的鮮活原料一般是直接進貨，而其他許多物品需要到倉庫領料，領料是廚房生產的一個重要環節。廚房應派專人領料，領料單必須由廚師長簽字。倉庫憑領料單發貨。

（八）加工烹調

制定加工標準；按照標準食譜進行配份、烹制和裝盤；按時出菜，掌握出菜的速度。

（九）成品銷售

廚房對菜點的銷售應憑票據提供，對菜點的銷售量進行分析，對客人的投訴意見予以重視，對預制的成品菜點或剩余食品加強管理。

（十）階段性經營分析

階段性經營分析主要包括生產成本指標的分析、產品質量的分析和產品銷售的分析三個方面的內容。通過這三個方面的分析，找出存在的問題，進而提出改進措施，以便促進下一階段廚房生產的正常運轉。

廚房管理的具體實施是一個循環往復的過程，通過循環不斷提高廚房的管理水平。

第二節　廚房的設計與佈局

廚房的設計與佈局是廚房管理的重要環節。沒有合理的廚房設計和相應的廚房設備，廚房管理就無從談起。營造一個寬敞明亮、設備先進、佈局合理的廚房是加強廚房管理、提高工作效率的前提。

一、廚房設計與佈局的原則

廚房設計就是要確定廚房的規模、風格、結構、環境和相應的設施設備，以保證廚房生產的順利進行。廚房佈局就是合理安排廚具的平面位置和空間位置，保證生產人員高效的工作流向。因此廚房設計與佈局就是根據廚房的規模、風格、生產流程，確定廚房內各區間的位置和設施設備的分佈。廚房的設計與佈局因飯店的規模、位置、檔次和經營方針的不同而有所不同。一般來說，廚房的設計與佈局應遵循以下原則：

(一) 以飯店的經營方針為導向

一般來說，世界上除了連鎖店或聯號飯店的廚房設計與佈局相同之外，不會有完全相同的廚房設計與佈局。不同的飯店、不同的餐飲風格，對廚房的設計與佈局有不同的要求，因此廚房的設計與佈局必須以飯店的經營方針為導向。

(二) 考慮員工的勞動效率

廚房員工的工作效率與廚房的合理設計與佈局有直接關係。一般來說，合理的廚房設計與佈局可以減少人員走動的次數，節省員工的體力和時間，從而提高員工的勞動效率。

1. 合理安排生產流動線路

合理的生產流動線路要遵循：以工藝流程的走向為依據、按照固定設備的位置來選擇最佳員工工作流向。以工藝流程的走向為依據，形成收貨處→加工臺→砧板臺→配菜臺→爐竈臺→傳菜臺的流水作業線路。為了保證廚房工作的正確流向，應盡可能進行分區設計，如加工區、清洗區、備餐區等。根據固定設備的位置設計最方便、路程最短的工作線路。

同時，廚房各作業點應安排緊湊。廚房設計佈局時應將工作聯繫緊密、合用一種設備或工序交叉的作業點安排在一起；對於各作業點內部的佈局也應安排得緊湊得當，使各作業點的工作人員都能便利地使用各種設施設備。

2. 合理安排設施設備

廚房的設施設備必須根據飯店的總體規劃進行設計佈局，考慮同類工作安排的一致性，不要將設施設備分而置之。設施設備的安放要便於使用、清潔、維修和保養。

3. 按照人體工程學的要求安排廚房空間

廚房空間的設計與佈局包括兩個方面：根據廚房的面積安排廚房的設施設備和充分利用廚房的空間。從人體工程學的角度考慮，合理設計工作臺的高度、寬度及工作臺間的距離。根據人體的特點充分利用廚房空間，如在員工可操作的範圍內設計壁櫥和吊杠以儲存、擺放物品。

(三) 注重廚房環境的設計與佈局

廚房的生產環境直接影響產品的質量和員工的生產效率，因此現代廚房在設計和佈局時要充分考慮廚房的環境。廚房環境因素包括溫度、濕度、通風、照明、牆壁、天花板、地面、噪音等。

(四) 確保廚房符合衛生和安全的要求

衛生和安全是廚房管理的頭等大事，因此廚房的設計與佈局要從衛生和安全的角度予以考慮。廚房的衛生和安全關係到廚房的生存、飯店的聲譽和消費者的健康。廚房衛生包括食品衛生、環境衛生和員工個人衛生，廚房安全包括食品原料的安全、廚房生產過程的安全和員工的人身安全。在廚房的設計和佈局中應十分注意電源線路的粗細及走向、電源功率的大小、設備控制系統的安裝以及防火系統的設計等。

(五) 留有調整發展的余地

廚房的設計與佈局不僅要考慮當前，而且還應考慮到餐飲發展的新趨勢和企業的長遠規劃，為調整和擴大經營以及企業的發展留下適當的余地。在廚房場地面積和設施設備的功能選配上要有適當的前瞻性。

二、廚房的設計

廚房設計就是根據廚房的經營目標、生產規模和生產能力，確定廚房相應的面積、風格和佈局的一種規劃過程。廚房的設計具有極強的專業技術性，其設計水平直接影響餐飲生產和服務的質量和效率。具體來說，廚房的設計主要包括廚房的位置和面積、廚房的生產區、廚房的內部環境。

(一) 廚房的位置和面積

在廚房的設計中，必須首先確定廚房的位置和面積。

1. 廚房的位置

在大型飯店或餐飲企業中，由於餐廳種類繁多，廚房的數量也比較多，廚房的位置呈現出集中和分散相結合的特點。在中小型飯店或餐飲企業中，廚房的數量少且兼具多種功能，因而廚房佈局呈現緊湊集中的特徵。廚房位置的確定應在遵循飯店設施總體規劃的前提下，考慮進貨、驗收、庫存、發貨、加工、切配、烹制、銷售等各個環節的溝通協調與整體管理。

(1) 廚房設在低層。絕大多數飯店或餐飲企業的廚房設在建築物低層，即1～3樓，並以底層為主。廚房應相對集中於一定的區域，便於卸貨驗收和垃圾清理，便於現場加工生產的控制管理，同時有利於節省費用，使水、電、氣等基礎設施相對集中。廚房與各餐廳聯繫緊密，便於前後臺的協調管理。如果廚房設在底層，必須處理好廚房排油菸問題，以免造成對所在區域的環境污染。

(2) 廚房設在地下室。大型飯店的肉類加工廚房、果蔬類加工廚房、粗加工間及食品倉庫、冷庫等多設於地下室，並通過員工或工作電梯與地面及其他樓層的廚房進行原材料和半成品的傳輸。

(3) 廚房設在高層。若飯店擁有觀光餐廳、旋轉餐廳，或在行政樓層專設餐廳時，為保證菜品的質量，應在飯店高層或頂樓配備相應的廚房。這類廚房通常只作烹調成品之用，而原材料的粗加工、細加工等常在低層的各類廚房中完成，並通過工作電梯與其他廚房進行傳輸。高層廚房的設計應盡可能減少油菸對環境的污染。

2. 廚房的面積

廚房的面積不僅包括原料加工、切配、燒烤、蒸煮、烹制、冷菜、面點製作等生產廚房的面積，而且還包括原料採購入口、驗收場地、儲存倉庫、冷庫、垃圾處理場所以及辦公室、更衣室等后臺輔助設施的面積。

廚房面積的大小受飯店規模、餐飲種類、餐廳佈局、廚房功能等多方面因素的約束。廚房面積的大小關係到廚房工作效率和餐飲產品的質量。廚房面積大小的確定通常有以下幾種方法：

（1）按照餐廳類型確定廚房面積。不同的餐廳類型對應不同的廚房類型，不同類型的廚房所需面積也不一樣。一般來說，供應自助餐餐廳的廚房，每一個餐位所需廚房面積約為 0.5~0.7 平方米。由於咖啡廳提供簡易食品，品種少且大部分使用半成品，因此每一個餐位所需廚房面積較小，約為 0.4~0.6 平方米。大型的宴會廳、風味餐廳所對應的廚房面積就要大一些，因為此類餐廳所供應的食品品種多、規格高且烹制過程複雜，所以每一個餐位所需廚房面積約為 0.6~0.8 平方米。

（2）按照餐廳面積確定廚房面積。按照餐廳營業面積來確定廚房面積是比較常用的一種方法。由於菜肴烹調方法不同，國內外廚房面積占餐廳面積的比例不同。在國內，由於中式菜點製作的手工操作多、烹調工藝複雜且流程長，所以廚房面積較大，一般為餐廳面積的 40%~50%。而西餐加工烹制的工藝簡單快捷，廚房設備的機械化程度較高，因此廚房面積一般為餐廳面積的 30%~40%。

（3）按照餐飲部的總體面積確定廚房面積。廚房的面積在整個餐飲部總體面積中應有一個合適的比例，餐飲部各部分的面積應做到相對合理。一般來說，廚房的面積約占餐飲部總體面積的 25%（見表 5-1）。

表 5-1　　　　餐飲部各部分面積比例表（餐飲部總體面積為 100%）

各部門名稱	百分比（%）
餐廳	50
客用設施	7.5
廚房	25
清洗間	5.5
倉庫	7
辦公室	1.5
后臺輔助設施	3.5

（二）廚房生產區設計

在廚房面積確定後，還應根據廚房各業務區塊和業務點的流程、工作量、工作性質和設施設備，進行內部比例分割。廚房內部的比例關係見表 5-2。

表 5-2　　　　廚房內部各業務區塊面積比例表

業務區塊	參考百分比（%）
加工區	23
配菜區	10
冷菜區	8
爐竈區	32
燒烤區	10
點心區	15
廚師長辦公室	2

1. 生產區

（1）加工區。一般負責各種原料的加工和清洗工作。加工區一定要保持原料出入暢通，若原料在加工前後不能暢通無阻地進入合適的工作區，則食品的質量會受到損害，員工的工作效率會降低。因此加工區應盡可能地靠近驗收區、烹調區和垃圾存放處。

（2）烹調區。這是烹調的中心區，負責冷菜、熱菜和點心的烹調製作。進入烹調區的原料來自三個地方：加工區、儲藏區和驗收區。

2. 儲藏區

儲藏區就是各級倉庫和能存儲食物的冰箱、冰櫃、冷庫所占據的區域。在一些大型飯店或餐飲企業中，設立大型的冷庫就是要保障廚房一定的備貨量，同時保證原料的新鮮度和高質量。

3. 備餐區

備餐區要盡可能地與廚房生產區和餐廳服務區保持密切聯繫，以保證菜點進出通暢和出菜的速度。

4. 洗滌區

洗滌區是洗滌碗碟等餐具的地方，應緊靠餐廳的后門和垃圾運輸通道，以保證餐廳撤盤的速度和垃圾清運的方便。

5. 休息區

休息區是專門為員工提供的休息場所，以提高員工的工作效率和工作積極性。

(三) 廚房內部環境設計

廚房內部環境設計就是對廚房的工作環境和各種附屬設施進行規劃和安排的過程。

1. 廚房的高度和頂部

廚房應有適當的高度，這樣的高度便於清掃，能保證空氣流通，又適於廚房安裝各種管道、抽排油煙罩。根據人體工程學和廚房生產的經驗，毛坯房的高度一般為 3.8～4.3 米，吊頂後廚房的淨高度為 3.2～3.8 米。

廚房的頂部可以採用防火、防潮、防滴水的石棉纖維或輕鋼材料進行吊頂處理，最好不要使用塗料。天花板應力求平整，不應有裂縫。要盡量遮蓋暴露的電線、管道。吊頂時要考慮排風設備的安裝，留出適當的位置，防止重複勞動和材料浪費。此外，在實際設計中，也有許多廚房不採用吊頂的方式，只將毛坯房經過一定的處理，使之美觀又實用。

2. 廚房的門窗

廚房的門窗應考慮到方便進貨和人員出入，以及防止鼠蟲蚊蠅侵入。廚房的門可依據不同的功能設計成各種不同的形式。一般來說，在廚房和餐廳之間的門，可以設計成無把手的單向彈簧門，便於服務人員快速出入。而在廚房與外界相通的地方，最好使用自動閉門器，防止蚊蠅進入。

廚房的窗戶既要便於採光，又要便於通風。在設計廚房的窗戶時應有一道紗窗。若廚房窗戶採光和通風不足，可以輔以電燈照明和空調換氣。在實際設計中，也有人

將廚房的窗戶封死，防止蚊蠅進入廚房。

3. 廚房的牆壁和地面

廚房的牆體最好採用具有吸音和吸濕效果的空心磚砌成。廚房的牆壁最好用瓷磚貼面，既美觀實用又便於做清潔。在廚房的拐角和牆壁與地面之間的連接處應採用弧角瓷磚鋪貼，以便於清洗和清除衛生死角。

通常廚房的地面要求耐磨、耐重壓、耐高溫、耐腐蝕，因此現代廚房的地板多採用無釉防滑地磚、硬質丙烯酸磚和環氧樹脂磚等。地磚的顏色應選擇單色調的，不能過於鮮豔，也沒有強烈的對比花紋。另外，廚房的地面既要平整，又要有一定的坡度，以防積水。

4. 廚房的照明

廚房的採光非常重要，若光線不足會影響菜點的質量和員工的工作效率。一般情況下，在設計廚房的照明時，既要考慮光照的強度，又要考慮光的顏色、照射方向及穩定性。一般來說，在廚房的加工場所中，要選用熒光燈作為照明材料，其顏色應選冷黃色、冷白色和暖白色，因為奪目的熒光燈會使菜點的顏色失真。另外，照明光源的位置一定要合理，不能使工作區產生陰影或作業區之間存在亮度差，否則眼睛容易疲勞。

5. 廚房的噪音

噪音一般是指超過80分貝以上的強聲。廚房的噪音主要來自鼓風機和排風機中電機運轉的聲音、攪拌機攪拌的聲音、高壓蒸汽閥排氣的聲音，以及用餐高峰期人員的嘈雜聲等。強烈的噪音不僅損害人的身心健康，而且容易使人心煩氣躁。因此緩解噪音十分重要，具體的解決途徑包括：選擇低噪音的設備、降低聲源的噪音輻射、控制噪音的傳播途徑、安裝背景音樂、培養工作人員良好的工作習慣等。

6. 廚房的溫度和濕度

溫度是環境因素中十分重要的一個因素，廚房內溫度的控制應隨季節的不同而不同。廚房的溫度應控制在冬天22℃～26℃，夏天在24℃～28℃。廚房的溫度過高或過低，都會影響菜點的質量和員工的工作效率。在廚房安裝空調系統，可以有效調節廚房的溫度。沒有安裝空調系統的廚房，也應採取多種方法調節廚房的溫度。

濕度是指空氣中含水量的多少，而相對濕度是指空氣中的含水量與在特定溫度下飽和水汽中含水量之比。濕度過高或過低，既不利於原料的保存又損害員工的身心健康。較適宜人體的相對濕度為30%～70%。當溫度在30℃以上時，相對濕度可達70%以上。即溫度越高，相對濕度也就越大。

7. 廚房的通風

廚房通風一般有兩種方法：自然通風和機械通風。自然通風主要以房屋的門窗作為通風換氣的通道，利用室內外溫差所引起的氣流達到換氣的目的。但這種通風辦法要求門窗開放，因此在夏季會導致蒼蠅和蚊蟲進入廚房。而機械通風是利用機械設備進行送排風，以達到廚房空氣的置換，為目前大多數飯店所採用。廚房機械通風的主要方法是送風和排風。實踐證明，通風系統每小時換氣40～60次可以使廚房保持良好

的通風環境。

8. 廚房的排水

廚房的排水系統要能滿足廚房生產中最大排水量的需要，並做到排放及時。廚房的排水可以採取兩種方式：明溝排水和暗溝排水。明溝排水是目前大多數廚房普遍採用的一種方式。另外，廚房排水中油污較重，必須經過處理才可排入下水道。

三、廚房的佈局

廚房的佈局就是根據廚房的規模、面積、經營模式、生產流程及廚房各部門之間的相互關係，確定廚房內各部門的位置和設施設備的分佈。廚房的佈局在很大程度上會影響廚房的生產流程、菜點的質量和員工的工作效率。

(一) 廚房的整體佈局

廚房的整體佈局是對廚房整個生產系統的規劃和佈局。一般來說，中小型飯店的廚房是一個多功能的綜合廚房；而大型飯店的廚房則是由若干個分廚房組成的，分廚房既相互聯繫又相互獨立，其佈局也有所不同。廚房的整體佈局應首先考慮廚房生產區域的位置，其次是附屬設施的位置，接著是理順生產區內部之間及生產區與附屬設施之間的相互關係。

(二) 廚房生產區的佈局

廚房生產系統由若干個功能性的生產區所組成。各生產區由於生產功能的不同，其內部佈局也會有所不同。在對各生產區進行佈局時，應考慮生產區的面積、形狀和設施設備的擺放位置等。

1. 加工區和儲藏區的佈局

廚房的加工區和儲藏區專門負責各廚房所需原料的加工和儲藏，主要進行粗加工，而精加工更多地放在切配區。根據廚房的規模和要求，加工區可以簡單地設置成加工的場所，也可以設置成一個專門的加工性廚房。在加工區域的佈局中，將原料的精加工與初加工分開，蔬菜加工與水產、禽肉類分開，其目的是為了防止交叉感染和提高工作效率。

2. 切配區和烹調區的佈局

廚房切配區和烹調區是緊密聯繫的，佈局時最好將兩個區安排在一起，保證出菜的線路是一條直線，從而確保上菜線路的快捷。配菜區的主要設備是冰箱、水池、貨架、工作臺等，而烹調區的設備主要是爐竈。在烹調區，竈具的擺放要合理，常見的爐竈佈局主要有直線形佈局、L形佈局和相對或相背形佈局等。

3. 冷菜區的佈局

冷菜區主要負責各種冷菜的製作及拼擺裝盤。冷菜區比較特殊，一般都是獨立出來的，甚至有些飯店專門設立冷菜廚房。冷菜區在佈局時一定要考慮食品的安全，在入口處要設置消毒池，工作區域要安裝紫外線消毒燈。從嚴格意義上來講，生食物品不能進入冷菜廚房，而是單獨在冷菜廚房外儲存。在冷菜區冰箱門上應嚴格標清熟食和半成品儲存的位置。有條件的冷菜間可以將加工案板和切配案板分開使用。加工案

板不能加工生的動物性原料，而切配案板的位置一般正對著出菜窗口。最后應注意冷菜間要設置洗滌池，洗滌用水一定要經過過濾處理。

4. 燒烤區的佈局

燒烤區主要負責燒烤食品的製作，如烤鴨、烤乳豬等。在中小飯店中，若設有燒烤區，一般與冷菜區共用加工場所。有的飯店將燒烤的切配加工設在餐廳中即明檔，讓顧客自由挑選菜肴。在明檔的佈局中，應考慮盡可能採用可以懸掛的器物和不銹鋼、電加熱的設備，而盡可能少將爐竈放入明檔區，以保證明檔區的整潔、衛生、安全和美觀。

5. 面點區的佈局

廚房的面點區主要負責各式主食、點心的製作。面點區在佈局時，其烹調設備一定要單獨設立，通常還可以選用專用的面點設備，如烤箱、蒸櫃等。佈局的流程嚴格按照面點的工藝流程進行。

(三) 廚房佈局的類型

廚房佈局應依據廚房的面積、結構和設施設備的具體規格來進行。通常廚房佈局有以下幾種類型：

1. 直線形佈局

又稱直線式排列，即是將廚房的主要設施設備排列成一條直線，通常是面對牆壁排成一列。這種佈局適用於空間呈直線形的廚房，整體上具有區域分明、流程順暢的特點，操作方便，效率很高，整個廚房看起來整齊清爽，但對空間要求比較高，因為廚房中的人流和物流的距離長。

2. 曲線形佈局

又稱曲線式排列，包括 L 形和 U 形。L 形佈局就是將廚房設備按照英文字母「L」形狀排列，而 U 形佈局就是將廚房設備按照英文字母「U」形狀排列。曲線形佈局能充分利用廚房空間，既合理又高效。

3. 相對形佈局

又稱相背形佈局或島嶼式排列、背對背平行排列，主要是以一道牆將主要烹調設備分成兩組背靠背地組合在廚房內，廚師相對而站進行操作。工作臺安置在廚師背後，其他公用設備分佈在附近。這種佈局適用於空間呈方形的廚房。這種佈局由於烹調設備相對比較集中，只使用一個通風排氣罩，因而比較經濟。但是廚師操作時需多次轉身取工具和原料，必須多走路才能使用其他設備等，因此要求各廚師在操作上要有協作意識，克服人流和物流互有交叉的不利因素。

以上是三種基本佈局模式，由於飯店規模和廚房功能等因素不同，廚房佈局可以千變萬化。但是，無論怎樣佈局，都必須以方便生產、降低費用、提高生產率和降低員工體能消耗為出發點。

(四) 廚房相關區域的設計佈局

廚房相關區域主要是指為了保證廚房生產的順利進行而必須與之配套的、關係密切的備餐間、洗碗間和倉庫等。

1. 備餐間的設計佈局

備餐間是配備開餐用品的場所，以保證開餐的順利進行。首先，備餐間是餐廳和廚房聯繫的橋樑，應設在餐廳和廚房的過渡地帶，既便於夾、放傳菜夾和通知劃單員，又能最有效地縮短跑菜距離，方便起菜、停菜等信息溝通。其次，在備餐間與餐廳之間設置雙門雙道，即分別專設兩道向廚房開的門以供收送用過的餐具，專設兩道向餐廳開的門以供菜點成品及時傳送到餐廳。最后，備餐間應有足夠的空間和設備。由於工作性質的原因，備餐間設備的種類大體相同，主要有熱水器、茶葉櫃、制冰機、餐具架櫃和小餐具櫃等。

2. 洗碗間的設計佈局

雖然洗碗間一般不屬於廚房直接管轄，但一般都設在廚房所管轄的區域內。

洗碗間承擔餐廳所用餐具的洗滌、消毒和廚房所需各類餐具的洗滌、消毒工作，其工作質量直接影響到廚房生產的質量。洗碗間的設計佈局要符合操作流程，盡量減少餐具傳遞距離和方便洗滌操作。洗碗間應靠近餐廳、廚房，並力求與餐廳在同一平面內，有可靠的消毒設備，且通風、排風效果好。

3. 倉庫的設計佈局

在廚房中設立倉庫十分必要，可為廚房的生產提供巨大方便。廚房倉庫的面積並不需要很大，就儲備量而言能儲存一周原材料的用量即可。對於高檔的干貨原料而言，可以儲存於倉庫之中，防止丟失或被偷拿。一般倉庫的高度在 145～250cm 之間，保持通風和干燥，嚴禁廚房的水管和蒸汽管線通過倉庫區域。

第三節　廚房的組織機構

廚房生產和管理是通過一定的組織形式實現的。廚房組織機構的設置關係到廚房生產的形式和完成生產任務的能力，關係到廚房的工作效率、產品質量、信息溝通和相關職權的履行。

一、廚房的組織機構設置

（一）廚房組織機構設置的原則

廚房組織機構的設置要遵循一定的原則，通常大多數廚房都會以權責相等、垂直指揮、管理幅度適當和分工協作為設計廚房組織機構的原則。

1. 權責相等原則

權是指人們在承擔某一責任時所擁有的相應的指揮權和決策權，而責是指人們為了完成一定的目標而應承擔的責任和履行的義務。在廚房組織機構中，每一層級都有相應的責任和權力。必須樹立管理者的權威，賦予每個職位以相應的職務權力。有權力就應承擔相應的責任。責任必須落實到各個層次、各個崗位，必須明確、具體。權責對等原則就是要求在設置組織機構時層次分明，劃清責權範圍。

2. 垂直指揮原則

垂直指揮是指每位員工原則上只接受一位上級的指揮，各層級的管理者也只能按層級向本人所管轄的下屬發號施令。垂直指揮要求一位員工僅接受一位上級的指揮，而不接受數位上級的命令，以免使員工無所適從。同時，垂直指揮並不意味著管理者只能有一個下屬，而是專指上下級之間上報下達都要按層次進行，不得越級。

3. 管理幅度適當原則

管理幅度是指一個管理者可直接管轄的下屬人員的數額。管理幅度與組織層次一般成反比關係，即組織層次越多管理的幅度越小；相反，組織層次越少管理的幅度越大。通常情況下，一個管理者的管理幅度以3～6人為宜。

4. 分工協作原則

廚房生產是若干崗位、諸多工種、多項技藝協調配合進行的，任何一個環節的不協調都會給整個廚房生產帶來不利影響。原則上分工越細，廚師操作的專業性就越強，菜點的質量就更有保證。同時，只有分工而沒有協作也是不行的，協作需要廚師之間進行適當的配合，發揚團結一致的精神，共同搞好廚房生產。

(二) 廚房組織機構設置的方法

餐飲企業規模和作業方式不同，廚房組織機構的設置也會有所不同。廚房的組織機構並非一成不變的，隨著餐飲經營方式、策略和管理風格的變化，廚房的組織機構也會作相應的調整和改變。

1. 小型廚房的組織機構設置

小型廚房由於規模較小，廚房面積有限，人員、設施設備不齊，因此廚房的組織機構較為簡單。通常只設廚師長一名，整個廚房的生產一般由兩到三名主要廚師完成（見圖5－1）。

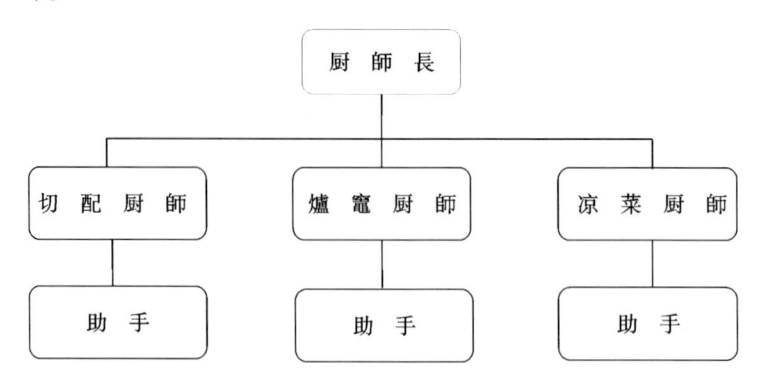

圖5－1 小型廚房組織機構圖

2. 中型廚房的組織機構設置

中型廚房的規模、面積、人員、設施設備介於小型廚房和大型廚房之間，有的廚房除了中餐廚房外還可以配備西餐廚房。廚房設一名廚師長，負責廚房的整體管理工作。廚房生產按照菜點的加工程序分成若干個作業區，每一作業區設一名領班，負責日常管

理。這種組織機構崗位分工比較明確、職責分明，便於監督和控製（見圖5-2）。

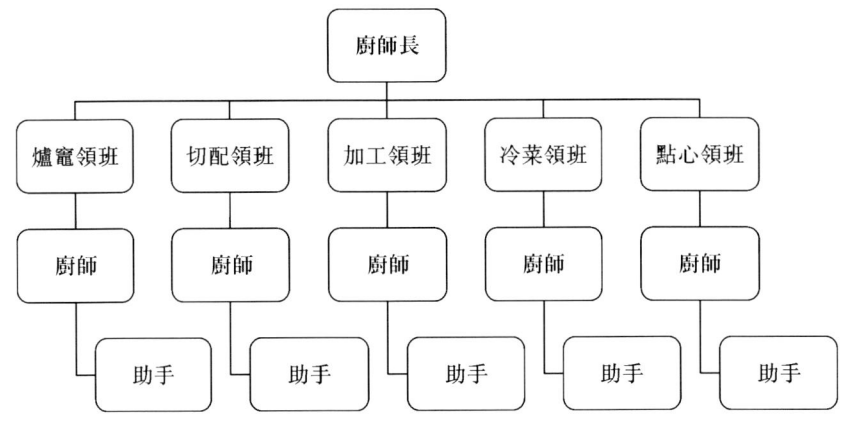

```
                              廚師長
        ┌─────────┬─────────┼─────────┬─────────┐
     爐竈領班   切配領班   加工領班   冷菜領班   點心領班
        │         │         │         │         │
      廚師      廚師      廚師      廚師      廚師
        │         │         │         │         │
      助手      助手      助手      助手      助手
```

圖5-2　中型廚房組織機構圖

3. 大型廚房的組織機構設置

大型廚房通常由若干個不同職能的中小廚房組成。為了便於系統管理，通常會設廚房中心辦公室，負責指揮整個廚房系統的生產運轉。廚房中心辦公室人員通常由行政總廚、副總廚、秘書和成本會計組成。廚房中心辦公室的主要職責是：向各廚房下達生產任務，制定生產流程，設計菜單，進行食品成本控制，督導、檢查各廚師長，制定廚房的各項規章制度，負責協調各廚房工作，負責新產品的研製等。大型廚房的行政總廚主持廚房的全面工作，副總廚具體分管一個或數個廚房並分別指揮和監督各分廚房廚師長的工作，而各廚房的廚師長則負責其所在廚房的日常工作和具體生產。有的大型廚房還會設立中心廚房（或主廚房）以提供各分廚房日常生產所用的各種半成品原料（見圖5-3）。這種組織機構將集中與分散有機地結合起來，既便於控製成本，又便於統一加工，從而可確保各廚房成品的質量。

二、廚房各崗位職責

廚房組織機構確立後，廚房人員崗位的框架就有了雛形。如果對每個崗位的職責進行界定，就會形成對廚房人員職位化的描述。廚房崗位職責就是明確界定廚房員工在廚房組織機構中的位置和應承擔的工作範圍和工作職責。崗位職責是評估和衡量每個員工工作的依據，是選擇崗位人選的標準和依據，同時也是實現廚房高效生產的保證。

（一）廚師長的崗位職責

廚師長是一個廚房中權力最高的管理者。根據廚房的規模和數量，有時需要設立一個或幾個廚師長。其中負責所有分廚房管理的廚師長又稱行政總廚，主要負責所有分廚房的行政管理工作，而生產工作則主要由各分管廚房的廚師長負責。

1. 行政總廚的崗位職責

崗位名稱：行政總廚

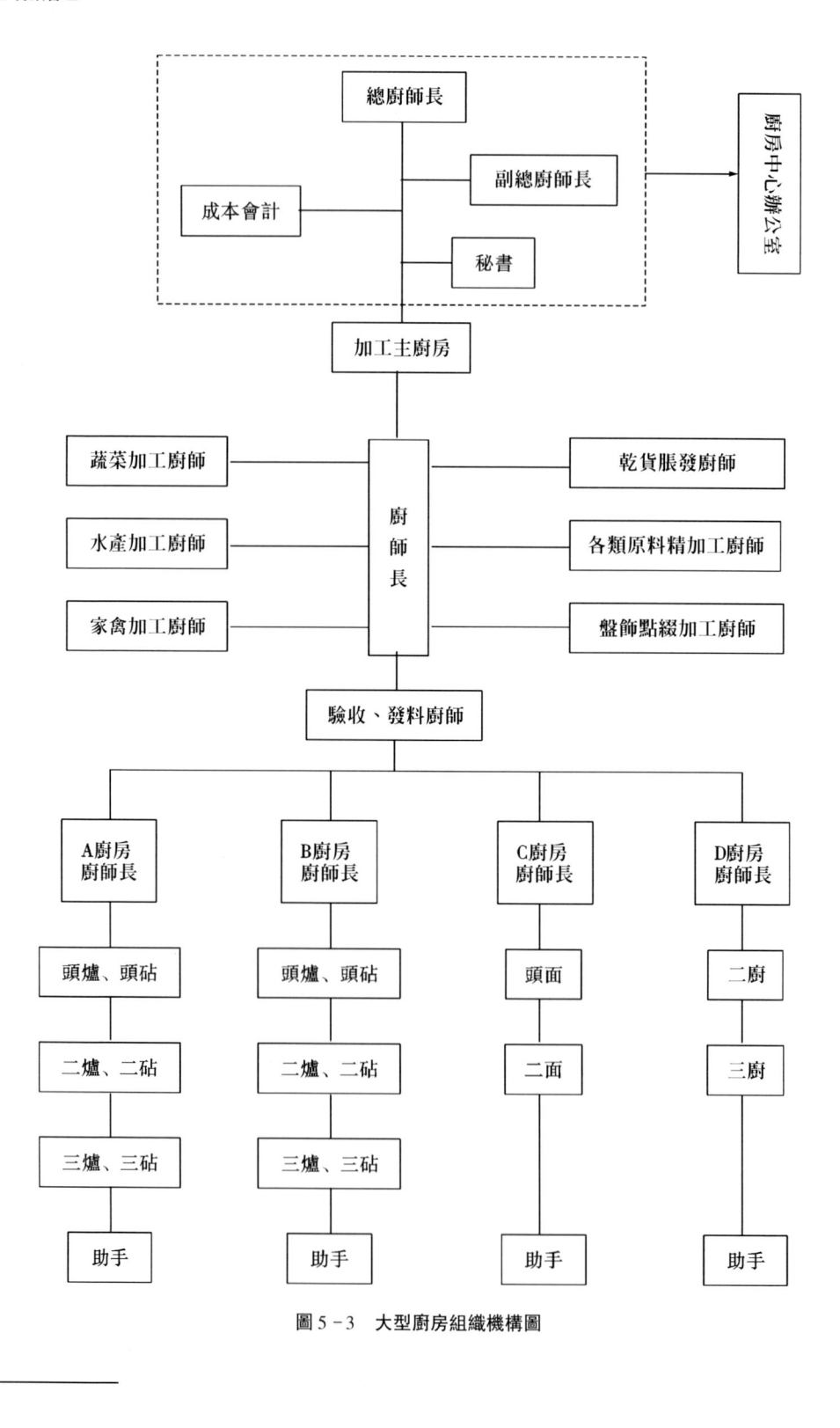

圖 5-3　大型廚房組織機構圖

直接上級：餐飲總監

直接下屬：中、西餐廚師長

主要職責：負責整個廚房的組織、指揮和運轉管理工作；通過設計、組織生產，提供富有特色的菜點產品；進行食品成本控製，為企業創造最佳的經濟效益和社會效益。

2. 中餐廚師長的崗位職責

崗位名稱：中餐廚師長

直接上級：行政總廚

直接下級：分廚房廚師長

主要職責：全面負責中餐廚房的組織管理工作，帶領員工從事菜點生產工作，保證及時向就餐者提供符合要求和質量標準的餐飲產品。

3. 中餐分廚房廚師長的崗位職責

崗位名稱：分廚房廚師長

直接上級：中餐廚師長

直接下級：中餐廚師領班

主要職責：全面負責本廚房的組織管理工作，帶領員工從事菜點生產工作，保證及時向就餐者提供符合要求和質量標準的餐飲產品。

(二) 加工領班和廚師的崗位職責

1. 加工領班的崗位職責

崗位名稱：加工領班

直接上級：分廚房廚師長

直接下級：加工廚師

主要職責：接受主管廚師長的工作指令，負責加工組的工作指揮與檢查，帶領下屬員工按質、按量、按時完成加工任務。

2. 加工廚師的崗位職責

崗位名稱：加工廚師

直接上級：加工領班

主要職責：接受加工領班的工作指令，根據加工規格、加工標準和加工要求，分類進行加工，對於各類易腐食品原料要及時加工、及時儲藏。

(三) 切配領班和廚師的崗位職責

1. 切配領班的崗位職責

崗位名稱：切配領班

直接上級：分廚房廚師長

直接下屬：切配廚師

主要職責：接受主管廚師長的工作指令，負責切配組的工作指揮與檢查，帶領員工按照切配規格和切配要求按時完成工作。

2. 切配廚師的崗位職責

崗位名稱：切配廚師

直接上級：切配領班

主要職責：接受切配領班的工作指令，按手續領取原料，按照菜餚的規格和質量要求進行各種加工處理和合理配置。

（四）爐竈領班和廚師的崗位職責

1. 爐竈領班的崗位職責

崗位名稱：爐竈領班

直接上級：分廚房廚師長

直接下級：爐竈廚師

主要職責：接受主管廚師長的工作指令，負責爐竈組的工作指揮與檢查，帶領員工按質、按量、按時完成各種烹調工作，並保證菜餚的規格和質量。

2. 爐竈廚師的崗位職責

崗位名稱：爐竈廚師

直接上級：爐竈領班

主要職責：接受爐竈領班的工作指令，按手續領取所需原料，嚴格按操作規程和菜餚規格進行烹制。

（五）冷菜領班和廚師的崗位職責

1. 冷菜領班的崗位職責

崗位名稱：冷菜領班

直接上級：分廚房廚師長

直接下級：冷菜廚師

主要職責：接受主管廚師長的工作指令，組織冷菜組的人員開展工作，按質、按量、按時將冷菜裝盤提供給餐廳。

2. 冷菜廚師的崗位職責

崗位名稱：冷菜廚師

直接上級：冷菜領班

主要職責：接受冷菜領班的工作指令，根據菜單所規定的標準、規格和要求，將各種冷菜切裝成盤及時提供給就餐者。

（六）麵點領班和廚師的崗位職責

1. 麵點領班

崗位名稱：麵點領班

直接上級：分廚房廚師長

直接下級：麵點廚師

主要職責：接受主管廚師長的工作指令，組織麵點組的員工認真完成各式主食和點心的製作任務。

2. 面點廚師

崗位名稱：面點廚師

直接上級：面點領班

主要職責：接受面點領班的工作指令，根據菜單要求，按標準的操作規程製作成品，在保證質量的前提下按時出品。

三、廚房組織機構中人員的配備

廚房組織機構中的人員配備，就是通過適當而有效的選拔、培訓和考評形式，將合適的人員安排到組織機構中所規定的各個崗位上，以保證廚房經營目標的順利實現。因此，廚房人員配備包括兩層含義：一是指滿足廚房生產所需要的所有員工人數的確定；二是指廚房生產人員的分工定崗，即廚房各崗位人員的選擇和任用。

(一) 影響廚房人員配備的因素

廚房組織機構中人員的配備一定要考慮餐飲企業的經營規模、經營檔次、經營方式、設施設備條件、菜點構成和環境佈局等多方面的因素。不同規模、不同檔次、不同規格要求的廚房，其廚房人員配備也會有所不同。只有綜合考慮以上因素，才能找到一個最佳、最有效的人員配備方案，既能保證企業的正常運轉，又不會增加企業的勞動力成本。

(二) 廚房組織機構中人數的確定

確定廚房組織機構中的人數是廚房人員配備方案的重要組成部分。廚房每個崗位上所需的人數，通常是根據廚房的生產量來確定的。廚房組織機構中人數的確定應考慮企業規模、星級標準、餐位數、上座率、菜單的難易、餐別、設施設備等因素，以確定最佳人數，既不浪費人力又能滿足廚房生產要求。合理地配備廚房人員數量，對於調整和改善廚房生產過程中的組織形式，合理組織各崗位之間的分工協作，加強崗位責任制，充分發揮每個員工的積極性，都有著積極的作用。

廚房人員數量的確定可以先採用一種方法測算，然后再採用其他幾種方法進行綜合平衡，最后才確定。初步確定了人員數量後，還要在日常工作中加以跟蹤考察並進行適當的調整。廚房人員數量的確定有以下幾種方法：

1. 按比例確定

按比例確定是一種比較簡便的方法，通常可以有兩種確定方式：按崗位比例確定和按餐位比例確定。

(1) 按崗位比例確定。為了使廚房人數的配備相對合理、準確，按崗位比例確定一般要核實兩個比例數：一是通過確定廚房的餐位數來確定廚房爐竈崗位的生產人員人數，二是通過確定爐竈人員的數量來確定其他崗位的人數。通常情況下，一個爐竈一個廚師，負責 60～100 個餐位的供應，即 6～10 桌。其中 1：60～1：80 之間是零點餐廳的最佳選擇，而 1：100 則是宴會廚房的最佳選擇。如果設施設備、人員素質都占優勢，那麼這種比例關係還可以調整，故人員配備比例只是一個相對的數字，要根據需要和實際情況靈活掌握。確定了爐竈和餐位的關係後，就可以確定爐竈和其他崗位

的關係，具體見表5-3。

表5-3　　　　　　　　　傳統的廚房人員配備比例

爐竈	打荷	砧板	上雜	水臺	冷菜	面點	雜工
1	1	1	0.5	0.5	0.5	1	0.5

從表5-3可以看出，1個爐竈需要配備5個相關生產人員，而這個比例在經營淡季時會顯得人工成本過高。因此，一些餐飲管理者認為，1個爐竈配備4個相關生產人員比較合適，即爐竈與其他崗位人員的比例為1：4。

（2）按餐位比例確定。按餐位比例確定就是按供餐人數來確定廚房生產人員的數量，具體見表5-4。

表5-4　　　　　　　　　按餐位數配備廚房人員

廚房供餐人數	廚房所需廚師人數
100人	9～11人
200人	12～18人
300人	15～20人
400人	20～26人

有時候也可以這樣直接確定：一般13～15個餐位配備1名廚房生產人員。

使用這種方式進行測算時需要注意：所有計算的人數只是廚房生產人員，且為技術較熟練的人員，是廚房的骨幹，一般的學徒或幫工不包含在內；同時，按此比例確定的廚房生產人員不包括長休假人員、兩班制或多班制人員，因此在實際測算時應略放寬或增加人數。

2. 按工作量確定

對規模、生產品種既定的廚房進行全面分解測算，將每天所有加工生產製作菜點所需要的時間累加起來，即可計算出完成當天餐飲所有生產任務的總時間，再乘以一個員工輪休和病休等缺勤的係數，除以每個員工規定的日工作時間，便能得出餐飲生產人員的數量。公式為：

總時間×(1+10%)÷8＝餐飲生產人數

(三) 廚房各崗位人員的選擇

將廚房員工分配至合適的崗位是廚房人員配備方案的重要組成部分。在對廚房崗位人員進行選擇和組合時，要注意以下幾個方面：

1. 量才使用，因崗設人

根據廚房組織機構的設置要求和崗位的任職條件，選擇最合適的人員。廚房的工作崗位由於勞動強度大小不一，員工大多傾向於選擇勞動強度較小的崗位。針對這種情況，可以開展競爭，用考核的方式擇優錄取。同時要在認真細緻地瞭解員工愛好、

特長的基礎上，把具有各種專長或性格各異的人合理搭配，從而形成一個最佳的人才結構。

2. 不斷優化崗位組合

廚房人員分崗到位以後，其崗位並不是一成不變的。在廚房生產的過程中，可能會發生一些問題，如班組群體搭配欠佳、缺乏團體合作精神等。長此以往，不僅會影響員工的工作效率和工作情緒，而且可能會形成不良風氣。因此，優化廚房崗位組合十分必要。在優化廚房崗位組合的同時，必須兼顧各崗位，尤其是主要技術崗位工作的相對穩定。優化崗位組合的依據是系統的、公平公正的評估與考核。

(四) 廚房人員的班次方案

廚房人員的班次安排一般與廚房配備的人員有一定的關係。在一些大型餐飲企業中，對廚房人員的配備相對寬鬆些，因此員工班次的安排就比較容易。而對於大多數社會餐飲來說，廚房人員的班次安排就存在一定的難度，需要講究一定的策略。

1. 班次安排的策略

廚房人員班次的安排一定要根據營業情況來確定。通常根據實際需要，可以採用以下兩種策略來合理安排班次，有效地發揮人力資源的作用，完成廚房生產任務。

(1) 利用分班制。廚房人員班次的安排通常需要參考餐廳的營業時間來確定。目前，國內餐飲企業根據經營需要，大多選擇兩個時間段為營業時間：上午11：00～14：00和晚上18：00～21：30。而部分餐飲企業可能選擇三個或四個時間段，主要是增加了早點和夜宵。在實際工作中，中餐廚房多圍繞餐廳營業時間安排兩個時間段的工作。在廚房員工總人數不變的前提下，將員工分成兩班，讓每班人員上班的時間錯開。如廚房根據餐廳經營時間把人員劃分為A、B兩班，其中A班的上班時間為上午9：30～13：00，下午16：30～21：30；B班的上班時間為上午10：30～14：00，下午16：30～22：00。

(2) 利用臨時雇工。為了合理利用勞動力資源和應對餐飲生產的波動性，可以適當地安排臨時雇工來調節班次，以保證廚房生產有充足的人手。利用臨時雇工既可以緩解某一時段或某一時期廚房用人緊張的狀態，又可以減少招聘合同制工人帶來的成本費用。在安排臨時雇工時應注意：定時安排臨時雇工，要安排在非技術、不重要的崗位上，並應給予適當的技術培訓。在安排員工班次時，應注意雇工與員工班次的合理性，要將雇工安排到最需要的地方，而將員工調整到最重要的地方，從而保證廚房生產的有序進行。

2. 安排員工班次

安排員工班次又稱排班。為維護員工的合法權益和保障廚房生產的高效率，廚房管理者應根據實際情況合理安排廚房人員的班次。通常廚房管理者在對員工進行排班時，可以選擇按星期排班或按日期排班兩種方式進行。廚房管理者在安排班次時應注意：員工休息的時間不要集中在一起；兩班次的員工要協調好；相互配合的崗位在人員安排上要協調好；在生意高峰時期盡可能不安排員工休息以保證廚房生產的正常進行。無論何種形式的排班，都要以廚房的正常生產為前提。

3. 安排員工值班

排班時需要考慮營業結束后員工的值班問題。因為餐飲企業對每一位在營業時段光臨的顧客都有接待的義務，一旦顧客進餐的時間超過了營業時間，廚房就要安排值班人員繼續為客人服務。通常在廚房進行班次安排時，B 班的廚師都有附帶值班的職責，即在營業時間結束時進行收尾檢查工作。

第四節　廚房生產流程管理

各種類型廚房的生產流程基本是一致的，只是在細節上會有所不同。廚房的生產總是從原料的採購開始，通過原料驗收后，將各種類型的原料分類進行處理。需要加工的原料進入加工區，其后分別進入烹調區、冷菜區和面點製作區，最後加工完成后經出菜區進入餐廳。概括地講，廚房生產流程主要包括加工、配份、烹調三大階段，再加上點心、冷菜兩個相對獨立的生產環節，共同構成了生產流程管理的主要對象。

一、加工階段的管理

加工階段包括原料的初加工和深加工。初加工是指對冰凍原料進行解凍，對鮮活原料進行宰殺、分解，對干貨原料進行脹發、洗滌和初步整理；而深加工則是指對已經過初加工的原料進行切割成形和腌醬工作。原料加工管理是整個廚房生產製作的基礎，其加工品的規格、質量和出品時效對以後階段的廚房生產具有直接影響。

（一）加工質量的管理

加工質量主要包括冰凍原料的解凍質量、原料加工的淨料率和加工的標準及腌醬原料的標準等。

冰凍原料的解凍是指對冰凍狀態的原料通過採取適當的方法，將其恢復到新鮮、軟嫩的狀態，從而便於烹飪。解凍后的原料要盡量減少汁液的流失並保持其風味和營養，那麼冰凍原料解凍時要注意：解凍媒介溫度要盡量低，被解凍的原料不要直接接觸解凍媒介，外部和內部解凍所需時間差距要小，盡量在半解凍狀態下進行烹飪。

原料加工的淨料率一般包括鮮活原料的淨料率和干貨原料的脹發率。原料的加工出淨是指有些完整的、未經過分檔取料的毛料，需要在加工階段進行選取淨料處理。加工出淨率是指加工后可用作做菜的淨料和未經加工的原始原料的百分比。與出淨率相對應，干貨原料用於做菜之前都需要進行吸水脹發。原料的淨料率、脹發率越高，原料的利用率就越高；反之，菜肴的單位成本就越大。

對於原料的加工，我們應該制定一定的標準，使每個加工人員都能夠按照標準進行，這樣加工出來的原料半成品才有一定的質量。腌醬原料時一定要按照配方進行，從而形成其獨特的風味。

（二）加工數量的管理

原料的加工數量主要取決於廚房配份使用原料的多少。加工數量應以銷售預測為

依據，以滿足生產為前提，留有適當的儲存週轉量。加工原料數量的確定，往往根據餐廳的預訂情況、前一日餐廳的銷售情況和客情的預測來進行。廚房的原料呈現為梯隊排列，如容易加工的且不易存放的蔥、姜類，一般會切少量作為配料，而準備一部分洗淨的蔥、姜存放好，隨時根據需要進行切配，因此蔥、姜這樣的原料就會呈現毛料→淨料→成品料這樣的梯隊。再如海參這類干貨脹發一般需要2~3天甚至更長的週期，一般來說，這類原料應該有干貨→半成品→成品（發好的）三種梯隊。這樣，原料的供應才會非常及時。原料的儲備量原則上應是預售產品的2~3倍。

二、配份階段的管理

配份就是根據標準食譜將加工成形或腌醬好的原料與配料及其料頭（又稱小料）進行有機配伍、組合的過程。配份階段看似簡單，實則其重要性毋庸置疑，它決定著未來菜肴形式和風格的走向及其成本控製。

（一）配份質量的管理

為確保配份工作的高質量，必須注意保證原料搭配的合理性、統一性和靈活性。原料搭配的合理性是指原料搭配要遵循一定的科學規律，使之既營養又美觀。不合理的原料搭配會影響菜肴質量，甚至會損害顧客的身體健康。原料搭配的統一性是指同樣的菜名其原料配伍就必須相同。只有保證原料搭配統一，才能穩定菜肴質量，形成獨特的菜肴風格。原料搭配的靈活性是建立在規範配料制度的基礎上的。如果顧客點取菜單上沒有的菜肴，那麼要滿足顧客的需要，就必須按照客人的要求搭配原料。

配菜的質量管理還包括杜絕配錯菜、配重菜和配漏菜的情況發生。控製和防止錯配、重配、漏配菜的措施包括制定配菜工作程序和健全配菜制度。另外，為盡可能提高配菜效率，必須養成每餐所用原料有所限量、固定盛器、隨用隨取、取畢歸位的習慣，做到料多不雜、忙而不亂。

（二）配份數量的管理

一份菜確定有多少數量就是要確定菜肴的量的標準。通常大多數餐飲企業都會制定菜肴配制標準單，用以作為配菜時菜肴數量的標準和依據。一般來說，菜肴配制標準單應寫清菜肴的名稱和主料、配料的分量。這種標準單的設計有利於廚師配菜的準確性，有利於成本的控製和核算。

三、烹調階段的管理

烹調階段是確定菜肴的形態、質地、色澤、口味的關鍵階段，是形成菜肴風味、風格的核心環節，是廚房技術力量的根本體現。這是廚房生產的最后一道環節，也是最為重要的環節，若發生錯誤很難彌補，因此應特別關注對烹調階段的管理。

（一）烹調質量的管理

在中餐菜肴的烹制中，菜肴的味道和溫度是保證菜肴質量最關鍵的兩大因素，因此對於烹調質量的管理應從這兩個方面著手進行。

1. 菜肴的味道

菜肴的味道包括菜肴的滋味和質感兩個方面。為保證菜肴的口味，應加強操作和調味的規範性。廚房要制定一定的操作規程，每個爐竈崗位都應該掌握本崗位的烹調特點。調味的規範性是指調味應按照一定的配方進行，降低烹調的隨意性，從而保持一個相對穩定的餐飲風味。

2. 菜肴的溫度

菜肴的核心味道確定了，那麼菜肴的外部因素——溫度一定要保證。具體的方法包括縮短上菜時間、運用特殊器皿以及運用冷藏和熱藏手段等。採取合適的方法讓菜肴在適宜的溫度下確保其口感和味道達到最佳狀態。

(二) 烹調數量的管理

菜肴烹調的數量完全根據點菜單或預訂單的人數或桌數而定。若顧客點菜，則菜肴烹制的數量應根據點菜單確定。對於預訂的宴席而言，烹調的數量要根據最後走菜時確定的數量進行烹調。

四、冷菜、點心的生產管理

冷菜又稱冷碟，通常是以開胃、佐酒為目的，大多是以常溫或低於常溫的溫度出品的菜肴。而點心多以米、面為主要原料，配以適當的輔料，在獨立的生產場所由面點師生產製作。生產冷菜和點心的場所是廚房裡兩個相對獨立的區域，其生產、出品管理與熱菜有所不同。

(一) 分量控製

冷菜多在烹調好後切配裝盤，其切配的數量和裝盤的組合既關係到客人的切身利益又直接影響到餐飲企業的經濟效益。冷菜多以小型餐具盛裝，應以適量、飽滿為宜。點心大多小巧玲瓏，其分量和數量包括每份點心的個數和每份點心的用料及其主料、配料的配比。控制冷菜和點心分量的有效做法就是規定各類冷菜和點心的生產、裝盤規格和標準，並督導執行。

(二) 質量與出品管理

因為冷菜具有開胃和佐酒的功能，所以對冷菜的口味和風味的要求都比較高。為保持冷菜口味的一致性，有些品種的冷菜可預先調制調味汁，待成品改刀、裝盤後澆上或配上即可。同時，對冷菜的裝盤造型和色彩搭配等要求也很高。不同規格的宴會，冷菜還應有不同的盛器及拼擺裝盤方法以突出宴請主題、調節就餐氛圍。而點心多在就餐後期出品，它重在給客人留下美好的回味，因此應更加關注點心的造型和口味。冷菜和點心的生產和出品，通常和熱菜分別進行。餐廳在下訂單時，多以單獨的兩聯分送冷菜和點心廚房。

五、標準食譜的管理

標準食譜一般以菜譜的形式列出菜點的用料和配方，規定其製作程序，明確其裝

盤規格，表明其成品的特點及質量標準。它是廚房每道菜點生產的全面技術規定，是不同時期用於核算菜點成本的可靠依據。

(一) 標準食譜的作用

標準食譜將原料的選擇、加工、配份、烹調及其成品特點有機地集合在一起，並按照餐飲企業設定的格式統一製作、管理，對廚房的生產質量管理、原料成本核算和生產計劃制訂等都有積極作用。具體地講，標準食譜具有以下作用：預示產量、減少督導、分量標準、程序書面化、降低勞動成本以及可隨時測算每道菜的成本等。

此外，由於標準食譜強調規範和統一，會使部分員工感到工作上缺乏獨立性和創造性，因而可能產生一些消極情緒。為此應對員工進行正面引導和嚴格督導，使其正確認識標準食譜的意義，發揮其應有的作用。

(二) 標準食譜的內容

標準食譜的內容主要包括菜點名稱、原料名稱、原料數量、製作程序、成品質量要求、盛器、裝飾、單價—金額—成本、使用設備及烹飪方法、製作批量或份數、類別及序號。其中，單價指標準食譜應說明每種用料的單位價格，在此基礎上計算出每種原料的金額，匯總之後即可得出該道菜點的成本。

(三) 標準食譜的樣式

(1) 以方便隨時核算成本為特點的標準食譜（見表 5-5）。

表 5-5　　　　　　　　　　　標準食譜（樣）

菜點名稱			生產廚房	總分量	每份規格	日期
用料	單位	數量	日期		日期	
			單位成本	合計	單位成本	合計
合計						
菜式之預備及做法				特點及質量標準		

(2) 以形象直觀、方便對照執行為特點的標準食譜（見表 5-6）。

表 5-6　　　　　　　　　　　標準食譜（樣）

編號：

| 名稱： |
| 類別：　　　　　　　　成　本： |
| 分量：　　　　　　　　售　價：　　　　　照片 |
| 盛器：　　　　　　　　毛利率： |

質量標準						
用料名稱	單位	數量	單價	金額	備註	製作程序
		合　　計				

日期：

（四）標準食譜的制定程序與要求

標準食譜的制定，實際上是對菜點進行論證和定性。當制定標準食譜時，要求廚師對菜點配伍提出自己的看法。當採用標準食譜進行製作時，要通過詳細觀察廚師的製作過程來改進食譜。標準食譜的制定可以按照如下步驟進行：

（1）確定主、配料及其數量。這是至關重要的一步，它確定了菜肴的基調，決定了該菜點的主要成本。

（2）規定調味料品種，試驗確定每份用量。調味料品種、牌號要明確，調味料只能用批量分攤的方式測算。

（3）根據主料、配料和調料的用量，計算成本、毛利和售價。

（4）規定加工製作的步驟。

（5）選定盛器，落實盤飾用料及樣式。

（6）明確產品特點及質量標準。標準食譜既是培訓、生產製作的依據，又是檢查、考核的依據，其質量要求應明確具體。

（7）填寫標準食譜。填寫時字跡要端正，要使員工都能看懂。

（8）按照標準食譜培訓員工，統一生產出品標準。

標準食譜一經制定，必須嚴格執行。在使用過程中，要維持標準食譜的嚴肅性和權威性。

第五節　廚房產品質量管理

廚房產品就是廚房加工生產的各類熱菜、冷菜、點心、甜品、湯羹以及水果拼盤等。廚房產品質量直接影響到就餐人群，影響到餐飲企業的經濟效益，影響到企業的聲譽和長遠發展。因此，加強廚房質量管理尤為重要。

一、廚房產品質量概念

廚房產品質量是一個動態的概念，實際上就是廚房提供的產品不斷地與顧客的期望和需求相吻合。充分瞭解廚房產品質量概念是進行廚房產品質量管理的前提。廚房產品質量包括菜點本身的質量和外圍質量兩個方面。

(一) 廚房產品自身質量的內涵

廚房產品自身質量主要是指菜點的色、香、味、形、器，以及質地、溫度、營養、衛生等方面。

1. 色

菜點的顏色是吸引就餐者的第一感官指標，人們通過視覺對食物進行第一步的鑑賞。廚房菜點的顏色可以由動植物組織中天然產生的色素形成。廚房加工和烹調過程與菜點成品的顏色有很大關係。大多數原料經過加工或高溫烹調後會改變顏色，烹調的目的之一就是通過恰當的操作和處理，使其達到最好的顏色品質。菜餚的色澤應該自然清新，適應季節變化，搭配和諧悅目，色彩鮮明，給就餐者以美的享受。

2. 香

香是指菜點的香味。人們進食時總是先聞到菜點的香味，再品嘗其味道。由於嗅覺感受器官容易疲勞，對任何氣味的感覺總是減弱得很快，因此要特別重視「熱菜熱上」的時效性，尤其是炒菜。如果菜餚特有的香味不能得到揮發，就會影響到消費者對菜點的評價。

3. 味

味，即味道，是菜點的靈魂。酸、甜、苦、辣、咸是五種基本的味道，基本味道的不同組合可以調製出各種各樣的菜點口味。如果菜餚調味適度，濃淡相宜，變化多樣，能使就餐者唇齒留香、回味無窮。人們通過味蕾來感知菜餚的味道，隨著年齡的增長，味蕾的數目不斷下降，因此兒童比成年人更容易品嘗到食物的味道。為此，廚房生產和管理人員要區別對待不同年齡段的就餐客人，為其設計恰到好處的菜點味道。

4. 形

形是指菜點的刀工成形和裝盤造型。原料本身的形態、加工處理的方法，以及烹調裝盤的拼擺都會直接影響到菜點的形。刀工精湛、裝盤美觀，會給就餐客人以美的視覺享受。熱菜造型以快捷、神似為主；而冷菜的造型比熱菜有更高的要求。無論熱菜、冷菜，對菜點形的追求要把握分寸，過分精雕細刻則是對菜點形的極大破壞。

5. 質地

質地包括脆性、韌性、彈性、膠性、粘附性、纖維性、切片性等。通過菜點的質地可以感覺到菜點的酥、脆、韌、嫩、爛等。因此製作菜點時必須把握好每道菜點合適的烹制時間，以體現出菜點的質地。

6. 器

不同的菜點要使用不同的盛器。菜點和盛器配合恰當，則相映生輝、相得益彰。菜點的多少與盛器的大小相一致，菜點的名稱與盛器的叫法相吻合，菜點的價值與盛器的價格相匹配，可使菜點錦上添花。雖然盛器對菜點的質量不會產生直接影響，但對於用砂鍋、火鍋、鐵板、明爐等需要較長時間保溫和製造特定氣氛的菜點來說，盛器對菜點的質量卻有著至關重要的作用。一般來說，熱菜用保溫盛器，而冷菜用常溫餐具。

7. 溫

溫，即菜點的溫度。溫度是菜點的重要質量指標之一。同一種菜點，食用的溫度不同，則口感質量會有明顯的差異。因此，廚房生產人員應把握好每種菜點的食用溫度。各種菜點的食用溫度分別為：冷菜15℃左右，熱菜70℃以上，熱湯80℃以上，熱飯65℃以上，砂鍋100℃。配備保溫餐具櫃，將餐具先行保溫處理，可以有效延長熱菜的溫度。

8. 聲

聲，即聲音、聲響。有些菜肴由於廚師的特別處理或者特殊盛器的配合使用而具有一定的聲響，如鍋巴類菜肴、鐵板類菜肴等。這類菜肴上桌時會發出響聲，說明菜肴的溫度足夠，質地達標，從而為客人就餐創造出熱烈的氣氛。

此外，營養和衛生是菜點以及其他一切食品所必須具備的共同條件。該指標雖然抽象，但也可以通過菜點的外表和內在質量指標加以把握。上述八個方面都可以不同程度地反應營養、衛生的質量情況。

[補充閱讀5-1] **中餐味型**

人們一般將肴饌的味型分為基本型和複合型兩類。基本型大約可分為9種，即鹹、甜、酸、辣、苦、鮮、香、麻、淡。複合型難以勝計，大體有以下這些味型：①鹹味型，包括咸香味、咸酸味、咸辣味、咸甜味、醬香味、腐乳味、怪味；②甜味型，包括甜香味、荔枝味、甜咸味；③酸味型，包括酸辣味、酸甜味、姜醋味、茄汁味；④辣味型，包括胡辣味、香辣味、芥末味、魚香味、蒜泥味、家常味；⑤苦味型，包括咸苦味、苦香味；⑥鮮味型，包括咸鮮味、蚝油味、蟹黃味、鮮香味；⑦香味型，包括蔥香味、酒香味、糟香味、蒜香味、椒香味、五香味、十香味、麻醬味、花香味、清香味、果香味、奶香味、蒸香味、糊香味、臘香味、孜然味、陳皮味、咖喱味、姜汁味、芝麻味、冷香味、臭香味；⑧麻味型，包括咸麻味、麻辣味；⑨淡味型，包括淡香味、本味。

（二）感官質量評定法

感官質量評定法是餐飲實踐中最基本、最實用也是最簡便有效的質量評定方法。

感官質量評定法就是運用人的感覺器官對菜點進行品嘗和鑒賞，從而評定菜點各項指標質量的方法。在實際操作中，通常是幾種感官並用，從而全面感知菜點的質量。

1. 嗅覺評定

嗅覺評定就是運用人的嗅覺器官來評定菜點的氣味。菜點的氣味大部分來自於菜點原料本身，調味和烹調處理可以為菜點增添香氣，如焦香、咸香、辣香等。

2. 視覺評定

視覺評定就是用肉眼對菜點的色彩、光澤、形態、造型等進行觀察和鑒賞，以評定其質量優劣。用視覺評定的高質量菜點應該是：充分利用菜點的天然色彩，合理搭配；烹調恰當，色澤誘人；刀工精湛，裝盤造型美觀。

3. 味覺評定

味覺評定就是運用舌頭表面的味蕾辨別食物的酸、甜、苦、辣、咸等滋味。在對菜點口味進行評定時，味覺評定具有重要作用。菜肴幾乎沒有單一的口味，大多是複合型味道。用味覺評定的高質量菜點應該是：調味用料準確，口味地道純正。

4. 聽覺評定

聽覺評定就是運用人的聽覺對發出響聲的菜肴進行質量評定。通過辨別菜肴的聲響，既可以檢查其溫度是否達到要求，又可以考核其服務是否到位。用聽覺評定的高質量菜點應該是：菜肴有響聲，且香氣四溢。

5. 觸覺評定

觸覺評定就是運用手、舌、牙齒對菜點按、摸、捏、敲、咬、咀嚼等來感受其質地、溫度等，從而評定菜點的質量。如用手借助筷子、湯匙可以檢查菜肴的酥嫩程度，用舌和口腔接觸湯、菜可以判斷溫度是否合適，用牙齒咀嚼可以發現菜肴的老嫩程度等。通過觸覺評定的高質量的菜點應該是：菜肴軟硬適中，酥嫩可口。

綜上所述，這種感官質量評定法具有以下特點：廚房產品質量因鑒評人感官靈敏程度而異、因消費者個人偏好而異，且容易受特殊環境、條件和假象的影響。由此可知，感官質量評定法帶有一定的主觀性和相對性，但對於提高廚房產品質量和消費者對廚房產品的評價相當重要。

二、影響廚房產品質量因素分析

影響廚房產品質量的因素是多方面的，既有主觀的也有客觀的，既有餐飲企業內部的也有顧客自身的，只要稍有疏忽就會出現廚房產品質量問題。因此，分析影響廚房產品質量的因素，並採取相應的措施，對於保持廚房產品質量至關重要。

(一) 廚房生產的人為因素

廚房生產的人為因素就是指廚房員工在廚房生產過程中表現出來的主、客觀因素對廚房產品質量造成的影響。廚房產品很大程度上依靠廚房員工的手工生產，因此廚房人員的主觀情緒波動和技術、體力、能力、接受反應等方面的差異均會對廚房產品的質量產生直接影響。廚房管理者在生產第一線現場督導的同時，應多與員工談心，充分調動員工的生產積極性。另外，還應採取適當的方法提高員工的操作技能。

(二) 生產過程的客觀因素

　　廚房產品的質量常常受到原料、調料質量的影響。原料固有品質較好，只要烹調得當，產品質量就會相對較好。如果原料先天不足，即使廚師精心改良和精細烹制，其產品質量要合乎標準仍很困難。此外，在廚房的生產過程中，還有一些因素影響著廚房產品的質量，如爐火的大小等。

(三) 就餐者自身的原因

　　在餐飲經營過程中，即使廚房生產完全合乎規範，產品全部達標，在消費過程中仍會有客人抱怨。對同一種廚房產品，因不同就餐者的心理感受，會產生不同的評價。「眾口難調」道出了「食無定味，適口者珍」這一就餐者中普遍存在的口味差異。這是影響廚房產品質量的就餐者因素。就餐者的經濟收入、消費價值觀和就餐經歷等與其對菜點價格的衡量和菜點質量的評價直接相關。

(四) 服務銷售的附加因素

　　客人消費與廚房生產的默契配合是創造、保證廚房產品質量的一個重要條件。而服務員的適當解釋和及時提醒是達成客人消費和廚房生產默契的重要途徑。餐廳服務銷售從某種意義上講是廚房生產的延伸和繼續，而有些菜餚，如各種火鍋以及涮燒菜餚等可以說是在餐桌上完成的烹飪。因此，服務員的服務技藝、應變能力也影響著顧客對菜餚質量的評價。

三、廚房產品質量控製方法

　　由於各種因素的影響，廚房產品的質量可能會產生波動，而廚房管理的任務就是要保證廚房產品質量的穩定性。廚房產品質量的控製應從原料選擇開始，對廚房生產全過程進行控製，從而確保廚房產品質量的穩定性。

(一) 階段標準控製法

　　階段標準控製法就是針對食品原料、食品生產和食品銷售這三個階段的不同工作特點分別制定相關作業標準，並加以檢查、督導和控製，以確保廚房產品質量的穩定性。

　1. 食品原料階段的控製

　　食品原料階段主要包括原料的採購、驗收和儲存，這一階段應重點控製原料採購的規格、質量驗收和儲存的方法。要嚴格按照採購規格採購各種原料，要全面細緻地驗收以保證進貨質量，要加強儲存管理以防止原料保管不當而降低其質量標準。

　2. 食品生產階段的控製

　　食品生產階段主要應控製菜餚加工、配份和烹調的質量。加工是菜餚生產的第一個環節，要根據烹調的需要對各類原料進行加工。配份是決定菜餚原料組成和分量的操作，要根據標準菜譜對菜餚進行配份。烹調是菜餚從原材料到成品的關鍵環節，其質量控製尤其重要。

3. 食品銷售階段的控製

菜肴由廚房烹制完成，交由餐廳出菜銷售，這一階段應重點控製備餐服務和上菜服務。備餐要為菜肴配齊相應的佐料、餐具等。服務員上菜服務要及時規範，對於食用方法獨特的菜肴，應向客人做適當的介紹，要按照上菜次序循序漸進地進行菜點銷售服務。

階段標準控製法特別強調各崗位、各環節的質量檢查，因此建立和實行系統的檢查制度是廚房產品階段控製的有效保證。廚房產品質量檢查重點是根據生產過程，抓好原料領用檢查、生產製作檢查和出菜服務銷售檢查三個方面。

(二) 崗位職責控製法

廚房產品質量崗位職責控製法就是利用廚房崗位分工，強化崗位職能並加以檢查督導從而保證廚房產品的質量。

1. 廚房所有工作均應分工落實

崗位職責控製法的前提是廚房的各項工作必須全面落實分工。廚房生產既包括切配、炒菜，又包括領料、打荷、食品雕刻等。廚房所有的工作都應明確劃分、合理安排到各生產崗位，同時強調各崗位的分工協作。廚房各崗位職責明確后，要強化各司其職、各盡其能的意識，員工要在各自的崗位上保質、保量、按時完成各項任務，從而保證廚房產品的質量。

2. 廚房崗位責任應有主次之分

廚房所有工作不僅要有相應的崗位承擔，而且各崗位承擔的職責也不是均衡一致的，而是應有主次之分。應將一些高規格的菜肴製作和菜肴口味的控製，以及技術難度較大的工作交給各工種主要崗位完成。這樣可以明確責任，有效地控製廚房產品的質量。

(三) 重點控製法

重點控製法是針對廚房生產的某些階段，或對重點客情、重要任務以及重大餐飲活動進行的更加全面、詳細的督導管理，從而確保廚房產品的質量。

1. 重點崗位及環節控製

通過對廚房生產和產品質量的檢查，找出影響產品質量的崗位或環節，並加強管理，從而提高廚房產品的質量。這種控製法的關鍵就是尋找和確定廚房控製的重點。對廚房產品質量的檢查，可以採取管理者自查的方式，也可以聽取顧客的意見，還可以聘請質量檢查員進行明察暗訪。通過檢查廚房產品質量，分析影響廚房產品質量的環節，加以重點控製，以提高廚房產品質量。

2. 重點客情、重要任務控製

要根據廚房業務活動的性質，區別對待一般生產任務和重點客情、重要生產任務，加強對後者的控製，以提高廚房的經濟效益和社會效益。對於重點客情、重要任務的控製，應從菜單制定開始。從原料的選用到菜點的出品，要始終給予高度關注。廚房管理者要加強對每個崗位、每個環節生產的督導和質量檢查控製。盡可能安排技術和心理素質比較好的廚師負責重點客情和重點任務，還要安排專人跟蹤負責菜點，以確

保製作和出品萬無一失。在客人用餐後，還應主動徵詢客人意見，以累積客史資料。

3. 重大活動控製

加強對重大餐飲活動生產製作過程的組織和控製，不僅可以有效地節約成本，而且還可以為企業創造良好的經濟效益和社會效益。廚房對重大餐飲活動的控製，也應從菜單制定開始，精心準備各類原料並加以合理利用，適當調整安排廚房人手，及時提供各類出品。廚房管理人員和主要技術骨幹應親臨廚房生產第一線，從事主要崗位的烹飪製作，嚴把各階段的產品質量關。重大餐飲活動的前后臺配合十分重要，廚房應設總指揮負責統一調度，確保菜點出品的次序和質量。在重大餐飲活動期間，廚房應採取有效措施，加強食品衛生的監控，主動做好食品留樣工作，嚴防食物中毒事故發生。大型餐飲活動結束后，要及時處理各類剩余原料和成品，注意收集客人的意見，為以后此類活動的承辦累積經驗。

第六節　廚房衛生與安全管理

廚房衛生與安全管理是廚房管理的重要內容，從廚房生產到產品銷售的每個環節都必須自始至終重視和強調衛生與安全。衛生是廚房生產需要遵守的重要準則。廚房衛生就是要確保菜點原料選擇、加工生產和銷售服務的全過程以及原料、生產、用具等都處於潔淨、沒有污染的狀態。安全是保證廚房生產正常進行的前提。廚房管理人員和各崗位工作人員都必須認識到安全的重要性，並在工作中時刻注意生產操作的規範、正確和安全。

一、廚房衛生與安全管理的意義及原則

（一）廚房衛生與安全管理的意義

廚房衛生與安全管理對餐飲企業、員工和消費者都有著重要的現實意義和廣泛的社會影響。

1. 廚房衛生與安全是提高餐飲競爭力的必要條件

餐飲市場的競爭表現為廚房生產、餐飲服務、營銷能力、產品創新、價格承受力等綜合實力的競爭。餐飲綜合實力的競爭必須建立在廚房產品衛生與安全的基礎之上。衛生與安全是餐飲企業參與市場競爭的基本前提。

2. 廚房衛生與安全是保護員工權益的具體體現

廚房衛生和安全也是餐飲企業關心、愛護員工，保護員工權益的具體體現。一方面，餐飲企業購買衛生合格的原料，員工在符合衛生條件和符合安全生產要求的狀態下進行加工、生產，其身心健康可以得到保護；另一方面，衛生和安全事故一旦發生，員工的聲譽、利益都將會受到影響。因此，廚房衛生與安全在確保員工良好工作環境的同時，也是保護員工利益的切實體現。

3. 廚房衛生與安全是保護消費者權益的基本前提

衛生與安全是食品生產與銷售最起碼的條件。廚房衛生與安全既包括產品及其生產和銷售經營環境的潔淨、安全，又包括顧客食用過程及其食用後身心健康等方面的安全。若僅僅追求食品銷售階段的美觀，而忽視其生產過程和環境以及就餐者享用美食的后果，這實際上是對消費者權益的損害和踐踏。

4. 廚房衛生與安全是提高社會效益、經濟效益的重要措施

廚房衛生和安全雖不直接產生經濟效益，但可以直觀地展示餐飲企業的管理水平和企業形象，從而擴大其市場佔有率，提高餐飲企業的經濟效益和社會效益。同時，若廚房的衛生與安全工作做得好，那麼廚房在這兩個方面的成本包括誤工、傷殘費用支出以及處理食物中毒、顧客投訴等方面的費用會大大降低，從而有利於餐飲企業的經濟效益和社會效益走上良性、可持續發展的道路。

(二) 廚房衛生與安全管理的原則

廚房衛生與安全管理是從事一切廚房生產活動首先應明確強化的管理工作內容，是和廚房其他管理工作有機結合進行的。廚房衛生和安全管理強調規範先行、預防為主、重考核督促、追求責任落實。

1. 責任明確，程序直觀

進行明確、具體的責任界定，將靜態、常規的管理落實到具體崗位甚至員工個人身上，明確其責任要求和常規檢查標準，養成各崗位、人員履行職責的自覺性。這是確保廚房衛生及安全管理的必要措施。對於廚房衛生、安全隱患多、責任大的重點崗位更要將責任明細化、公開化，既可使責任崗位及責任人知曉，又便於相關崗位、管理人員隨時提醒、監督。

廚房衛生和安全工作相對於出品秩序管理、菜品創新管理而言，其規範化要求更高，因此應建立盡可能完善的操作程序。程序應力求簡潔明瞭，如能直觀形象說明，其培訓、執行和督查的效果會更好。

2. 隱患明憂，預案詳盡

廚房在衛生和安全方面應建立起切實可行、程序明確、積極主動、反應迅速的相關預案，如建立食物中毒、油鍋著火、人員燙傷割傷等意外事故的處理預案。廚房常規管理應將預案內容作為廚房衛生、安全不可或缺的制度化管理事項，包括齊全完整的應有配置、規範有序的儲存擺放、清晰準確的物品標示，以及真實可行、指導完善的演練。預案內容和程序的設定應聽取廚房人員、專業人員和相關專家的建議，廣泛借鑑相關經驗教訓，以求先進、全面、方便、實用。

此外，將容易疏忽大意、容易構成廚房生產運轉過程中事故隱患的場所、設施設備、工作事項等進行排查，進而將其擴大、明示、彰顯，以提示、警醒各崗位員工在生產過程中加以關注和督查，從而使隱患縮小、減少乃至於無隱患，再加上積極防範、主動管理，力求無患。

3. 督查有力，獎罰到位

廚房衛生和安全管理，寄希望於各崗位員工的積極主動、各負其責，也離不開管

理人員按程序和標準分時段地進行有序督查。員工在衛生、安全工作方面的不同表現理應受到物質和精神方面的獎懲。

二、廚房衛生管理

廚房衛生是廚房生產需要遵守的第一條準則。廚房衛生管理實際上是從採購開始，經過生產過程到銷售為止的全面管理，主要包括環境衛生、廚房設備及器具衛生、原料衛生、生產衛生、個人衛生。

(一) 環境衛生管理

廚房環境包括廚房的生產場所、下水道、照明和通風、洗手設備、更衣室、衛生間及垃圾處理設施等。

1. 牆壁、天花板和地面

廚房的牆壁、天花板應採取光滑、不吸油水的材料建成，地面應採用經久、平整的材料鋪成，要經得起反覆衝刷且不受廚房高溫的影響而開裂。一旦發現牆壁、天花板和地面出現問題，應及時維修，使其保持良好的狀態，以免藏污納垢，滋生蚊蠅、老鼠、蟑螂等。

2. 下水道及水管裝置

凡有污水排出以及有水龍頭沖洗地面的場所，均需有單獨的下水道，要保持其通暢，避免堵塞。下水道的形式有明溝式和暗溝式兩種，進行衛生沖洗時應注意對下水道及其附近地面的清洗，以保證廚房的正常味道。無論哪種形式的下水道，有條件的廚房最好在通往下水道的排水管口安裝垃圾粉碎機，以保證下水道的通暢，防止因下水道堵塞而導致污水溢漫，污染食品和炊具。

飲用水管與非飲用水管應有明顯的標記，防止其交叉安裝。通常對水管壁要定期清理，防止過多的油垢沉積，尤其是爐竈上使用的水管。

3. 通風和照明

廚房的排蒸罩、排氣扇需要定期清理，尤其是排蒸罩，油垢的沉積會導致火災隱患，多餘的油污會聚集下滴從而污染食物和炊具。照明設備的完善是保證正常清潔衛生工作的一個基本前提，昏暗的燈光只會使清潔工作更加困難。一般來說，燈具都要配有燈罩，以防止燈具爆裂而污染食品或傷及他人。

4. 洗手設備

廚房工作人員的雙手是傳播病菌的主要媒介。在廚房中多設置洗手池，既可以保證員工在任何時候都保持雙手乾淨，又便利清潔衛生。

5. 更衣室和衛生間

職工的便服常會從外界帶入病菌，因此員工不能穿著便服上崗，也不能隨意掛在廚房的任何一個角落，而是放在更衣室的專門櫃子裡。而且更衣室裡應有淋浴間，可以保證員工上下班時的身體清潔。

6. 垃圾處理設施

廚房垃圾是污染食品、設備和餐具的危險因素，也是破壞廚房環境的重要因素。

因此，廚房每天產生的垃圾都要及時地清除，以杜絕污染源。通常垃圾桶要使用可推式帶蓋的塑料桶，裡面放置大型的垃圾塑料袋，這種袋子應比較結實，不易破漏和滴灑油污。垃圾要及時清出廚房，可以放在專門的垃圾站裡。大型餐飲企業可以設置垃圾冷藏室，配備垃圾壓縮機或垃圾粉碎機。

7. 杜絕病媒昆蟲和動物

要在保證食品安全和人員安全的前提下採取一定的措施防止病媒昆蟲和動物等入侵，這也是保證廚房衛生質量的一個方面。有條件的餐飲企業應在廚房設計時就考慮到堵住這些病媒昆蟲和動物進入廚房的渠道。

(二) 廚房設備、工具及餐具衛生的管理

廚房設備、工具及餐具的衛生狀況也是廚房衛生管理的重要內容，但是容易被忽略。若廚房設備、工具及餐具的衛生狀況不佳，則容易導致食物中毒事件發生。

1. 加工設備及加工工具、用具

這類設備包括刀具、砧板、案板、切菜機、絞肉機、切片機，以及各種盛裝用的盤、盆、筐等。由於它們直接接觸生的原料，受微生物污染的機會增加，若加工后不及時清洗和消毒，就會給下次加工帶來危害。因此，使用過的加工設備、工具和用具應及時地進行清洗、消毒，以保證下次使用時不會構成對原料的污染。

2. 烹調設備及相關工具

烹調設備及相關工具包括烤箱、電炸爐、爐竈、鍋具及爐竈上使用的各種工具、用具等。對於烤箱、電炸爐之類的烹調設備，長時間使用會產生不好的氣味，需要將污垢、油垢及時地清理掉，否則會污染食品。而對於有明火的爐竈，應及時清理爐嘴，以保持煤氣或燃料充分燃燒。對於鍋具而言，應每天進行洗刷，尤其是鍋底。爐竈上使用的各種工具、用具如竈臺、調味車、調味罐、手勺、漏勺、笊籬等也要經常清洗，以保證其光潔明亮。

3. 冷藏設備

如果冷藏設備衛生狀況差，會大大增加細菌繁殖的機會；即使冷藏室溫度較低，有時也會產生不好的氣味，使原料之間相互串味，相互污染。因此，保持冷藏設備的內外環境衛生是保證原料高質量的一個重要因素。

冷藏設備原則上每週至少清理一次，其目的是除霜、除冰，保持冷藏設備的制冷效果和良好的氣味。另外每天應對冷藏設備中的原料進行整理，將污物及時清理乾淨，以保證通暢的制冷效果。

4. 餐具、儲藏設備及其他

餐具是盛裝菜點的器皿，其衛生狀況直接關係到菜點的衛生質量。因此，餐飲企業設立了專門的清洗餐具的部門。加強清洗設備的現代化和人員操作的規範化，是保證餐具衛生質量的前提條件。同時還應正確、規範地保管餐具以防止被再次污染。

(三) 原料衛生的管理

食品原料的採購、驗收和保管是食品衛生管理的重要內容，因此餐飲企業應認真抓好食品原料採購、驗收和保管的衛生管理。

1. 原料採購管理

採購人員必須對所採購的原料負責，以保證食品原料處於良好的衛生狀態，沒有腐敗、污染和其他感染。食品原料來源必須符合有關衛生標準要求，禁止採購無商標、無生產廠家、無生產日期的食品原料。

2. 原料驗收管理

建立嚴格的驗收制度，指定專人負責驗收，拒絕接受不符合衛生要求的原料，並追究採購人員的責任。

3. 原料保管管理

合理儲藏，以保證原料質量。嚴格規定正確的儲存食品原料的方法，以避免食品原料遭受蟲害、變質的危險。儲藏室的衛生要做到「二分開」（生熟分開、干濕分開）、「四勤」（勤打掃、勤檢查、勤整理、勤翻曬）、「五無」（無污染、無蟲蠅、無鼠害、無蟑螂、無蜘蛛網和灰塵）。

（四）生產衛生的管理

由於生產環節多、程序複雜，在原料轉變成產品的過程中會受到各種不同因素的影響，因此生產階段是廚房衛生工作的重點和難點。

1. 加工生產的衛生管理

廚房加工從原料領用開始。鮮活原料經驗貨後，應立即送廚房加工；加工後立即進行冷藏處理。長時間擺放會改變原料的本質，一旦原料出現異味而沒有被發現，會導致食物中毒事件發生。對於冰鮮原料，領出後應採用安全、科學的解凍方法進行處理，待解凍后迅速進行加工，加工后適時儲藏，以保證原料衛生、質量穩定。對於易腐敗的食品，要盡量縮短加工的時間。大批量加工原料時，應分批從冷庫中取出，以免食品在加工過程中變質。

2. 冷菜生產的衛生管理

冷菜生產的衛生管理十分重要。首先，在廚房佈局、設備配置和用具安排上都要考慮與生的原料分開。其次，切配食物的刀具、用具、砧板、抹布等要專用，切忌生熟交叉使用，而且這些用具要定期消毒。再次，操作時要盡量簡化操作手續，將污染的機率降到最低。最后，裝盤工作不能過早，裝盤后不能立即上桌的冷菜應使用保鮮膜封存，並進行冷藏。

3. 烹調製作的衛生管理

烹調生產一定要考慮加熱的時間和溫度。由於原料是熱的不良導體，在加熱時應更多地考慮食品內部的溫度是否達到了殺死細菌的最低溫度。因此，應合理地控製加熱的時間與溫度，以保證菜點成熟后的風味質量和菜肴的衛生質量。成熟后的菜點一定要盛裝在乾淨的餐盤中。

（五）個人衛生的管理

員工的個人衛生狀況也是廚房衛生的一個重要因素，因此建立良好的個人衛生習慣並監督員工的衛生狀況是廚房產品衛生得以保障的前提條件。

1. 衛生管理

廚房員工的衛生意識可以通過個人衛生管理、工作衛生管理和衛生教育進行培養。廚房員工應養成良好的個人衛生習慣，在工作中應穿戴清潔的工作衣帽，勤剪指甲，嚴禁塗抹指甲油、佩戴戒指及各種飾物從事工作。一旦工作人員手部有創傷、膿腫時，應嚴禁其從事接觸食品的工作。與熟食接觸的員工應佩戴口罩，品嘗菜肴的員工應使用清潔的調羹、手勺舀在專用的碗中進行操作。對於現場操作的工作人員來說，使用乾淨的手套進行操作可以預防對食物的污染。另外，員工在操作中要保持一個良好的工作習慣，不要吸菸、挖鼻子、掏耳朵、撓髮發、對著食物咳嗽、打噴嚏等。通過衛生教育可以提高員工的衛生意識，掌握預防食物中毒的方法，及時發現問題，及時進行補救。

2. 健康管理

廚房工作人員的健康狀況是保證廚房食品衛生的前提。廚房工作人員必須持健康證才能上崗工作，每年應作一次體檢。患有痢疾、傷寒、病毒性肝炎、活動性肺結核、傳染性皮膚病等傳染病者，不得從事廚房工作。

(六) 食物中毒與預防

食物中毒是餐飲企業經營管理中最不願發生的事件之一。廚房管理的首要任務就是要防止和避免食物中毒事件的發生。因此，分析食物中毒產生的渠道和原因，並採取有效的措施進行預防，是廚房衛生管理的重中之重。

1. 食物中毒的定義及其原因分析

（1） 食物中毒的定義

凡是由於經口進食正常數量「可食狀態」的含有致病菌、動植物天然毒素以及生物性或化學性毒物的食物而引起的以中毒或急性感染為主要臨床特徵的疾病，統稱為食物中毒。

（2） 食物中毒的原因分析

食物之所以有毒、使人致病，其原因和渠道如下：

①食物受細菌污染，因細菌致病。這種類型的食物中毒是由於細菌在食物上大量繁殖，當人食用了含有對人體有害的細菌的食物后就會引起食物中毒。

②食物受細菌污染，因細菌產生的毒素致病。這種類型的食物中毒是由於細菌在食物上繁殖並產生有毒的毒素，致病的原因不是細菌本身而是毒素。廚房員工必須清楚地認識到這類食物已完全失去營養性和安全性，即使通過烹調加熱殺死了細菌，但毒素依然存在，應該丟棄不用。

③食物本身含有毒素。有些食物是有條件的有毒動植物，如未煮熟的四季豆、發芽的馬鈴薯等；有些則是有毒動植物，如毒蕈、河豚等。這類中毒主要是誤食或加工不當而未除去有毒成分的動植物引起的。這類中毒季節性、地區性比較明顯，偶然性較大，發病率較高，潛伏期較短，病死率視有毒動植物的種類不同和食用量不同而不同。

④有毒化學物質污染食物，並達到能引起中毒的劑量。化學性食物中毒包括有毒

的金屬、非金屬、有機化合物、無機化合物、農藥和其他有毒化學物質引起的食物中毒。此類中毒偶然性比較大，中毒食品無異狀，引起中毒的化學物質多是劇毒，在體內溶解度大，易被消化道吸收。化學性食物中毒的特點是發病快，患者中毒程度深，病程比一般細菌毒素中毒長。

瞭解食物中毒的原因，重要的工作是針對各種發生食物中毒的可能，採取切實有效的措施加以積極預防。

2. 食物中毒事件的處理

若有客人身體不適，抱怨系食用餐飲產品而引起時，管理人員和員工應沉著冷靜，忙而不亂，盡快澄清是否為食物中毒，並控製住事態，及時妥善處理。

三、廚房安全管理

廚房員工每天都要與諸如火、蒸汽、加工器械等容易造成傷害或事故的因素打交道，如不具備一定的防範意識和遵守安全操作規範，則容易發生事故。一旦發生事故，很容易使餐飲企業遭受財產的損失和人員的傷害，其危害程度不可估量。因此，廚房管理者在生產經營中應時刻加強安全意識，規範安全操作，以保證廚房員工和財產的安全。

（一）廚房安全管理的目的和主要任務

1. 廚房安全管理的目的

廚房安全管理的目的就是要消除不安全因素，消除事故的隱患，以保障員工的人身安全和企業、廚房財產不受損失。廚房不安全因素主要來自主觀、客觀兩個方面。主觀上是員工思想上麻痺、疏忽大意，違反安全操作規程以及廚房管理混亂；客觀上是廚房本身工作環境較差，設備、器具繁雜、集中，從而導致廚房事故發生。因此，加強安全管理應主要從以下幾個方面著手：

（1）加強對員工安全知識的培訓，克服主觀麻痺思想，強化安全意識。未經安全培訓的員工不得上崗操作。

（2）建立健全各項制度，使各項安全措施制度化、程序化。

（3）保持廚房工作區域的環境衛生，保證設備處於最佳運行狀態。

2. 廚房安全管理的主要任務

廚房安全管理的任務就是實施安全監督和檢查機制。通過檢查和監督，使員工養成安全操作的習慣，確保廚房設施設備正確運行，以避免事故的發生。安全檢查的重點放在廚房安全操作程序和廚房設施設備兩個方面。

事實上，廚房的安全工作還需要工程部、安全保衛部等部門的密切配合，從「大處著眼，小處著手」，常抓不懈，持之以恒。

（二）常見事故的預防

廚房常見的事故有割傷、燒燙傷、摔傷、跌傷、砸傷、撞傷、扭傷、觸電、失竊、火災等，必須瞭解各種安全事故發生的原因和預防方法。

1. 割傷

割傷是廚房加工、切配及冷菜間菜點廚房員工經常遇到的傷害。主觀上是由於員工工作時精神不集中，使用刀具和電動設備程序不當或姿勢不正確造成的，客觀上是因為刀具鈍，刀柄滑，原料滑、硬、膩，作業區光線不足，刀具擺放位置不正確等造成的。其預防措施有：

（1）鋒利的工具要統一保管。一旦不使用要套上刀套，切不可隨便亂丟。使用的刀具應該鋒利，否則容易造成傷害。

（2）在使用各種刀具時，注意力要集中，方法要正確。

（3）清洗刀具時要帶上抹布，不可將刀具與其他原料放在一起清洗。清洗刀口時要使用抹布擦拭。

（4）使用機械設備時，要仔細閱讀說明書，按照規程進行操作。廚房所有的機械設備都應配備防護裝置或其他安全措施。

2. 燒燙傷

燒燙傷主要是熱鍋、熱油、熱水、熱湯汁、熱蒸汽造成的，是由於員工接觸高溫食物、設備和用具時不注意防護引起的。其主要預防措施有：

（1）廚房工作人員在工作中必須保證正常的穿戴，不要赤膊、光腳穿鞋，以防止危害發生時加重傷情。

（2）遵守操作程序。點燃煤氣設施或使用任何烹調設備時必須按照產品說明書進行操作。

（3）在燒、烤、蒸、煮等設備的周圍留出足夠的空間，以避免因空間擁擠、無法避讓而造成燒燙傷。

（3）容器註料要適量。不要將鍋、罐、水壺等裝得過滿，避免食物煮沸過頭濺出鍋外或移動時溢灑出來。

（4）進行油炸操作時，將原料的水分瀝干，防止油水四濺造成傷害。操作者下料的方法要正確，原料應從鍋邊滑下去，而不要扔進去。

3. 摔傷、撞傷、砸傷、跌傷、扭傷

廚房員工在登高取物、搬運較重較大物品、清除衛生死角、走動打滑時容易造成摔傷、跌傷、砸傷、撞傷、扭傷。其預防措施有：

（1）保持地面平整，需要鋪墊的要進行鋪墊；在有坡度的地面和員工出入口應鋪放防滑軟墊。

（2）清潔地面，始終保持地面的清潔和干燥。油、湯、水灑到地面上要立即擦掉。

（3）廚師的工作鞋要有防滑性能，不能穿薄底鞋、已磨損的鞋、高跟鞋、拖鞋、涼鞋。平時穿的鞋，腳趾、腳后跟不得外露，鞋帶要系緊。

（4）舉重物時，背部要挺直，要借用腿力，緩緩舉起。盡可能借助搬運或起重工具。

（5）不要把較重較大的箱子、盒子置於高處，存取高處物品時應使用專門的梯子。

4. 觸電

廚房中電器設備多，極易造成觸電事故。觸電的原因主要是設備出現故障或員工

違反安全操作規程。其主要預防措施有：

（1）防止設備老化、電線破損、接線點處處理不當，所有的電器設備都必須有安全的接地線。

（2）遵守操作規程。操作電器設備時，必須嚴格按照安全操作規程進行。使用電器前，要保持手干燥，不要用濕手操作電器設備。

（3）容易發生觸電的地方，應有警示標誌。

5. 失竊

廚房盜竊的主要目標是食品倉庫和高檔餐具。要防止盜竊，就要加強安全保衛措施。對食品倉庫要掛警示牌，倉庫的門溝、鎖扣都必須牢固，牆壁堅實，門窗上要有防護設備、警報器等。倉庫的周圍禁止堆放易燃易爆易污染的物品。廚房內的防衛措施要落實到人。倉庫、冰箱鑰匙歸專人保管。加強內部監督，發現問題及時匯報、及時查處。

6. 火災

火災是廚房最易遇到且傷害最大的災難之一。造成火災的原因很多，如煤氣外泄、電線短路漏電、烹調操作不當、機械過度工作發熱、抽菸失火、故意縱火等。其預防措施如下：

（1）廚房內每個員工都必須遵守安全操作規程。

（2）各種竈具和煤氣罐的維修與保養應指定專人負責。

（3）任何使用火源的工作人員不得擅自離開爐竈崗位，不得粗心大意，以防止發生意外。

本章小結

廚房管理是餐飲管理的重要組成部分，廚房生產對餐飲經營狀況的好壞至關重要。餐飲生產管理是對食品加工過程中各活動進行計劃、指導、監督、指揮和控製。本章分別介紹了廚房管理、廚房的設計與佈局、廚房的組織機構、廚房生產流程管理、廚房產品質量管理、廚房衛生與安全管理等內容。

復習思考題

1. 試列舉廚房的種類，並舉例加以說明。
2. 試分析廚房生產的特點。
3. 廚房管理的基本職能是什麼？
4. 廚房設計與佈局的基本原則是什麼？
5. 不同規模的廚房，其廚房組織機構設置有什麼不同？
6. 試述廚房生產流程管理的主要內容。
7. 試分析影響廚房產品質量的因素，並提出相應的對策。

8. 如何對廚房衛生和安全加以控製？

案例分析與思考：把餐館廚房變成流水線

中餐製作能否標準化？某餐飲公司作了以下努力：

（1）建立現代物流的配送體系。公司提出了標準化、流程化、制度化的建設目標。首先在採購上打破傳統習慣，由公司以招標的方式統一向供貨商採購原材料。而究竟進哪家供貨商的貨，不再像以前那樣，單純由採購員說了算。公司為此成立了一個部門，成員由4個業務部門負責人組成，並且實行不定期輪換，這就沒有了採購員個人牟利的灰色空間。

（2）要求各直營店擬出可以標準化製作的菜單。公司每月都要組織品嘗會，對標準化製作的菜肴進行鑒定，提出改進和修正的意見，當對菜品視覺與味覺獲得一致滿意後，交由研發部門製作統一標準。

（3）成立了相當於中央廚房的加工部。加工部將收集到的可以標準化的菜單加工成半成品後，包裝送到各直營店儲藏備用，每份包裝都有嚴格一致的分量。與此同時，在公司各餐飲企業強制推行使用規範容器，減少了廚師炒「情緒菜」和「人情菜」的情況。

［資料來源］http：//hi.baidu.com/%B2%BB%DO%BB%C7%BE%DE%B1/blog/item/be75b6ea129fc1d5d439c97d.html.

思考題：
請評析本案例中的中餐標準化，並談談你對中餐標準化的理解。

實訓指導

實訓項目：廚房設計。

實訓要求：對某一選址做實地考察論證，進行場地設計；根據廚房工作流程需要，對廚房佈局進行科學設計；根據廚房設計佈局，對廚房設備進行採購選擇；按照生產流程設計定崗定員；設計對流程環節進行監控管理的方案。

實訓組織：項目引導，實地考察；小組討論，場地設計；師生交流，項目匯報；作品展示，項目評價。

項目評價：小組互評；教師評價。

第六章　餐飲產品銷售管理

【學習目的】
理解餐飲產品銷售管理的意義及重要性、銷售過程的特點、餐飲促銷形式；
熟悉餐飲產品銷售計劃和銷售控製的方法、餐飲產品定價方法；
掌握餐飲產品銷售分析、餐飲企業常用的促銷方法。

【基本內容】
★餐飲產品銷售計劃和銷售控製：
餐飲銷售管理；
餐飲產品銷售計劃；
餐飲產品銷售控製。
★餐飲產品定價：
餐飲產品定價原則；
餐飲產品定價基礎；
餐飲產品定價方法；
餐飲產品價格折扣策略。
★餐飲產品銷售分析：
銷售彈性系數分析；
價格彈性系數分析；
產品銷售額 ABC 分析；
受喜愛程度與毛利分析。
★餐飲企業常用的促銷方法：
餐飲促銷的目的；
餐飲促銷的基本要素；
餐飲促銷的形式；
餐飲促銷的方法。

【教學指導】
可將學生分成若干組以完成不同形式的促銷活動，使學生明確每一種促銷的目的、特點和需要的條件。

餐飲企業的銷售觀念已從原來的以自我為中心的產品觀念、生產觀念和推銷觀念，逐步發展成為以賓客需求為依據的市場營銷觀念。餐飲銷售，不僅是指單純的餐飲推

銷、廣告、宣傳、公關等，它同時還包含餐飲經營者為使賓客滿意並為實現餐飲經營目標而展開的一系列有計劃、有組織的廣泛的餐飲產品品牌塑造以及服務活動。它不僅僅是一些零碎的餐飲推銷活動，而更是一個完整的服務過程。餐飲企業開始重視品牌優勢的塑造，注重企業規模的擴大，注重利用連鎖經營和特許經營的方式進行擴張，已經成為餐飲銷售管理的重要內容。

第一節　餐飲產品銷售計劃和銷售控製

一、餐飲銷售管理

（一）餐飲銷售的重要性

　　餐飲銷售是指餐飲產品的生產者向消費者提供產品和服務的過程。餐飲產品的內容包括餐飲實物、烹飪技藝、服務技巧、進餐環境及價格五部分。餐飲銷售是餐飲業經營中的重要環節，有著顯著的意義。

　1. 餐飲銷售是經營者實現經營利潤的手段

　　餐飲企業的一切投入和生產、服務活動，都是為了實現企業商品資金到貨幣資金的轉化，使在生產服務過程中所消耗的物化勞動和活勞動從價值形式上得到補償，並為簡單再生產和擴大再生產提供條件和累積。如果企業商品的資金不能轉化為貨幣資金，也就是說餐飲企業的產品賣不出去，其生產和服務就會中斷，結果會造成停業甚至破產。可見餐飲銷售是企業經營運轉的關鍵環節。銷售過程可以完成產品從賣者到買者的流通轉移，所以餐飲經營者必須將某產品以最好的質量、最適宜的價格以及最完美的服務方式提供給消費者，這樣才能最終實現產品的價值，獲得經營利潤。

　2. 餐飲銷售是經營者贏得顧客的途徑

　　購買者總是希望以最優惠的價格獲得最佳的使用價值和最滿意的服務，這一願望的實現是在購買過程中完成的，因而銷售這一環節就成為經營者滿足顧客需求進而佔有市場的途徑。經營者只有在銷售的過程中不斷地修正自己的產品去滿足不斷發展變化的市場需求，才能保持和擴大市場佔有率。

　3. 餐飲銷售是企業經營活動的核心內容

　　企業的經營離不開市場要素，銷售環節是直接面向市場的經營行為，企業的任何經營環節都要受到銷售的影響和制約，只是程度不同而已。尤其是在現代營銷觀念的指導下，企業的經營更是絲毫不能偏離市場。因此，銷售活動自然而然就成為企業經營活動的核心內容。一般餐飲企業，由於其生產與消費在時空上的不可分割性，就更加體現出銷售的地位。所以，餐飲銷售就成為餐飲企業經營活動的核心內容。

（二）餐飲銷售過程的特點

　　餐廳對餐飲產品的銷售基本上表現在兩個領域。一個是外部銷售領域，這方面的工作一般由餐飲企業專門設置的銷售管理部門（如銷售部）或專門指派的個人承擔，

主要負責產品定價策略和促銷策略的選擇。這種銷售工作側重於管理，與一般工商企業的銷售業務基本類似。另一個是內部銷售領域，這方面的工作最能體現餐飲企業的銷售特點，因為這些工作一般是由餐廳的餐飲服務人員承擔的。由此反應出的餐飲銷售過程的特點是：

1. 餐飲產品生產與銷售的同一性

餐飲產品的整體概念是由實物形態和無形服務兩部分組成的，這決定了餐飲產品的銷售無法脫離產品的加工生產空間（如廚房）和形成綜合服務的具體環境空間（餐廳）而獨立存在。餐廳向客人提供優質的服務和精美的食品，對消費者而言都是必需的，其價值是相輔相成的。只有這樣，飯店的產品才能夠真正銷售出去。所以，餐飲企業的經營者要特別重視其作為生產經營企業在向顧客提供產品時的這種不同於一般其他企業的鮮明特點，即餐飲產品的生產、銷售、消費過程具有明顯的統一性。這個特點決定了餐廳的許多經營原則和經營哲學都不同於其他企業。

2. 餐飲產品銷售過程的隨機性

餐廳的餐飲產品是企業提供給客人的最主要的物質產品，但這些產品的生產並非大批量進行，銷售（服務）更是以服務員的個體行為為主。在整個餐飲服務過程中，即使服務員有服務規範可以依循，但受各種因素的影響，服務的數量和質量也很難保持其穩定性，有時甚至會出現內部銷售人員與外部人員勾結，導致餐飲產品走失。這給銷售控製帶來了很大的困難。但如果不嚴格控製銷售程序，規範服務過程，餐飲產品的銷售利潤就會流失，還要影響餐飲企業的服務質量。

3. 餐飲產品銷售的週期性

受餐飲產品原料供應、消費者消費規律等因素的影響，餐飲產品的經營有明顯的季節性。各種時令菜只能當季供應，不同類型的餐飲企業（如商務飯店、度假飯店、酒樓等社會餐飲企業）的效益在一周、一月、一季或一年的時間裡會有明顯的漲落，並由此導致盈利與虧損的不同經營效果，這些都是餐飲產品經營在時間上表現出的特徵，需要管理人員採取有效的措施加以平衡，以便穩定銷售規模，獲得可觀的盈利。

(三) 餐飲銷售管理的意義

餐飲銷售管理是通過對餐飲產品制定合理的價格、對飯店內部餐飲銷售實施控製並制定相應的各種銷售決策的手段，以達到餐飲產品銷售目標的過程。加強餐飲銷售管理，具有以下幾方面意義：

1. 確保餐飲企業的盈利目標

餐飲企業作為一個經濟組織，其基本目標就是獲取可觀的利潤。餐飲產品利潤的生成環節，除了採購、儲存和加工生產之外，就是銷售環節了。而銷售是其中最後的一環，它最終決定著利潤的水平。餐飲企業通過加強銷售管理，可以減少現金流失、成品走失，還可以通過合理定價和科學決策而增加銷售，實現盈利目標。

2. 維護消費者利益，樹立良好的企業形象

餐飲銷售過程中出現的服務質量問題、分量不足問題等，通常以消費者利益為侵害對象。通過實施內部銷售控製，可以在一定程度上避免這些情況發生，使消費者利

益得到保護，並在消費者心目中樹立良好的企業形象。

3. 增強企業競爭能力

餐飲銷售過程實際上是餐飲企業的窗口，它不僅向顧客展示企業產品的質量、企業的形象、員工的風貌，還是企業可以進行組合運用的一種手段，使企業更具有競爭力。企業可以通過有競爭力的價格、富有特色的服務和科學有效的決策展示企業的銷售能力，這一點對於餐飲企業尤為重要，因為這種企業的生產、銷售和消費過程常常是密不可分的。

二、餐飲產品銷售計劃

如同其他產品一樣，餐飲產品的銷售同樣需要計劃進行指導。因為餐飲的採購、製作、銷售服務之間的時間間隔極其短暫，需要餐飲管理人員精心籌劃，盡可能做到採購多少就生產多少並銷售多少。餐飲產品銷售統計是餐飲產品銷售預測的基礎。

銷售統計是以書面形式記錄餐廳菜肴的銷售份數。銷售統計的複雜程度取決於餐廳經營品種的數量、信息的詳細程度以及信息的用途等。

（一）原始記錄

有關消費者點菜的數量記錄，基本上來自餐飲第一線的餐飲銷售人員——餐廳服務員。餐廳服務員在接受就餐者點菜的時候，將客人點菜的有關信息（菜名、價格、分量、臺號等）記錄在點菜單上。點菜單所記錄的信息，必須完整、清楚、準確。這些信息通常可以從以下途徑獲取：

1. 收銀員的即時統計

餐廳收銀員在接受服務員傳遞的點菜單、開具用餐帳單的同時，應做好各種菜肴的銷售數量記錄。這種信息可以記錄在預先準備好的菜肴銷售記錄卡上。這種方法的特點是：信息收集及時，無需專門人員在數據累計後再作專門統計，不需要增加額外的人工費用，但要求收銀員必須仔細、完整地做好記錄。

2. 收銀後的事後統計

有些餐廳的收銀員當班時業務量大，工作過忙，來不及做統計工作。收銀員可以在每餐結束后將點菜單連同帳單交給財務部，統計方法如前。但這種形式較費時間，同時增加了人力投入。

3. 電腦統計

目前電腦已經介入餐廳各方面的業務管理。利用電腦進行餐飲銷售統計工作，需要電腦本身具有相應的業務管理軟件。其特點是快捷、及時。要培訓和招聘軟件開發、管理和維護的相關人員。

（二）信息的匯總及使用

餐飲有關管理人員在獲取餐飲銷售統計數據之後，可以選用不同的方式將這些數據匯總。常見的匯總方法如下：

1. 按經營日期匯總

所謂按經營日期匯總，就是將每日的銷售統計數據按日曆、日期排好，每週或每

月一記，採用電腦統計匯總較為快捷、準確。

  2. 按每週的形式匯總

  按每星期中的各天分別統計銷售數據。將數據按週一、周二……周日分別匯總。這種銷售統計方法，能反應出一周中每天客流量的變化情況及各天的銷售規模及規律，瞭解一周中每天各類菜的銷售份數，便於計劃一周中每天各菜肴的銷售與生產數量和相應的人員配備。

  3. 按銷售時段匯總

  許多餐廳對各時段的銷售額和客人數進行匯總統計。對於快餐廳、咖啡廳和酒吧而言，這種統計匯總更為重要，因為這些經營場所營業時間長，在清淡和高峰時段的需求量波動顯著。掌握各時段的銷售數據能幫助餐飲管理人員作好生產時間的安排及不同生產時間生產數量的計劃，幫助管理人員確定職工工作的班次和職工人數的安排。同時該信息還能顯示出餐廳營業的清淡時段，以便計劃清淡時段的推銷活動、計劃餐廳最合適的營業時間。

  4. 按各菜銷售數的百分比匯總

  不少餐廳除了統計各菜肴的銷售份數外，還要統計各菜肴的銷售百分比。進行這種統計往往不能只取一天的數值，因為一天的數值有許多偶然因素，很難反應出規律性，因此要取一段較長時間的數據。

  各菜肴銷售百分比統計，對於各菜肴的銷售預測和各菜肴的生產計劃具有極大的參考價值。如果銷售百分比是較長時間的累積值，則能較客觀地反應出各菜肴銷售和需求的規律。在預測未來的菜肴銷售總額後，可以此作為標本，預測各菜肴的銷售量，並根據銷售量作好各菜的銷售和生產計劃。除此之外，這種信息對分析菜單上各菜肴的受歡迎程度、決定是否繼續提供某種菜肴有很大意義。

  常見匯總方法的作用如下：

  (1) 反應菜肴總銷售趨勢及各菜肴銷售趨勢，可以預計下周、下月和次日的菜肴銷量，便於作好生產計劃安排。

  (2) 通過銷售數量的統計，瞭解各菜肴的受歡迎程度，便於及時對菜單進行分析和調整。

三、餐飲產品銷售控製

  銷售控製的目的是保證廚房生產的菜品和餐廳向客人提供的服務都能產生收入。成本控製固然重要，但銷售的產品若不能得到預期的收入，則成本控製的效果就不能實現。對銷售過程要嚴格控製，如果缺乏這個控製環節，就可能出現有人內外勾結、損公肥私、鑽製度空子等問題，使餐廳蒙受損失，使企業利潤流失。銷售控製不力，通常會出現有人侵吞現款的現象，如對客人訂的食品和飲料，不記帳單，將向客人收取的現金部分或全部侵吞等。

(一) 侵吞現款的表現形式

1. 少計品種

對客人訂的食品和飲料，少計品種或數量，而向客人收取全部價款，將二者的差額裝入自己的腰包。

2. 不收費或少收費

服務員對前來就餐的親朋好友不記帳，也不收費，或者少記帳、少收費，使餐廳蒙受損失。

3. 重複收費

對一位客人訂的菜不記帳單，用另一位客人的帳單重複向兩位客人收款，私吞一位客人的款額。在營業高峰期，往往容易出現這種投機取巧的現象。

4. 偷竊現金

收銀員（或服務員）將現金櫃的現金拿走並抽走帳單，使帳單與現金核對時查不出短缺。

5. 欺騙顧客

在酒吧中，將烈性酒衝淡或銷售給顧客的酒水分量不足，將每瓶酒超份額的收入私吞。

(二) 點菜單控製

1. 點菜單的作用

搞好銷售控製的第一個環節是要求將客人訂的菜品及其價格清楚而正確地記在客人的點菜單上。點菜單也稱「取菜單」、「出品單」，是餐廳服務員根據客人點菜的內容和要求開立的，用於作為到廚房或酒吧拿取菜肴、酒水等物品的憑證，同時也是收銀員開具帳單、收取帳款的依據，是餐飲收入發生過程中所需的第一張單據。

如果銷售的菜品不記載在點菜單上，營業收入會泄漏，現金短缺難以追查。具體地講，點菜單具有以下作用：

(1) 幫助服務員記錄客人訂的菜品，向廚房下達生產指令，廚房必須照點菜單進行生產。

(2) 點菜單上記載了客人訂的菜品的價格，可作為向客人收費的憑證。

(3) 書面記載各菜品銷售的份數和就餐人數，為生產計劃、人員控製、菜單設計等提供分析所需要的原始數據。

(4) 用點菜單核實收銀員收款的準確性，核實各項菜品的出售是否都產生了相應收入。通過帳單核實可控製現金收入的短缺情況。

(5) 點菜單可作為餐廳收入的原始憑證。將帳單上的銷售金額匯總，可統計出餐廳各餐的營業收入，而且也是收取營業稅的基礎。

2. 點菜單的內容

(1) 基本信息。在點菜單上要有日期、桌號、服務員姓名（或工號）、客人數。這些信息便於服務員向客人服務，以免將菜肴送錯餐桌，並幫助辨別帳單和餐桌的服務由哪個服務員負責。這樣，在服務過程和收入核算過程中發現問題時，便於追查責任。

基本信息還可用於管理決策。匯總這些信息，能統計每天餐廳服務的客人數、各時段服務的客人數以及每個服務員服務的客人數。

（2）點菜信息。點菜單要包括客人訂的菜品的名稱、價格和製作要求等。點菜單上的菜品是客人要求點的菜，是對廚房下達的生產指令，其金額是向客人收費的憑證。點菜信息也是產品銷售信息，匯總產品銷售額可統計出餐廳每天的營業收入，並在銷售過程中起著核算和控製營業收入和現金收入的作用。在經營管理決策時，可利用帳單上各菜品的銷售量的匯總信息，幫助確定菜品的生產計劃和人員的配備安排。

（3）存根。有的餐廳的點菜單下方有一聯作存根。存根上有點菜單的編號、日期、服務員姓名（或工號）、點菜單總金額、收銀員簽字。服務員向收銀員送交點菜單和客人的付款後，收銀員在點菜單和存根上蓋上「現金收訖」字樣，並將存根撕下交服務員保存，此存根可證明服務員已將點菜單和收取的餐費交給收銀員，如再有點菜單和現金的短缺，應由收銀員負責。

有的餐廳的點菜單上還特意印上餐廳的名稱和店徽、電話號碼，有的還註明需加收服務費等，這樣的點菜單必須專門定制。使用定制點菜單可以防止有人在市場上購買普通點菜單以充當餐廳點菜單使用，因為用這種假點菜單向客人收款，會造成私吞現金現象。

如果企業有多個餐廳和酒吧，應使用不同顏色的點菜單，以免相互混淆。服務員填寫點菜單時必須使用圓珠筆或其他不易擦掉字跡的筆。另外，點菜單必須實行編號控製，作廢的點菜單也必須交回。

（三）出菜檢查員控製

具有一定規模的餐廳，需要在廚房中設置一名出菜檢查員。出菜檢查員不但要熟悉餐廳的菜品品種和價格，還要瞭解各種菜的質量標準。出菜檢查員是食品生產和餐廳服務之間的協調員，是廚房生產的控製員，他的崗位設在廚房通向餐廳的出口處。

1. 出菜檢查員的責任

（1）保證每張點菜單上的菜都得到及時生產，並保證傳菜員取菜正確和送菜到合適的餐桌。

（2）保證廚房只根據點菜單所列的菜名生產菜品，每份送出廚房的菜都應在點菜單副聯上有記載。這樣可防止服務員或廚師無訂單私自生產並擅自免費把食品送給客人。

（3）有的餐廳要求出菜檢查員檢查點菜單上填的價格是否正確，防止服務員為某種私利或粗心將價格寫錯。

（4）大致檢查每份生產好的菜品的份額和質量是否符合標準。

（5）注意防止點菜單副聯丟失。

（四）收銀員控製

收銀員的職責是記錄現金收入和記帳收入，向客人結帳收款。收銀處一般設在接近出口處。如果有收銀機，每筆收入都要輸入收銀機，不管是現金銷售還是記帳銷售。

1. 常見與收銀有關的舞弊和差錯
（1）舞弊
①走單。它是指故意使整張帳單走失，以達到私吞餐飲收入的目的。其作弊方法是：有意丟棄或毀掉帳單，私吞相應的收入；不開帳單，私吞貨款；一單重複收款。通常一張帳單只能用於向一個客人收取一次錢，如果收銀員或其他人取出已收過錢的帳單向另一桌客人收款，則可將其中一次收入裝入腰包。

②走數。它是指帳單上某一項的數額或該項目數額中的一部分走失。其作弊方法有：擅改菜價；漏計收入，即結算時故意漏計幾個項目，以減少帳單上的餐飲消費總額。

③走餐。它是指不開帳單，也不收錢，白白走失餐飲收入。在餐飲服務人員的親朋好友用餐時，這類作弊尤其容易發生。

④走匯。它主要指餐廳收銀員及有關人員私兌收進的本外幣而使飯店或餐廳的營業收入蒙受損失。由於改革開放，飯店接待的國外、港澳臺以及華僑客人的人數逐年增多，外匯收入也隨之增加，飯店或餐廳有關人員私兌外幣，損公肥私的事件時有發生。其做法如下：收款時把自己的人民幣偷偷地放進營業收入裡，換出收進的外幣；或者相反，把自己的外幣放進去，換出營業收入中的人民幣，視哪種貨幣有利可圖而定。如果內部的匯價與市面匯價差額較大時，這種私換外幣的現象尤為嚴重。

（2）差錯
餐廳收銀工作繁雜，計算、匯總環節多，即使完全杜絕了舞弊問題，也不能完全保證營業收入永遠正確，差錯時有發生。常見的差錯主要表現在以下方面：帳單遺漏內容或計算錯誤；外匯折算不正確；給予客人的優惠折扣錯誤；帳單匯總計算發生錯誤等。凡此種種，充分說明沒有一套完整、有效的內部控製系統是不行的。

2. 餐飲收銀控製的主要手段——單據控製
餐飲收入的日常控製手段主要是單據控製。為此，必須設計和運用適當種類和數量的單據來控製餐飲收入的發生、取得和入庫。這裡需要特別強調的是單單相扣、環環相連。任何環節發生缺失，整個控製就可能脫節，差錯和舞弊就可能隨之而來。餐飲收入內部控製主要是針對餐飲收入過程中可能發生的差錯和舞弊而設計和組織的。

3. 餐飲收銀控製的基本程序
餐飲收銀活動涉及錢、單、物三個方面。三者的關係是：物品消費掉→帳單開出去→貨幣收進來，從而完成餐飲收入活動的全過程。三者之間，消費物品是前提，因為物品不消費，其餘二者都是不存在的；貨幣是中心，因為所有控製都是緊緊圍繞款項收進而進行的，保證正確無誤地收進貨幣，是內部控製的基本任務；單據是關鍵，因為物品是根據單據製作和發出的，貨幣是根據單據計算和收取的，失去了單據，控製就失去了依據。因此，設計餐飲收入內部控製的基本程序，既要把握三者的有機聯繫，進行綜合考慮，又要對三者分開進行單獨考察和控製。「三線兩點」正是這一原則的具體體現。

所謂「三線兩點」，是指把錢、單、物分離成三條互相獨立的線進行傳遞，在三條傳遞線的終端設置兩個核對點，以聯絡三線進行控製。經手物品的人，不能經手帳單

和貨幣，而僅僅從事物品傳遞，形成一條線；經手帳單和貨幣的人又將帳單和貨幣分開進行傳遞形成另兩條線，從而形成餐飲收入的三條傳遞線運作。而每一條傳遞線又由許多緊密相連、缺一不可的傳遞鏈條或傳遞環節組成。每向前傳遞一步，就對上一步的傳遞核查、總結一次，以保證每一條傳遞線的傳遞結果的正確性，最后再將三個傳遞結果互相核對、比較，從而進一步提高整個控製系統的可靠程度。

[補充閱讀6-1] 菜單控製管理

某飯店宴會廳接待了一個五桌的壽宴，接待完畢后，客人麻利地埋了單。次日，壽宴客人到部門投訴，說壽宴當天宴席沒上魚，並要討個說法。經部門調查后，客人確實在預訂時點了黃椒蒸鱸魚，但在營業部下單時，因點菜員工作粗心，開漏了菜單，導致廚房無單無出品，引起客人投訴。

查明原因后，管理人員當即向客人賠禮道歉，並再三承認了錯誤，徵詢客人意見后，將五桌黃椒蒸鱸魚的費用退還客人，部門內部也對當事人進行了批評與處罰。

此投訴屬點菜員工作責任心不強、不仔細所造成，飯店應加強對點菜員的業務培訓；每次宴會預訂單及點菜單，下單人員須再三核對清楚，保證萬無一失再下分單；各管理人員也須對各項細節工作嚴格把關。

[資料來源] http://www.china001.com/show_hdr.php?=xname=PPDDMVO&dname=11H1T31&xpos=175.

第二節　餐飲產品定價

一、餐飲產品定價原則

餐飲產品定價方法和其他商品定價方法大體是一樣的，既要反應菜點的成本、費用和利潤水平，又要適應市場的需求。在餐飲定價之前，應根據市場和企業自身的狀況，通盤考慮。餐飲定價一般應遵循下列原則：

(一) 反應產品的價格結構

餐飲產品和其他產品一樣，其價格由原料的成本、費用、稅金和利潤三部分構成。但是，在餐飲產品價格結構中，原料的成本所占的比例比較大。在高檔餐廳，這部分成本占價格的30%~35%，而在中低檔餐廳則能達到40%~50%之間，因而餐飲定價是以原料成本為基礎的。

另外，由於餐飲業屬於服務行業，服務也是其產品的一部分，這一部分提供面對面的服務，因而費用也較高。所以，在定價時，人工費也是構成價格的重要因素，不可忽視。

(二) 適應市場需求

餐飲定價主要以原料成本為依據，但這並不等於說可以忽視市場的需求。在市場

經濟中，供求關係在一定程度上決定了價格，餐飲企業產品定價更是如此。餐飲企業產品一般不通過銷售商銷售，而是直接向顧客銷售。由於餐廳直接與顧客交往，因而定價決策與顧客的直接反應、顧客的就餐喜好以及他們對價格的敏感度有直接關係。這點與製造企業有很大不同。製造企業遠離顧客，無法根據顧客的直接購買反應來調節價格，而餐飲業可以利用價格直接影響市場需求，應對競爭。如果將價格定得過低，雖然能吸引客人，但其收入卻不能補償成本或不能取得相應的利潤，企業就不能生存和發展。如果將價格定得過高，雖有利潤可賺，但乏人問津，消費量便少，仍不能達到經營目標。所以，餐飲的價格要適應市場的需要，反應消費者滿意的程度。

(三) 接近既定市場的價格

餐飲市場是一個既定市場，一個餐飲企業從它進入市場那一刻起就面對著激烈的競爭。在這種市場環境下，存在著一個相對穩定的價格結構，這就不可避免地要利用這個結構進行價格比較，比較的結果是使企業的價格接近或相當於既定市場上的價格。例如都是五星級飯店中的餐廳，其價格水平基本上沒有大的差異，這實質上不僅是競爭的結果，也是后進入市場的企業進行比較的結果。

二、餐飲產品定價基礎

餐飲產品的價格是以價值為基礎的。其價值主要包括三個部分：一是物化勞動的轉移價值，它以原材料價值、設施設備、家具用具、餐茶用品和水電燃料消耗價值為主，其中，既有物化勞動價值的直接轉移，又有物化勞動價值的漸次補償；二是活勞動消耗中的必要勞動價值，它以勞動者的工資和工資附加費、勞保福利和獎金消耗為主，即勞動力價值；三是活勞動消耗中的剩餘勞動價值，它以稅金的形式為國家提供公共累積，並以利潤的形式為企業的生產和再生產累積資金。餐飲產品的價格構成同其價值是相互適應的，在價值向價格轉化的過程中，食品原材料價值轉化為產品成本；生產加工和銷售服務過程中的設施設備、家具用具、餐茶用品、水電燃料、工資及工資附加費、福利費等轉化為流通費用；產品成本和流通費用形成餐飲經營成本；稅金以公共累積的形式上交國家；其余額為餐飲產品的利潤。因此，餐飲產品的價格是由產品成本、流通費用、稅金和利潤四個部分構成的。其計算公式如下：

餐飲產品價格＝產品成本＋流通費用＋稅金＋利潤

在實際操作中，除食品原材料成本以外，餐飲產品的流通費用、稅金和利潤很難按花色品種單獨分攤到各個產品中去進行單獨核算。這是由餐飲產品的銷售特點決定的。因此，其價格構成中的流通費用、稅金和利潤融合在一起，形成毛利。由此可以得出結論：餐飲產品的價格是由成本和毛利構成的。其計算公式為：

餐飲產品價格＝產品成本＋產品毛利

隨著勞動力成本、營銷費用等開支所占的比例不斷增加，餐飲業已經進入微利階段，10％的純利潤率被認為是較好的利潤率目標。餐飲企業要想獲取更多的利潤，最直接有效的辦法是加強管理，對採購、驗收、儲存、領發、加工、烹制等環節進行嚴格的控制，減少浪費、變質和人為損失；開源節流，降低菜品的成本率，菜品的成本

率降低1%，就意味著純利潤增加1%。在菜品銷售價格結構中，占較大比例的是原材料成本，在高級餐廳中，這部分變動成本約占銷售價格的35%，在普通餐廳中，這部分變動成本所占的比例更大，因此，餐飲產品的定價必須以這部分變動成本為基礎。

三、餐飲產品定價方法

在確定定價目標的前提下，餐飲企業可依據產品的成本、特色、需求、競爭者等因素中最重要的一個或幾個來選擇定價方法。

（一）以成本為基礎的定價方法

1. 原料成本系數定價法

原料成本系數定價法，首先要算出每份菜品的原料成本，然後根據成本率計算售價。其計算公式是：

$$售價 = \frac{原料成本額}{菜肴成本率}$$

成本系數是成本率的倒數。國內外很多餐飲企業運用成本系數，因為乘法比除法容易運算。例如有些餐廳的廚師按原料成本額的三倍給菜品定價。成本系數3意味著成本率為33%：

$$100 \div 33 \approx 3$$

原料成本系數定價法的計算公式是：

$$售價 = 原料成本額 \times 成本系數$$

以該法定價需要兩個關鍵數據：一是原料成本額，二是菜品成本率，通過成本率馬上可以算出成本系數。原料成本額數據由菜品經過實際烹調后匯總得出，它在標準菜譜上以每份菜的標準成本列出。計算菜品的成本率，先要算出綜合成本率，然後根據不同餐別和不同類菜品確定不同的成本率。

2. 全部成本定價法

全部成本定價法是將每份菜品的全部成本加一定百分比的利潤來計算價格。其計算公式是：

$$價格 = \frac{每份菜的原料成本 + 每份菜加工人工費 + 每份菜服務人工費 + 每份菜其他經營費}{1 - 要求達到的利潤率}$$

每份菜的原料成本和加工人工費的計算如前所述。根據以前會計統計的經營數據或預測可得到餐廳服務人員及餐廳其他經營總費用，將其除以菜品的銷售份數即得每份菜的費用。例如，懷胎肉圓的全部成本定價數據如下：每份菜的原料成本為2.45元，每份菜加工人工費為1.62元，服務人工費總額為1,125元，其他經營費用總額為1,738.75元，菜品銷售份數為1,500份。計劃部門經營利潤率為15%，營業稅率為5%，則懷胎肉圓的售價為：

$$\frac{2.45元 + 1.62元 + 1,125元/1,500份 + 1,738.75元/1,500份}{1 - 15\% - 5\%} = 7.48元$$

全部成本法能夠把各種費用都考慮到價格裡，以保證餐廳能獲得一定量的利潤。

但該方法沒有將產量變化所引起的單位平均成本的變化這一因素考慮進去。因為單位全部成本中有一部分是總額不隨銷售數量變化的固定成本，這樣隨銷售數量的增加，單位固定成本下降並使單位全部成本下降。

由於菜品的銷售份數是根據往年的銷售數據測得的，如果下年度菜品實際銷售份數減少很多，以此定價顯然容易虧損。

(二) 以毛利為基礎的定價方法

餐飲產品價格制定是在核定產品成本和毛利率的基礎上完成的，其定價方法有多種。其中，毛利率法也是最常用、最簡單的定價方法之一。其具體定價方法又有兩種：

1. 銷售毛利率法

採用銷售毛利率法制定價格，通常在核定單位產品成本的基礎上，根據產品的花色品種，參照分類毛利率標準來制定。它主要適用於零點餐廳進行餐飲產品定價。其定價方法是：

$$產品價格 = \frac{單位產品定額成本}{1 - 銷售毛利率}$$

例如，某飯店中餐廳銷售清蒸鱘魚和松鼠鱖魚，進價成本分別是 11.5 元/kg 和 18.6 元/kg，淨料率為 82％ 和 78％，盤菜用量為 0.75kg，兩種菜肴的配料成本分別為 0.8 元和 1.2 元，調料成本分別為 0.5 元和 0.7 元，毛利率為 52％ 和 68％，請分別確定兩種產品的價格。

分析：

(1) 分別計算兩種產品的盤菜成本。

清蒸鱘魚的成本 = 11.5/82％ ×0.75 + 0.8 + 0.5 = 11.82（元/盤）

松鼠鱖魚的成本 = 18.6/78％ ×0.75 + 1.2 + 0.7 = 19.78（元/盤）

(2) 分別計算兩種產品的價格。

清蒸鱘魚的價格 = 11.82/（1 - 52％） = 24.63（元/盤）

松鼠鱖魚的價格 = 19.78/（1 - 68％） = 61.81（元/盤）

2. 成本毛利率法

採用成本毛利率法制定產品價格，通常是先制定單位產品原材料與配料定額，計算出成本，然後根據規定的成本毛利率定價。成本毛利率因其比較的基礎和銷售毛利率不同，毛利水平一般比銷售毛利率更高。其價格計算方法是：

產品價格 = 單位產品定額成本 ×（1 + 成本毛利率）

例如，某飯店零點餐廳銷售叉燒仔雞。盤菜主料用公雞 1.5kg，進價 8.4 元/kg，經加工處理後，下腳料折價 0.8 元，配料成本 2.8 元，調料成本 2.4 元，成本毛利率為 85.6％，請確定叉燒仔雞的盤菜價格。

叉燒仔雞價格 = （8.4×1.5 - 0.8 + 2.8 + 2.4）×（1 + 85.6％）= 31.55（元/盤）

在餐飲產品價格管理中，財務部門採用的毛利率指標都是銷售毛利率。它直觀地反應出毛利在銷售額中的水平，但部分企業廚房工作人員喜歡用成本毛利率。這就需要進行換算。事實上，兩種毛利率之間存在著互相轉換的內在聯繫。其轉換公式為：

r = f/（1 + f）

f = r/（1 - r）

式中，r——銷售毛利率；f——成本毛利率。

以上面第一個案例中的清蒸鱖魚和第二個案例為例，將清蒸鱖魚的銷售毛利率換算為成本毛利率和叉燒仔雞的成本毛利率換算成銷售毛利率，分別為：

清蒸鱖魚：f = r/（1 - r）= 52%/（1 - 52%）×100% = 108.33%

叉燒仔雞：r = f/（1 + f）= 85.6%/（1 + 85.6%）×100% = 46.12%

採用換算后的毛利率重新制定價格，可以檢驗清蒸鱖魚和叉燒仔雞原定價格是否正確，結果會相同：

清蒸鱖魚的價格 = 11.82 ×（1 + 108.83%）= 24.68（元/盤）

叉燒仔雞的價格 =（8.4 × 1.5 - 0.8 + 2.8 + 2.4）/（1 - 46.12%）= 31.55（元/盤）

3. 毛利加成定價法

毛利加成定價法是在食品飲料的成本額上加一定額的毛利作為售價。這種方法計算起來十分簡單。毛利額的計算可根據往年的經營統計數據預測而得：

$$毛利額 = \frac{預測營業總收入 - 原料成本總額}{預測菜品銷售份數}$$

假如某餐廳計劃全年銷售額為 750,000 元，原料成本（約占 45%）總額為 337,000 元，預計全年出售菜品份數為 100,000 份，平均每份菜應加成的毛利為：

（750,000 - 337,000）/100,000 = 4.13（元）

該方法的優點是重視每份菜的毛利額而不是毛利率。因為決定餐廳最終部門經營利潤的是每份菜的毛利額。這樣，原料成本額高的菜定價不會過高，便於推銷高價菜；原料成本額低的菜定價不會太低，餐廳不易虧損。但這種定價法會使原料成本高的菜價格偏低而原料成本低的菜價格過高。如果餐廳對該兩種菜加上不同量的毛利額，就可克服這種缺點。

（三）以需求為基礎的定價方法

以成本和毛利為基礎的定價法比較簡單也很實用，但在現實定價實踐中，管理人員往往還需考慮消費者願意並能支付的價格水準，考慮消費者對現定的價格會產生什麼樣的反應。不考慮需求的定價方法往往會導致經營失敗。因此，以需求為基礎的定價方法在現實經營中運用很廣。

1. 聲譽定價法

餐廳如果需要招徠注重品位的目標顧客，就必須注意餐廳的聲譽。這些顧客總是要求餐廳一切都「最好」：餐廳的環境最好，服務最好，食品飲料品質最好，價格也較高。如果價格過低，這些顧客反而會懷疑其質量低而不願光顧。價格對他們來說也是反應菜品質量和個人地位的一種指數，所以針對這類顧客，價格應該定得較高。

2. 吸引物定價法

有些餐廳為吸引顧客光顧，將一些菜品的價格定得低低的，甚至低於這些菜品的成本價格。其目的是為了把顧客吸引到餐廳來，而顧客來到餐廳后一定還會點別的價

格高的菜，這些價格低的菜品就起到了吸引物的作用。

吸引物菜品的選擇十分重要，通常選擇一些顧客熟悉並選用較多的菜品、選擇做工簡單的菜品、選擇其他競爭餐廳也有的菜品作為吸引物，這樣能吸引較多的顧客。他們會與其他餐廳作價格比較而選擇價格便宜的餐廳，價格便宜符合顧客追求實惠的心理。而這類菜品做工簡單，企業也不容易賠本虧損。

3. 需求—后向定價法

許多餐廳對菜品定價時，首先調查顧客願意接受的價格。採用顧客願意支付的價格為出發點，然后反過來調節菜品的配料數量和品種，調節成本，使餐廳獲得薄利。例如某飯店原先主要的接待對象是國外旅遊者，由於該城市又新增了許多高檔飯店，國外旅遊者被奪走不少，該飯店只好設法招徠當地居民前來就餐。它先根據當地居民的生活水平訂出西餐套餐每套20元，然后再選擇做工簡單、經濟實惠的湯、主食、麵包、飲料等，使顧客願來餐廳就餐並使餐廳略有薄利。

4. 系列產品定價法

系列產品有兩類。一類是向同類目標市場銷售的系列產品。比如同一餐廳零點菜單上系列產品供應同類普通顧客。這類系列產品定價時，不能對各個菜品孤立地定價，而要首先協調總體價格水平，看其是否能被目標顧客群體所接受。各個菜品的定價雖然要以成本為基礎，但不要絕對按成本定價，要考慮在顧客群體願意支付的價格範圍內按成本分出幾個檔次。有的餐廳為管理上方便，不是確切地按成本定價，而是規定檔次。例如蔬菜類菜品，顧客能接受的水平為5～15元之間，餐廳並不完全按各個菜品的標準成本定成5.84元、6.12元、7.95元等，而是規定四個水平：5元、7元、10元、15元。這樣既對營業收入的統計和管理帶來了方便，也使顧客選擇菜品進行購買決策時更為簡單。

另一類系列菜品針對不同的目標對象確定菜品價格。例如某餐廳套餐系列有：

	每人價格
特殊宴會菜單	80元
標準宴會菜單	60元
經濟宴會菜單	30元
團隊菜單	15元
會議菜單	10元

這種系列產品是針對不同的目標對象確定菜品價格，根據目標對象能接受的價格來調節菜的組合和服務。它們之間的價格不一定互相關聯和處於同一範圍。

四、餐飲產品價格折扣策略

為了鼓勵顧客的某種購買行為，例如及早付清帳單、批量購買、淡季購買等，許多企業會在基本標價的基礎上給予一定比例的折扣。餐飲業中常見的折扣方法有以下幾種：

(一) 數量折扣

數量折扣是賣方因買方購買的數量大而給予的一種折扣。一般來講，數量越大，

折扣也越大,例如規定購買在 50 單位以內,按標價供應;購買數量在 50～100 單位,按標價的九折供應;購買數量超過 100 單位,按八折供應。數量折扣名義上應該給予所有的顧客。當然在確定折扣時,折扣的數量不能超過大量銷售而節約的費用。企業可以在非累計基礎上提供折扣,即一次性購買數量達到折扣要求的數量時,給予折扣,也可以在累計的基礎上提供折扣。也就是說,在一個規定的時間內,購買達到規定的數量就給予折扣優待。數量折扣可為餐飲企業培養忠誠顧客群。

數量折扣一般以降價的形式出現,但有些企業會採取另一種形式,即規定當顧客的購買量達到允許折扣的數量時,可以免費得到一定數量的產品或服務。常見的數量折扣有公司價、團體價、會議價等。

(二) 清淡時間折扣

許多餐飲企業為了提高座位週轉率,在生意清淡時段進行價格折扣。在作價格折扣決策時,必須研究價格折扣對盈利的影響。有的餐廳在生意清淡時段推出「快樂時光」(Happy Hour) 的推銷活動,例如推銷雞尾酒時採取「買一送一」的優惠政策,或者以發展就餐俱樂部會員的形式對會員採取「一份價格買二份」政策。這種折扣政策是否有效,必須對降價前後的毛利進行比較。通過比較,可算出降價後的銷售量必須達到折扣前銷售量的多少,這項折扣決策才算合理。

$$折價後銷售量需達到折價前的倍數 \geq \frac{折價前每份菜品飲料的毛利額}{折價後每份菜品飲料的毛利額}$$

例如,某酒吧考慮在生意清淡時段推出「買一送一」的推銷活動。雞尾酒每杯原價為 4.5 元,飲料成本率是 25%,則:

$$降價後銷售量為降價前的倍數 \geq \frac{4.5 - 4.5 \times 25\%}{4.5 \times 50\% - 4.5 \times 25\%} = 3 \text{（倍）}$$

如果折價後的銷售量超過了降價前的 3 倍,這項推銷政策就是有效的。

在有限的短時間內做推銷,對增加銷售量的計算只考慮毛利額。但在較長的經營時間內做推銷,還要考慮償付固定成本、企業獲得的利潤以及平均降價率。例如某餐廳在每週一到周五下午的 3:00～6:00 的「快樂時光」中推行「買一送一」的折價活動,這項推銷雖然在該段時間內折價 50%,但對於整個經營時間來說平均折扣率不是 50% 而是 20%。

第三節　餐飲產品銷售分析

一、銷售彈性系數分析

銷售彈性系數是不同時期銷售額的變化和客源變化之間的比值。客源是影響餐飲產品銷售的首要因素,隨時分析客源變化對銷售量的影響,並以此為依據採取相應措施,是提高餐飲產品銷售量的重要條件。客源反應一定需求量,餐飲產品銷售的客源多少受產品質量、產品價格、服務質量、企業競爭等多種因素的影響,但在一定經營

條件和一定價格水平下，客源變化和銷售量的變化呈一定函數關係。如下式：

Q = f（X）

式中：Q——銷售收入；X——客源數量。

銷售彈性系數反應客源變化對銷售量變化的影響程度。在一定時期和一定經營條件下，它們之間的變化存在著一定的量度關係。其計算公式為：

$$r = \frac{(Q2 - Q1)/Q1}{(X2 - X1)/X1} = \frac{\Delta Q}{\Delta X}$$

銷售彈性系數始終大於0，說明客源變化和銷售量的變化之間存在著正比例性質的關係，但影響的程度不同，存在三種可能：

（1）當 r＞1 時，說明客源變化對銷售量的影響程度較大，這時，增加客源可以更大比例地增加餐飲產品的銷售收入。因為客人的人均消費水平在提高，消費結構在改變。餐飲經營者應盡量在這時多組織客源，多作營銷宣傳，也可適當提高價格或加強產品推銷。

（2）當 r＝1 時，說明客源變化和銷售量的變化成等比例關係，增加一定客源，其銷售收入按人均消費成比例增長。這時市場相對穩定，客人消費結構沒有改變。但不宜調整價格，防止引起客人消費結構波動。

（3）當 r＜1 時，說明客源變化對銷售量的影響較小，這時，增加客源可以增加一定收入，但不成比例。因為客人的人均消費水平在降低，消費結構在改變，市場處於波動下降狀態，提價是危險的，可能引起敏感性反應。這時應盡量在產品質量和服務質量上下工夫，提高客人消費水平。

二、價格彈性系數分析

價格是影響餐飲產品銷售的又一重要因素。隨時分析價格變化對銷售量的影響，合理掌握價格，求得價格和市場銷售的最佳適應性，也是提高餐飲產品銷售的重要條件。餐飲產品價格受原材料成本、管理費用、市場競爭等多種因素影響，但最終通過接待人次和客人對餐飲產品的喜愛程度表現出來而影響銷售收入。在一定時期和一定經營條件下，價格變化對客源的影響也呈函數關係，如下式：

X = f（P）

式中：X——客源數量；P——產品價格。

價格彈性系數是指反應價格變化對客源變化的影響，從而對銷售量產生影響的程度。在一定時期和一定經營條件下，價格彈性系數說明價格變化引起客源變化，從而引起銷售量變化之間的量度關係。其計算公式為：

$$f = \frac{(X2 - X1)/X1}{(P2 - P1)/P1} = \frac{\Delta X}{\Delta P}$$

價格彈性系數始終小於0，說明價格變化和銷售量的變化之間存在著反比例性質的關係，但影響程度不同，也有三種可能：

（1）當 f＜-1 時，說明價格變化對銷售量的影響較大，市場處於敏感期，客人對價格的敏感性較強，這時漲價會引起銷售量更大比例的減少，影響銷售收入。管理人

員應保持價格穩定，最好是適當降價，以增強競爭力，擴大產品銷售。

（2）當 f = -1 時，說明價格變化會引起銷售量等比例的變化。價格越高，銷售量越少，如果各種產品都漲價，提高綜合毛利率，客源會大量減少，漲價毫無意義，而且對客人消費心理引起連鎖反應。這時要保持價格的穩定性。

（3）當 f > -1 時，說明價格變化對銷售量的影響較小，市場求大於供，有利於擴大產品銷售，也可以適當漲價，以擴大產品銷售，增加經濟收入。

三、產品銷售額 ABC 分析

餐飲產品的銷售額受產品質量、價格、風味和客人的喜愛程度等多種因素的影響。通過產品銷售額分析，可以發現哪些菜是重點菜、哪些菜是調節菜、哪些菜是需要淘汰的菜，從而幫助管理人員選擇經營重點，擴大產品銷售。

產品銷售額分析可主要採用 ABC 分析法。這種方法以產品價格、銷售量、銷售收入為基礎，分析不同菜肴的收入構成，確定累計百分比。一般來說，A 類菜銷售額的累計百分比在 60%～65% 左右，B 類菜在 25%～30% 左右，C 類菜在 10%～15% 左右。通過分析，管理人員可把 A 類菜作為經營重點，B 類菜給予適當重視，對於 C 類菜則給予一般性照顧。其中，銷售構成太低的菜肴可以淘汰，以不斷調整花色品種，適應客人消費需求，擴大產品銷售。

採用 ABC 分析方法對產品銷售進行分析，要以統計資料為基礎，定期分析，並比較其分析結果，再採取相應措施，調整花色品種或價格。

四、受喜愛程度與毛利分析

餐飲產品銷售收入高，並不一定毛利額也高。通過進行受喜愛程度和毛利分析，可以發現哪些菜肴受喜愛程度高，毛利也高；哪些菜在這兩個方面次之；哪些菜兩者都低，從而發現產品銷售的主要利潤來源，把產品銷售和利潤結合起來，將管理人員的工作重點引向那些客人願意購買、利潤水平又較高的產品上，使之獲得更大的經濟效益，而對那些受喜愛程度和毛利都較低的菜肴則逐步淘汰。

餐飲產品受喜愛程度和毛利分析以統計資料為基礎，分別算出各種菜肴的受喜愛程度、毛利額及其平均數，然后對產品進行分類。其分類標準是：第一類，產品受喜愛程度高，毛利額也高，兩者均超過先進平均數。第二類，產品毛利較高，受喜愛程度也較高，兩者均高於平均數。第三類，產品毛利率高於后進平均數，但受喜愛程度高於平均數。第四類，產品毛利和受喜愛程度都較低，低於后進平均數。

在受喜愛程度和毛利分析的基礎上，管理人員即可從經濟管理的角度加強經營管理，突出重點，獲得優良的經濟效益。

第四節　餐飲企業常用的促銷方法

促銷（Promotion）這個詞源於拉丁語，原意是「向前行動」。而促進銷售也正是要

促使顧客採取購買行動。餐飲促銷的概念可表述為：餐飲經營者將有關餐飲企業及餐飲產品的信息，通過各種宣傳、吸引和說服的方式，傳遞給餐飲產品的潛在購買者，促使其瞭解、信賴併購買自己的餐飲產品，以達到擴大銷售的目的。

一、餐飲促銷的目的

餐飲促銷的目的具體來說有以下幾個方面：

(一) 讓消費者知曉你的餐廳

即通過各種形式的推銷，讓消費者知道某餐廳的存在，知道其提供的菜餚產品和服務水平。

(二) 讓消費者喜愛你的餐廳

餐廳要著重宣傳自己的菜餚質量、服務項目、餐飲環境等特點、優點，促使消費者在諸多餐廳中選擇你、偏愛你。

(三) 讓消費者信服你的餐廳

信服是促使消費者反覆光顧你的餐廳的基礎。因此，要通過推銷和實實在在的經營管理，使消費者對光顧你的餐廳所獲得的質量、價值深信不疑。

二、餐飲促銷的基本要素

(一) 資深員工

必須選拔資深員工擔任促銷主管，因為餐飲促銷是一項長期而艱鉅的工作。首先要熟悉環境，熟悉客人，熟悉操作程序，掌握目標客源定位，對熟客、常客、消費大戶以及周邊競爭狀況等應非常瞭解。要具備宣傳、組織能力，同時也要是公關促銷的高手，能注意信息反饋和部門間的溝通，做事及時、迅速、敏捷，操作上規範、正確、高效、誠實守信。

(二) 收集信息

如今是信息時代，信息也是生產力。有了信息，促銷才有相應的對策及方式，才能迎接挑戰，取得促銷的成功。通過信息能瞭解消費者的心理需求，取得合理化建議，和相關部門一起實施營銷行動，能在服務上、產品上得到不斷改進和完善。通過信息也可以拉近與顧客之間的距離，提高客人滿意度。

(三) 營銷意識

餐飲促銷人員始終要有強烈的促銷意識。為達到推銷產品的目的，首先應掌握顧客的需求動機，瞭解客人的消費能力、層次、身分、消費特點、特殊需求即個性化需求，並協調相關服務部門，盡可能滿足賓客的需求。接待中，必須正確瞭解客人需求的細節，如人數、用餐目的、對方電話、姓名、單位、主賓飲食偏好、特殊情況等。

(四) 個性服務

要讓客人受到尊重、關愛，獲得賓至如歸的感覺，使其在接受服務中感到物有所

值。餐飲促銷人員應該具備引導消費的能力，首先要主動和客人溝通，平時要熟記客人的消費習慣。把客人習慣及偏好一一記在本上，如愛吃的菜、服務要求、包間位置、宴請目的、上菜速度要求、主食點心偏好、敬酒方式與尺度、消費標準等。在服務過程中，服務員要「真情服務，用心做事」，做到人不動、眼睛動，注意每個角落變化，確保服務質量的到位和及時補位。

（五）客史檔案

記錄客史檔案，可以跟蹤服務，瞭解客人信息，掌握消費者的動態。引進此項服務舉措，將在培養會員式消費者中起到關鍵作用。還要定期進行拜訪、參與、融入客戶生活，與客戶建立起比較和諧的合作關係，使企業在市場競爭中立於不敗之地。

有了這些前提準備，然后採取相應的促銷手段，餐飲促銷就能水到渠成了。以有條不紊的計劃作為基礎，確定餐飲企業的經營方向，進行市場調查以確定經營方向；然后深入進行市場細分，對競爭對手及市場形勢進行分析，確定促銷目標；隨即研究決定產品服務、銷售渠道、價格及市場促銷策略；確定具體實施計劃財務預算，並通過一段時期的實施，再根據信息反饋的情況，及時調整經營方向和促銷策略，最後達到賓客、價格、實績、產品、包裝、促銷等諸多因素的最佳組合。

三、餐飲促銷形式

餐飲促銷的實質就是要實現餐飲促銷者與餐飲產品潛在購買者之間的信息溝通。餐飲促銷者為了有效地與購買者溝通信息，可通過發布廣告的形式廣為傳播有關產品的信息，可通過各種營業推廣活動傳遞短期刺激購買的有關信息，也可通過公共關係手段樹立或改善自身在公眾心目中的形象，還可派遣推銷員面對面地說服潛在購買者。廣告促銷、人員推銷、營業推廣、公共關係促銷為餐飲促銷的主要形式。

（一）廣告促銷

廣告（Advertising）源於拉丁語，原意為「大喊大叫」、「注意」、「誘導」。餐飲廣告促銷，是指餐飲企業以付費的形式，通過報紙雜誌、廣播電視等宣傳媒介，把有關餐飲產品的信息有計劃地傳遞給消費者，直接或間接地促進產品的銷售。

1. 餐飲廣告的種類

（1）報紙廣告。報紙是餐飲廣告利用最多的媒體。作為最早使用、最常規、最及時的信息傳遞工具，報紙的市場覆蓋面大，而費用遠較電視低，且可反覆查閱。

報紙廣告受報紙本身信譽度的影響較大，信譽度高的報紙能使廣告的可信度提高，從而加強了廣告的說服力。

（2）雜誌廣告。雜誌的突出特點是讀者的人群類別可選性很強，這便於決策者根據就餐對象選擇其常讀的雜誌做廣告，使廣告瞄準目標市場。例如，針對常駐外商機構和公務旅行者的商務套餐的雜誌廣告載體可選擇《今日中國》、《人民日報·海外版》等，針對新婚夫婦的婚禮宴會的雜誌廣告載體可選《家庭》、《中國青年》等。此外，雜誌的紙張、印刷質量高，對消費者心理的影響顯著。

雜誌廣告同樣受雜誌本身信譽高低的影響，同時，雜誌的印刷週期較長，廣告的

時效性也會因此而大打折扣。

（3）電視廣告。電視廣告宣傳範圍廣，表現手段豐富多彩，是媒體中刺激性最強、給人印象最深的一種。由於電視的直觀動態效果，使廣告的說服效果大大增加。但電視廣告的費用高，且屬瞬時廣告，無法持久保存，因此，餐飲企業使用電視廣告較報紙廣告要少些。但現代傳媒發達，帶來了餐飲企業電視廣告的新時代，一般餐飲企業利用地方電視臺、衛星電視做廣告宣傳，品牌餐飲企業則利用高端電視廣告，如CCTV、海外電視臺、收視率高的電視臺做廣告。

（4）電臺廣告。電臺傳播範圍和電視一樣廣闊，甚至更廣，信息傳播及時、靈活，廣告收費也低，但缺乏視覺吸引力，一般適合作餐飲銷售信息的輔助廣告媒體。

（5）直郵廣告（DM廣告）。這是直接郵寄餐飲企業的宣傳品給消費者進行溝通的一種方法，其媒介是郵局。因廣告信息是單獨地被直接送到對象手中，故具有針對性強、競爭少的優點，但手續繁雜，收信人姓名、地址也不易收集。

（6）戶外廣告。它是指置於戶外的廣告，如招貼、廣告牌等。此類廣告容易隨時隨地被路人看到，傳遞信息比較廣泛。但此類廣告信息接收對象選擇性差，內容局限性大，路人注目時間短。所以，餐飲戶外廣告應加強其圖片和文字的創意設計，著重於交通口岸和要道、景點等地區。

2. 廣告設計

通常認為，每項廣告的設計都要經6個步驟，即：
（1）分析市場形勢，明確目標市場；
（2）確定廣告宣傳的預算；
（3）構思廣告宣傳的內容；
（4）選擇媒介；
（5）選擇廣告宣傳的時間、頻率；
（6）檢驗廣告宣傳的效果。

廣告設計要有創造性、文學性，要雅俗共賞、生動有趣。

瑞士市場營銷學家梅爾文·格林提出了有效廣告十原則：
（1）面向消費者；
（2）集中於一種推銷設想；
（3）集中宣傳最重要、最有說服力的優勢；
（4）表達有競爭力的獨到思想；
（5）讓消費者參與其中；
（6）真誠可靠；
（7）簡潔、明瞭、全面；
（8）充分利用所選擇媒體的優勢；
（9）激發積極的反應並導致銷售；
（10）將推銷構思和產品明確結合。

（二）人員推銷

人員推銷是餐飲企業推銷人員通過面對面的洽談向客戶提供信息，勸說客戶購買

本餐廳的產品和服務的過程。

1. 人員推銷的優點

（1）針對性強，能直接促成交易。由於推銷員直接和顧客交流，因而能根據顧客的特定要求提供各種信息，答復各種疑問。隨著雙方討論的深入，成交的可能性增加。這是非人員推銷難以做到的。

（2）利於買賣雙方建立持久的友好聯繫。推銷員與顧客之間原本是純粹的買賣關係，但通過雙方交流、溝通，有可能使買賣關係進一步發展成朋友關係，顧客也成為長久的客戶。

（3）兼做市場調研。人員推銷過程中，可及時將各種信息反饋給企業，便於企業及時調整策略。

推銷員的推銷過程也就是和顧客交流、溝通的過程，推銷員可以從中獲得許多信息，因此，即使交易沒有達成，也往往有額外的收穫，即進行了一次有效的市場調研。

人員推銷儘管有上述三個明顯的優點，但也存在缺點，主要是費用高、效率低。此外，素質不高的推銷員，其言行不當會給企業帶來損害。

2. 人員推銷的程序

（1）收集信息，發現可能的主顧。餐飲推銷人員要建立各種資料信息庫，注意市場變化，尋找推銷機會。特別是那些大公司的慶典、開幕式、年度會議等信息，都極有推銷意義。

（2）推銷準備。推銷前要做好準備工作，列出訪問大綱，備齊各種餐飲資料，如菜單、照片、圖片及榮譽證書、獲獎證書等。

（3）推銷訪談。人員推銷有上門推銷、電話推銷、顧客上門洽談三種方式。推銷人員要使用各種談話方法和技巧向客人傳遞餐飲企業及產品信息，使顧客認識並喜歡所推銷的產品，產生購買欲。

（4）處理異議。訪談過程中，顧客往往會提出各種各樣的購買異議，如產品異議、價格異議等，銷售人員要針對不同異議採用不同策略、方法、技巧有效地加以處理和轉化，才能最終說服顧客，促成交易。

（5）成交。要善於掌握推銷時機，促成交易、簽訂預訂單。

（6）后續工作。達成交易后，仍要做好顧客服務，妥善處理各種問題，使顧客滿意，促使他們連續、重複購買，利用顧客的間接宣傳和輻射性傳導，爭取更多的新顧客。

（三）營業推廣

餐飲營業推廣是指餐飲企業為了盡快引起目標市場對本產品作出迅速反應而採取的短時期刺激措施。

營業推廣的形式多種多樣，變化較快，而且不斷有所創新，企業要根據市場類型、銷售目標、競爭環境以及每種推廣形式的費用來進行選擇。其主要形式有以下幾種：

1. 現場展示

現場展示按照展示的動態性與靜態性又可分為兩種：現場陳列展示和現場示範

展示。

（1）現場陳列展示。在餐飲消費區展示餐飲實物或照片等，能使消費者對餐飲產品有更具體的瞭解，激起其購買欲。

（2）現場示範展示。在餐飲區進行餐飲產品的製作表演，如烹調一份菜肴、調製一杯雞尾酒，一方面提高了生產過程的透明度，另一方面又營造了餐廳氣氛，有利於引起消費者的購買衝動。

2. 免費贈送

「免費贈送」這類營業推廣活動的刺激和吸引強度最大，餐飲消費者也最樂於接受。其主要形式一般有：贈送產品、紀念品。

3. 優惠營業推廣

它是指讓餐飲消費者用低於正常水平的價格購買特定的餐飲產品或獲得利益。其核心是推廣者讓利、接受者省錢。

優惠營業推廣工具十分廣泛，重點是運用折扣衍生出的多種推廣工具，例如折價消費券、折扣優惠、退款優惠等。

4. 贈獎營業推廣

它是指通過給購買者一定獎項的辦法來促進購買行為，也稱有獎銷售。贈獎一般通過抽獎、兌獎的方式進行，它是一種隨機抽取、並非每一個購買者都能獲獎的贈獎形式。為了增強刺激強度，有時也可以採用有效的形式贈獎。

（四）公共關係促銷

公共關係促銷與其他促銷手段不同，它並非直接推銷產品，而是通過樹立起企業的良好形象，在消費者心目中建立起信譽，間接地促進產品的銷售。

餐飲企業公共關係的活動方式主要有以下幾種：

1. 宣傳型公共關係

它是指利用各種傳播媒體和手段，向社會公眾宣傳展示自己的發展成就與公益形象，以形成有利於本企業發展的社會環境。

2. 交際型公共關係

這是一種通過人與人之間的直接交往接觸，聯絡感情、協調關係和化解矛盾的活動模式，以達到建立本組織良好人際關係的目的。這類活動非常有助於加強公眾對本餐飲企業的瞭解和信賴，對增強顧客的購買決心和擴大企業的業務具有顯著作用。

3. 服務型公共關係

這是一種以為公眾提供熱情、周到和方便的服務，贏得公眾的好感為目的，從而提高組織形象的公關活動模式。在對客服務中充分為顧客著想，一方面能在直接服務中起即時刺激消費的作用，另一方面又能在先期滿意而歸的消費者的口碑效應中達到擴大銷售的目的。

4. 社會型公共關係

這是一種利用舉辦各種具有社會性、文化性的贊助或公益活動來開展公共關係的活動模式，目的是塑造企業的文化形象、社區公民形象，提高企業的社會知名度和美

譽度。

四、餐飲促銷方法

餐飲促銷的方法多種多樣，常見的有以下幾種：

（一）強調就餐環境的情調、氛圍

現代社會的消費者，在進行消費時往往帶有許多感性的成分，容易受到環境氛圍的影響。在飲食上他們不太注重食物的味道，但非常注重進食時的環境與氛圍，要求進食的環境「場景化」、「情緒化」，從而能更好地滿足他們的感性需求。因此，相當多的餐館，在布置環境、營造氛圍上下了很大的工夫，力圖營造出獨具特色的、吸引人的種種情調：或新奇別致，或溫馨浪漫，或清靜高雅，或熱鬧刺激，或富麗堂皇，或小巧玲瓏。有的展現都市風物，有的賣弄鄉村風情。有中式風格的，也有西式風格的，更有中西合璧的。從美食環境到極富浪漫色彩的店名、菜名，能使你在大快朵頤之際，產生千古風流的雅興和一派溫馨的人和之情。餐飲店的內部也可以來點奇特的創意。比如以鬱金香、紅玫瑰等來取代幾號桌的編號。有著良好的環境氛圍的快餐店和一些大酒店，受到了人們的廣泛歡迎。

（二）強調食品本身的綠色、環保

隨著人們對環境污染、生態平衡、自身健康等問題的關心程度日益提高，無公害、無污染的綠色食品、保健食品，受到了消費者的歡迎，許多餐飲企業適應這種要求，紛紛推出了自己的保健綠色食譜，並增加保健設施，營造保健環境。

（三）強調個性化、特色化、形象化的服務

隨著人們生活水平的提高，消費需求將日趨個性化，這要求企業重視人們的具體要求，根據具體的消費場景、消費時間、消費對象，提供有針對性的服務，並據此塑造出符合顧客要求的企業形象。如情人餐廳、球迷餐廳、小盞餐廳、離婚餐廳等。從現代消費者的心理來看，許多人在進行某種消費時，不僅消費商品本身，也消費商品的名氣和通過商品體現出來的形象，因為形象具有一定的象徵價值，能滿足人們對身分地位等方面的追求，能讓人產生自豪感，或給人們一種談資、一種經歷。

（四）以奇促銷

許多經營者認為，出奇制勝是在經營中爭取主動、爭取勝利的重要戰術之一。許多餐廳往往因為菜品新奇，餐飲形式新奇，餐廳建築、裝飾新奇，服務形式新奇等而取得成功。

1. 菜品新奇

縱觀餐飲業的發展史，凡是名餐館或經營成功的餐廳，都有自己的當家菜品或獨特菜品，許多餐館就靠一二個獨特菜品而盛極一時。比如，大家熟悉的「佛跳牆」、「叫花雞」、「宋嫂魚羹」、「麻婆豆腐」、「北京烤鴨」、「榮華雞」、「清平雞」、「汽鍋雞」、「狗不理包子」等，這些名菜點都曾使自己的餐廳大放異彩，取得顯著效益。許多餐館幾十年甚至上百年還在發揮當家菜品的優勢，以此作為餐廳的支柱產品。

但是隨著時代的變化，許多名菜品已被大量的餐廳仿製，成了大眾化菜品，已無奇特性可言。時代要求餐飲業者要不斷創新，即使是著名的老品種，也要加以改革，變化出新口味或新名稱來。會經營的餐飲業者，總是一個階段推出一二種新菜品。他們或研製出新奇菜品，或將原有名菜品在用料上、色澤上、形態上、口味上、名稱上略加變化，把生意搞活。任何名菜點都有它的衰退期，不可能永遠風光。如漢堡包、炸薯條的品質也經歷過許多變化，在現階段已達到較為完美的境地，並且質量穩定、服務好、出品快捷，所以能稱霸世界。

2. 餐廳新奇

除了以奇特菜品取勝以外，當前還出現了許多奇特的餐廳和奇特的餐飲形式，它們大都取得了顯著的業績。如目前出現了象棋餐廳、擊鼓餐廳、贈書餐廳、沸泉餐廳、垂釣餐廳、動物餐廳等。

3. 餐廳建築新奇

許多餐廳也以獨特的建築來吸引人們的眼球，如旋轉餐廳、水上餐廳、洞穴餐廳、竹樓餐廳等。

4. 餐廳經營方式新奇

餐廳還可以在經營方式上推陳出新。山東有一家飯店，開業的第一天，就在門口豎起一塊招牌，敬告消費者：「凡是來餐廳用餐者，對本餐廳的服務態度、衛生、飯菜質量等都感到滿意而提不出意見者，加收 3 元；若能提出意見，則獎勵 3 元。」這一手段很奇特，吸引了很多顧客，每天食客滿座。第一個月，這家餐廳共花掉了 5,000 多元的意見獎勵費。顧客提了意見，在獎勵給顧客 3 元錢的同時，餐廳也立即改正了相關環節。這樣到了第二個月，形勢逆轉，人們反而主動交了累計 560 元的「罰款」，再也提不出意見、挑不出毛病了。他們交「罰款」時都高興地說：只要飯菜可口，服務到位，乾淨衛生，多花 3 元錢也值得。

餐廳抓住一個「奇」字，往往可具備突破能力，讓整個經營出現重大的改觀。但「奇」字只是一種「爆發力」，餐廳要取得持久的效益，長盛不衰，還得在經營、管理、服務諸方面做艱苦細緻的工作。

(五) 充分利用饋贈、有獎促銷

這是指在餐飲經營過程中採用贈送法去打開局面，先給顧客一些好處，得到顧客的理解和認可後，再擴大經營業績的一種方法。

1. 免費品嚐

初辦餐廳或者一個餐廳推出新的品種，要使消費者對你有較快的認識，最有效的方法之一便是免費贈送食品給顧客品嚐。在不花錢的情況下品嚐產品，消費者定會十分樂意尋找產品的優點。由於不花錢食用產生的感情聯繫，使他們更樂於不花錢地宣傳你的產品。

2. 有獎銷售

用獎勵的辦法來促進客人的餐飲消費也是一種有效的經營法。一方面客人可寄希望於幸運降臨；另一方面即使沒得獎，也算是一種娛樂的方式。

3. 贈送小禮品

有的餐廳採取向每一位顧客贈送小禮品的方式來聯絡感情。如一包餐巾、一個氣球、一支圓珠筆等，並將餐巾等印上餐廳的地址、訂座電話，發送給顧客，也能起到良好的作用。

經營的第一步是要使顧客高興，能名正言順地把顧客吸引住，就成功了一半。小禮品的贈送又是那樣的冠冕堂皇，自然而輕鬆地和顧客搭上了話。如果顧客與你聊得起勁時，再導入經營正題，推銷菜點、酒水，真可謂天衣無縫，不著痕跡。

4. 折扣贈送

現在國內的一些餐廳向顧客贈送優惠卡，顧客憑卡可享受優惠價進餐，這實質上也是一種讓利贈送的辦法，因此而取得不同程度的經營效果。有時一些顧客來就餐也許並不在乎一點點折扣，而卻在乎臉面，他們與親朋好友或者同事來進餐時，老板主動地表示「×先生來了當然要打折囉！」這一句話，就讓顧客仿佛覺得身價百倍，長了臉面。下次有客時他會非常樂意再度光臨。

(六) 運用名人、名地、名事促銷

它是指企業經營者千方百計地想辦法把自己企業的產品或者經營活動，與名人、名地、名事聯繫起來，使企業也有名氣，增添點影響力。運用這種經營手段，大多能取得較好的效果。

1. 餐廳攀附名人

孔子是聞名世界的哲學家、教育家，並且在飲食上又十分考究，留下了許多飲食方面的至理名言。為了盡量發揮孔子的名人效應，山東曲阜、濟南等地相繼開辦了「孔府宴樓」、「孔府酒樓」、「孔府酒家」等餐廳。外地人來此大都慕名而入，因此生意一直看好。

2. 菜品攀附名人

菜品以名人的名字命名，或與名人相關聯，都會給菜品帶來幾許光澤，讓人吃起來特別有味。

例如，「東坡肘子」、「東坡豆腐」，一吃它就能使你想起「明月幾時有，把酒問青天」、「大江東去，浪淘盡千古風流人物」等瀟灑、優美的詩句。又如，「宮保雞丁」、「李鴻章大雜燴」、「左公雞」、「大千雞丁」等名菜，除了它的做法、味道絕妙，能留給人深刻的印象外，這名人的作用我們也是不能忽略的。

3. 抓住著名的事件和名人活動做文章

會經營的人，總是千方百計地尋找營銷的契機，如果能夠抓住著名的事件用於餐飲經營活動，可以引起轟動效應，打開餐飲經營的局面。

(七) 餐廳文化促銷

世界上有許多餐飲店，以舉辦各種文化活動作為招徠客人的重要手段。如卡拉OK、爵士音樂、輕音樂、電影、劇場、民歌等活動。還有的餐館把環境布置成畫廊，或者以漫畫、古董來裝飾餐廳環境，以提高餐廳的文化品位。日本福島有家叫「花詩集」的咖啡店，是當地傳送民歌動向的最新消息站，匯集了許多民歌愛好者。店內為

每一位歌手準備了一本筆記本，任何歌迷都可以在筆記本上傳送心聲給歌星們，等本子寫滿了以後，便直接寄給歌星本人。此項服務受到了許多愛好者的歡迎。

(八) 迎合都市時尚及其生活方式

追求時髦是許多現代人的重要心理需求，時髦的東西往往能夠調動起人們的消費慾望。電視劇《宰相劉羅鍋》播出后，街頭巷尾都在談論劉羅鍋，劇中有關廣西地方官向皇帝進貢荔浦芋頭的情節，使荔浦芋頭家喻戶曉。某美食城抓住時機，迅速派人到廣西購買荔浦芋頭，投放市場，受到了許多人的好評。而不斷湧現的電腦酒吧，正在成為時尚一族們感受時代脈搏和引導生活方式的場所。電腦酒吧的餐桌上都裝備有電腦，餐臺也是經過特製的，一張餐臺由高低兩張桌面組成，一張桌面用來放食物和飲料，另一張桌面用來放電腦、鍵盤及鼠標器等。

[補充閱讀6-2] **一個成功的餐飲銷售分析案例**

A餐飲企業週一至週五生意紅火，但周六和周日生意清淡，如何解決這一問題？
該餐飲企業開展了以下活動：

(1) 調研：經調查，A餐飲企業位於北京某科技園內，周圍全是商務寫字樓，就餐類型主要以園區內各公司管理層宴請及其員工的工作餐為主。飯店特色為海鮮。

2. 分析：造成A餐飲企業這一問題的原因是週末該科技園區內的企業放假，餐廳客源不足。

(3) 解決方案：統計最近2周累計消費額超過3,000元的顧客，對其按累計消費額實行每100元返券20元的優惠，要求在周六或周日消費才有效。

(4) 方案實施：

①預留顧客的手機號碼或電子郵件地址，並記錄顧客的每一次消費數據；

②統計最近2周累計消費額超過3,000元的顧客，共有82人；

③針對每一位顧客的累計消費額分別設定返券額，最少600元；

④根據顧客事先預留的手機號碼或電子郵件地址，向每一位顧客發短信或電子郵件，告知優惠消費內容和有效的消費時間；

⑤顧客來電諮詢或訂餐，服務小姐可根據計算機屏幕上彈出的該顧客信息，為顧客提供準確（主要是驗證返券數額和訂餐）、及時的服務；

⑥顧客就餐完畢結帳時，憑其預留的手機號碼享受相應的返券優惠。

(5) 效果評價：通過銷售分析，實施方案后，A餐飲企業周六和周日上座率持續上升；1個月后，週末上座率趨於穩定，與平時持平；2個月后，周平均客單價首次超過原先的值，餐飲企業總體盈利能力顯著提高。

[資料來源] http：//tieba.baidu.com/f? kz=208179473.

本章小結

在餐飲運轉和管理中，餐飲銷售管理是餐飲經營中一個至關重要的環節。餐飲產

品的計劃、生產製作、銷售控製，最終只有通過有效的餐飲產品銷售業務管理，方能完成從產品到商品的根本轉變。通過本章學習，學會科學合理地確定各種餐飲產品的價格，熟悉對餐飲產品的銷售控製，掌握如何對餐飲產品銷售進行科學分析，懂得如何對餐飲產品定價，掌握價格折扣策略等促銷方法和手段，從而有效地提升餐飲銷售管理水平和能力。

復習思考題

1. 名詞解釋

走單　　餐飲促銷　　成本加成定價　　餐飲銷售分析　　營業推廣

2. 單項選擇題

(1) (　　)是折扣促銷的典型策略。
A. VIP 卡　　　　B. 淡季促銷　　　　C. 周年促銷　　　　D. 現金折扣

(2) 當一種新的餐飲產品剛剛進入市場的時候，常常採用(　　)。
A. 勸說性廣告　　B. 寓意性廣告　　C. 直接對比廣告　　D. 介紹性廣告

(3) 餐飲產品銷售額 ABC 分析法中，A 類菜銷售額的累計百分比一般在(　　)。
A. 60%～65%左右　　　　　　　　B. 25%～30%左右
C. 10%～15%左右　　　　　　　　D. 40%～50%左右

(4) 用各種傳播媒體和手段，向社會公眾宣傳展示自己的發展成就與公益形象，以形成有利於本餐飲企業發展的社會環境，屬於(　　)。
A. 宣傳型公共關係　　　　　　　　B. 交際型公共關係
C. 服務型公共關係　　　　　　　　D. 社會型公共關係

3. 簡答題

(1) 餐飲銷售管理對於餐飲企業的重要意義有哪些?
(2) 常見的與收銀有關的舞弊和差錯有哪些?
(3) 常用的餐飲定價方法有哪些?
(4) 結合實際案例說明怎樣靈活運用餐飲促銷方式?

案例分析與思考：失敗的餐飲促銷管理

劉女士是某五星級飯店潮州餐廳經理，幾年來餐廳經營業績非凡，回頭客不斷。但最近，由於受內外環境的影響，餐廳營業額每況愈下，劉女士承受著巨大的壓力。

壓力之下，劉女士在新廚師長的配合下帶領員工們展開了各種促銷活動，如龍蝦特薦、海鮮食品節，等等。劉女士及其助手還在每天的班前例會上，不厭其煩地向員工介紹昨天的營業狀況，分析與當日預算收入及利潤的差額。要員工接受推銷技能的各種培訓，提高客人的平均消費額。一時間，餐廳的員工們被籠罩在濃重的促銷氛圍之中。

然而營業收入仍無法達到目標。劉女士考慮再三，出抬了一套銷售獎勵政策，其

主要內容如下：員工若銷售出高檔食品，如龍蝦、魚翅、鮑魚等，可以得到菜肴售價3%的獎勵提成；員工銷售出高檔酒水，如白蘭地、香檳、茅臺等，也可獲得相同比例的提成。此政策經餐飲部討論和飯店認可後，開始在餐廳實行。這個政策的實施，極大地調動了員工的推銷積極性，員工們滿懷熱情地將以往向客人提建議的交談口氣調整為竭力推銷的口氣。幾天以後，客人平均消費額指數有了明顯的提高，總收入也令人欣喜。

但好景不長，兩個月後，餐廳開始門庭冷落，許多過去常來光顧餐廳的老顧客也不見蹤影了。餐飲部總監看著平均消費額不斷提高，而就餐人數不斷下降的經營報告，終於意識到了問題的嚴重性。

幾天以后，劉女士被調離潮州餐廳。

思考題：

1. 本案例中劉女士的促銷方案存在哪些問題？
2. 出現以上問題的原因有哪些？
3. 劉女士應採取哪些措施才能收到較好的管理效果？

實訓指導

實訓項目：餐廳營銷。

實訓要求：根據目標市場的需求，制訂出與產品開發相關的計劃方案；根據小組餐廳的定價目標，制定科學的價格策略；根據目標市場，制定擴大產品銷售的促銷方案；設計針對本餐廳客戶的管理方案。

實訓組織：項目引導，任務分配；小組調研，方案設計；小組討論，師生交流；方案匯報，項目評價。

項目評價：小組互評；教師評價。

第七章　餐飲酒水銷售服務管理

【學習目的】
瞭解酒水在餐飲中的重要作用；
熟悉中外酒水基本類型；
瞭解中外酒水禮儀；
掌握餐飲酒水銷售和服務原則及方法；
熟悉餐飲酒水銷售和服務的任務和要求。

【基本內容】
★餐廳酒水管理的作用：
酒水概述；
餐飲酒水管理的作用。
★中外酒水知識：
酒的種類；
酒中的營養成分；
中國酒的類型；
外國酒的類型；
飲料的分類；
酒水禮儀。
★酒水銷售服務過程管理：
酒水銷售管理的要求；
酒水銷售控製；
酒水服務。

【教學指導】
　　本章內容強調盡量使用多媒體教學，通過大量圖片或實物使學生熟悉中外酒水的基本類型、常見品牌。在教學過程中，應注重將本章內容與第八章餐飲服務管理中基本技能的斟酒部分銜接。
　　各種經營不同風味食品的餐廳，接待各種規格的客人，通常離不開酒水。可以說，無酒不成禮、無酒不成宴、無酒不成歡、無酒不成敬意，已成為中國各民族的共識。餐飲酒水銷售與客人直接接觸，面對面服務時間長，從而給賓客留下的印象較深，並直接影響客人對整個餐飲企業的評價。加強餐飲酒水銷售管理，首先要求管理者更新

觀念，牢固樹立成本控製意識；其次要不斷鑽研業務，瞭解酒水銷售過程和特點，有針對性地採取相應的措施，使用正確的管理和控製方法，從而達到酒水銷售管理和控製的目的。

第一節　餐廳酒水管理的作用

一、酒水概述

酒又稱酒精飲料，因為酒精是酒中最主要的成分，其學名叫乙醇。純粹乙醇在常溫下為無色透明的易燃液體，具有特殊香味和辣味，其著火點為180℃，沸點為78.3℃，具有不感染細菌、刺激性較強等特點。人攝入少量乙醇能使人精神振奮。酒中另外一些成分則是水以及少量的礦物質及酯、醇、酸、醛等。由於這些成分比例的不同，形成了各種不同風格的酒。酒的儲藏時間越長，含酯越多，氣味也更芳香，因此有的酒是越陳越香。

酒精在酒液中的含量用酒度來表示，通常有公制和美制兩種表示法，中國酒度與公制酒度一致。公制酒度以百分比或度表示，是指在20℃條件下，酒精含量在酒液內所占的體積比例。如某種酒在20℃時含酒精38%，即稱為38度。美制酒度以Proof表示，是指在20℃條件下，酒精含量在酒液內所占的體積比例達到50%時，酒度為100Proof。如某種酒在20℃時含酒精40%即為80Proof。

水是飯店業和餐飲業的專業術語，指所有不含酒精的飲料或飲品。但不包括自然界中存在的水。

二、餐飲酒水管理的作用

酒水是滿足人們基本生活需要的產品，酒與餐飲業關係密切。之所以要對餐飲酒水進行管理，主要有以下原因：

(一) 酒水具有烘托用餐氣氛的作用

隨著生活質量的提高，外出就餐已成為飲食時尚，人們在飲食消費方面越來越重視情趣和品位。酒作為烘托氣氛的佳品也受到人們越來越多的關注。酒精是一種不受消化系統影響的液體，進入人體后通過胃壁不發生變化地進入血液。少量飲酒令人興奮，給人以一種快感。加上用餐常與商業聚會、宴請、公關等活動聯繫在一起。因而餐飲服務中，美酒佳釀能烘托用餐氣氛，突出宴請的規格，融洽主客間的感情，增加愉悅、親切、喜慶、浪漫等感受，為客人創造美好的用餐經歷。特別是西餐服務中，高質量的酒水服務能增加浪漫的情調，提高用餐的品位，更能體現現代餐飲的休閒和社交目的。酒在某種程度上可以使人興奮和愉快，減輕和解除人們日常生活中的壓力。

(二) 酒水是餐飲營業收入的主要來源之一

在現代餐飲企業中，酒品和飲料的銷售顯得越來越重要。餐飲企業主要營業收入

包括菜品收入和酒水收入，酒水利潤通常占餐飲企業全部利潤的 1/3 甚至一半。一道成品菜包括菜本身的成本和均攤的營業費用、管理費用、廚師加工的費用以及服務人員的服務費用等。而酒水則不同，酒水裡面所含的只有原料成本和服務費兩項。相比而言，酒水的利潤要大於飯菜，一般比飯菜的利潤高出 70%。增加酒水的銷售可以使客人增加消費，提高企業的經營效益。餐廳酒水管理的最主要目標就是增加餐廳的營業收入。

(三) 酒水與菜品適當搭配可以促進餐飲銷售

餐與飲總是如影隨形地聯繫在一起，在千百年的人類飲食歷史中，無論是中餐還是西餐，都形成了許多約定俗成的飲食習慣與規矩。例如，中餐在吃鴨類菜餚時，就要配飲黃酒；西餐吃魚類、海鮮菜餚時，就要配飲白葡萄酒等。應該說，餐與飲相輔相成，互相促進。服務員對於酒水的良好推銷，毫無疑問會促進菜品的銷售，並提高餐飲企業的營業額。這就要求餐飲企業的服務員，不僅要講究禮貌、彬彬有禮、主動熱情、溫良謙恭，更要瞭解飲食文化，包括烹飪藝術及酒的文化、典故等，還要逐步瞭解各種酒的基本特點、香味及作用和營養，這樣就能讓來餐廳就餐的客人高興而來，滿意而去。

(四) 酒水服務質量是餐飲服務質量的重要標誌

美國飯店業的先驅斯達特勒曾經說過：「飯店從根本上說，只銷售一樣東西，那就是服務。」提供劣質服務的餐飲企業是失敗的企業，而提供優質服務的餐飲企業則是成功的企業。餐飲企業的目標就是向賓客提供最佳服務。酒水服務作為餐飲服務的一個重要組成部分，在餐飲經營中具有極為重要的作用。酒水服務質量的好壞影響著飯店或餐飲企業的形象與聲譽。決定酒水服務水平高低背後的因素則是餐飲企業管理水平的高低。管理水平的高低，制約了服務水平的高低，而服務水平的高低則是管理水平高低的最終表現。

(五) 酒水管理直接影響整個餐飲企業的運行和管理

酒水部門的管理具有特殊之處，也是容易產生各種漏洞的部門。管理嚴格，會給餐飲企業或飯店帶來大量利潤；管理鬆懈，就會給許多員工作弊提供可乘之機，並最終影響企業的經營。

【補充閱讀 7-1】這是我們店的規矩

飯店餐廳裡來了一位喜歡飲用葡萄酒的客人。服務員按照飯店規矩先上了一杯冰水。客人風趣地說：「我是為飲葡萄酒而來，並非為喝水而來。」「這是我們店的規矩。」服務員如是回答。「這種回答太可笑了。」客人輕蔑地說。

如果要當一個一流的服務員，就不會回答說：「這是我們店的規矩。」

為什麼要給來喝葡萄酒的客人上冰水呢？服務員對所上冰水的水質等知識應事前有所瞭解。比如，自然水是否經過機械處理，礦泉水是採自什麼地方的泉水，等等。客人中，願意和服務人員談話的人並不少見。而且，並非談一次而已，有的人還會就

服務人員應具有的商品知識、服務程序等各方面知識與之攀談。能夠滿足這種客人要求的服務員,其服務水平自然高,也會受到顧客歡迎。

[資料來源] http://cache.baidu.com/c? m＝9f65cb4a8c8507.

第二節 中外酒水知識

一、酒的種類

酒的分類方法很多,一般以製作方法來分,大體可以分為四類:

(一)釀造酒(Wine)

釀造酒是以水果、穀物為原料,經發酵過程,使糖轉化為乙醇和二氧化碳后,提取或壓榨而得的酒精飲料。它的酒精含量一般在 4.5% ~ 20% 之間。葡萄酒、啤酒、日本清酒、中國黃酒、水果汽酒均屬釀造酒。

(二)蒸餾酒(Spirit)

蒸餾酒即烈性酒,它是在水果、穀物或其他植物發酵的基礎上,利用汽化的方式來純化酒精,即蒸餾含酒精的發酵原液而成。世界上著名的蒸餾酒有七種:白蘭地、威士忌、朗姆酒、伏特加、金酒、龍舌蘭酒、中國白酒。

(三)配製酒(Liqueur)

配製酒是以各種釀造酒、蒸餾酒或酒精為基酒,加入一定數量的水果、香精、藥材等製成的酒精飲料。如苦酒(Bitters)、金巴利酒(Compare)、茵香酒(Anisette)、薄荷酒(Cremate Menthe)等,中國的藥酒也屬於配製酒。配製酒的酒精度一般為 20% ~ 30%。

(四)雞尾酒(Cocktail)

雞尾酒是以酒和酒或酒和果汁、甜料、香料、牛奶、汽水等加以混合而成的飲料。雞尾酒通常把以上材料充分混合併冷卻後才飲用,它是一種色、香、味兼備的酒,它的調製過程通常在酒吧完成。

二、酒水中的營養成分

人的身體中 75% 是水分。飲料是人體水分的主要來源,加上飲料中的營養成分容易吸收,因此飲料在供應人體的營養中起著其他食品無法替代的作用。對於果汁、牛奶等軟飲料的營養成分人們都比較熟悉,但對酒的營養成分就陌生一些。酒的種類不同,所供應的營養成分也不同,適量飲酒,酒中的營養成分可以增進食慾、預防心血管疾病等。下面簡單介紹幾種常見的佐餐酒的營養成分。

(一)葡萄酒

葡萄酒是由葡萄汁(漿)發酵釀製的飲料酒,葡萄酒類的酒精通過發酵由糖分轉

化而成。發酵時間越長、糖分越少，酒精含量就越高；反之，糖分越高，酒精含量也就越低。葡萄酒的干紅或干白，就是指糖分「干」了，即無糖了。

研究證明，葡萄酒中含有200多種對人體有益的營養成分，其中包括糖、有機酸、氨基酸、維生素、多酚、無機鹽等，這些成分都是人體所必需的，對於維持人體的正常生長、新陳代謝是必不可少的。特別是葡萄酒中所含的酚類物質——白藜蘆醇，它具有抗氧化、防衰老、預防冠心病、防癌抗癌的作用。葡萄酒中還含有豐富的礦物質和多種維生素。人體需要的微量元素、礦物質，葡萄酒裡基本上都有。葡萄酒所含的維生素更是齊全，有維生素B1、B2、B12、維生素C、維生素P、維生素H、泛酸、葉酸及類維生素物質的肌醇、氨基苯甲酸、膽鹼等，都是人體所需要的物質。其中，維生素B1每升酒平均含量在0.065微克，能促進紅細胞成熟。葡萄酒中葉酸的平均含量為3.73克/升。此外還含有肌醇，每升在220～730毫克之間。肌醇或菸酸肌醇酯能降低血脂和軟化血管。另外，干葡萄酒中含有氨基酸23種，其中包含人體內不能合成的必需氨基酸，已知的一共有8種。葡萄酒中含有酒石酸、蘋果酸、檸檬酸、琥珀酸、乳酸、醋酸、單寧酸等有機酸。經常適量地飲用葡萄酒，對人體健康是大有益處的。

(二) 黃酒

黃酒具有很高的營養價值。黃酒營養成分主要表現在含有極其豐富的氨基酸。以營養價值而論，黃酒要比有「液體麵包」之稱的啤酒的營養價值高得多。

黃酒中含有糖分、糊精、有機酸、氨基酸和各種維生素等，具有很高的營養價值。最主要在於黃酒含有豐富的氨基酸（達20多種），而且各種氨基酸的含量都遠遠超過其他釀造酒，特別是所含氨基酸的種類和數量都是其他酒所不能比擬的。如加飯黃酒含有17種氨基酸，其中有8種是人體必需而體內不能合成的氨基酸。

由於黃酒是以大米和黍米為原料，經過長時間的糖化、發酵，原料中的澱粉和蛋白質被酶分解成為低分子的糖類，易被人體消化吸收，因此人們把黃酒列為營養飲料酒。據分析檢驗，人體不能合成的8種必需氨基酸，在黃酒中含量最全、最豐富，居各釀造酒之首。黃酒中的維生素含量也十分豐富，根據對紹興黃酒的檢驗分析得知，包括維生素C、維生素B2、維生素B12、菸酰胺、維生素A，還有少量維生素D、維生素K、維生素E等。

根據分析檢驗，黃酒的有機酸含量在0.003～0.005g/ml，主要由乳酸、檸檬酸、醋酸、酒石酸、蘋果酸、延胡索酸、丁酸等組成。黃酒中的微量元素，經測定有18種之多，其中鈣、鎂、鉀、鐵、鋅、鉻、鍺、銅、磷等含量較豐富，這些微量元素都是人體所必需的營養元素，而在黃酒中，其表現形式為生物活性物質，它們一旦進入人體，極易被吸收，可以充分補充人體所缺乏的微量元素，起到調節人體生理機能、促進新陳代謝的功能。

另外，黃酒所含糖的種類也很多，其中以葡萄糖為主，還有麥芽糖、乳糖及多糖等多種糖類，它們都是由原料中的高分子澱粉經酶分解為低分子的物質，這些糖對人體有一定的營養價值，極易被人體吸收，可以補充人體的熱量。

(三) 啤酒

啤酒含有豐富的糖類、維生素、氨基酸、無機鹽和多種微量元素等營養成分，被人們稱為「液體麵包」。

每升啤酒中一般含有 50 克糖類物質，它們是原料中的澱粉經麥芽中含有的各種酶的催化而形成的產物。每升啤酒約有 3.5 克蛋白質的水解產物——複合氨基酸，它們幾乎可以 100% 地被人體消化吸收和利用。啤酒中碳水化合物和蛋白質的比例約為 15：1，最符合人類的營養平衡需要。每升啤酒還含有大約 35 克乙醇，是各類飲料酒中乙醇含量最低的。每升啤酒還有 50 克左右的二氧化碳，可以協助人的胃腸運動，也有利於人體解渴。啤酒從原料和優良釀造水中得到礦物質，如每升啤酒含有 20 毫克的鈉和 80～100 毫克的鉀、40 毫克的鈣、100 毫克的鎂及 0.2～0.4 毫克的鋅。啤酒從原料和酵母代謝中得到豐富的水溶性維生素，每升啤酒中含有維生素 B1, 0.1～0.15 毫克、B2, 0.5～1.3 毫克、B6, 0.5～1.5 毫克、菸酰胺 5～20 毫克、泛酸 0.5～1.2 毫克、維生素 H 0.02 毫克、膽鹼 100～200 毫克、葉酸 0.1～0.2 毫克。啤酒中的谷胱甘肽由於具有活性巰基，可消除人體中的氧自由基，是人們公認的延緩衰老的有效物質。

1972 年 7 月在墨西哥召開的第九次世界營養食品會議上，啤酒被推薦為營養食品。啤酒是一種營養豐富的低酒精度的飲料酒，享有「液體麵包」、「液體維生素」和「液體蛋糕」的美稱。

(四) 白酒

白酒的主要成分是水和酒精，酒精在體內吸收極快，氧化放熱也很快，說明適量飲用白酒可以加快血液循環。酒精進入人的血液之後，其濃度大大超過生理酒精濃度時，則刺激心跳加快、血管擴張，所以它有活血、增加吸氧量、促進新陳代謝的功能。同時，白酒中的微量成分亞油酸乙酯，具有降低膽固醇和血脂的作用，可以防治動脈粥樣硬化；還有丙三醇，是一種瀉藥、滲透性利尿藥，用於通便；而苯甲醇，醫藥上用作麻藥，有殺菌、止癢作用。

因此，親朋好友相聚，吃喝團圓之際，一定少不了美酒助興。人們越來越理性，喝酒注重低度、營養、保健，所以，適量飲酒能增強血液循環，使人心情舒暢，擺脫疲勞，增加營養，對健康有益無害。但飲酒過量，酒會擠掉身體中的水分和其他營養成分，容易造成蛋白質、礦物質、維生素等缺乏。餐廳酒水管理的一項重要工作就是提醒人們適量飲酒。

三、中國酒的類型

中國酒不僅歷史悠久，而且風格獨特。通過酒曲釀酒是中國酒的一大特點。中國酒一般分為以下幾種：

(一) 發酵酒類

1. 黃酒

黃酒是中國最古老的傳統酒，其起源與中國穀物釀酒的起源相始終，至今約有八

千年的歷史。它是以大米等穀物為原料，經過蒸煮、糖化和發酵、壓濾而成的釀造酒。黃酒中的主要成分除乙醇和水外，還有麥芽糖、葡萄糖、糊精、甘油、含氮物、醋酸、琥珀酸、無機鹽及少量醛、酯與蛋白質分解的氨基酸等，其特點是具有較高的營養價值和對人體有益無害。經過數千年的發展，黃酒家族的成員不斷擴大，品種琳琅滿目。酒的名稱更是豐富多彩。最為常見的是按酒的產地來命名，如紹興酒、金華酒、丹陽酒、龍岩沉缸酒、山東蘭陵酒等。紹興是黃酒的故鄉，是聞名中外的酒文化名城。「酒因城而聞名遐邇，城因酒而聲望倍增。」從春秋時助越滅吳、振奮士氣的「醪」酒到當代成為國禮、國宴用酒，紹興酒歷經數千年，聲譽遠播，四海揚名。「紹酒」幾乎成了黃酒的代名詞。紹興酒之所以晶瑩澄澈、馥鬱芳香，除了用料講究和有一套悠久的釀酒歷史所累積起來的傳統工藝外，還因為它是以得天獨厚的鑒湖水釀制而成的。鑒湖水來自群山深谷，經過砂面岩土的淨化作用，又含有一定量適於釀造微生物繁殖的礦物質，因此對保證紹興酒的質量有很大的幫助。

2. 果酒類

果酒是以水果為原料製作的酒，其中多為釀造酒。唐宋時期葡萄釀酒在中國已比較通行，此外還出現了椰子酒、黃柑酒、橘酒、棗酒、梨酒、石榴酒和蜜酒等品種，但其發展都未能像黃酒、白酒和配製酒那樣在世界釀酒史上獨樹一幟，形成傳統的風格。直到清末菸臺張裕葡萄釀酒公司建立，才標誌著中國果酒類規模化生產的開始。新中國成立後中國果酒釀造業有了長足的發展，以最有代表性的葡萄酒為例，凡世界上較有名氣的葡萄酒品種，中國均已能大量生產。生產企業則以張裕、長城和王朝最為著名。

3. 啤酒

中國啤酒是近代以來通過引進西方釀酒工藝而製造的釀造酒，其中以1903年德國人與英國人在青島建立的青島啤酒廠生產的青島啤酒最為著名。青島啤酒以浙江舟山群島和河南兩地所產大麥作為原料，加入嶗山李村啤酒花，利用嶗山礦泉水，經兩次糖化、低溫發酵配制。青島啤酒二氧化碳氣泡充足，口感柔和、清爽，酒花香味濃，原麥汁濃度為12°，酒精度為3.5%。它曾兩次被評為全國名酒，並獲國家銀質獎。濟南趵突泉啤酒、北京燕京啤酒也較為著名。

(二) 蒸餾酒類

中國的蒸餾酒以白酒為代表。白酒也是中國的傳統酒，其蒸餾工藝較黃酒更為複雜。白酒的主要原料為高粱，其次為玉米、大米、大麥等。優質的白酒往往是固態發酵，即在原料中加入一定數量的稻殼、高粱皮做疏鬆劑，進行蒸煮後冷卻，拌入曲子和酵母發酵，再投入原料和疏鬆劑進行蒸餾。蒸出的酒一般酒精含量在70%左右。白酒一般經陳放勾兌後才能供人飲用。傳統中國白酒的酒精含量為55%～65%左右，近些年流行的低度白酒，酒精含量為40%左右。

中國白酒的特點是特別香，概括起來可以分5種香型，即醬香型、濃香型、清香型、米香型和兼香型。

1. 醬香型

醬香型又稱茅香型，以貴州茅臺酒為代表。這類香型的白酒香氣香而不豔，低而不淡，醇香幽雅，不濃不猛，回味悠長，倒入杯中雖過夜而香氣久留不散，且空杯比實杯還香，令人回味無窮。醬香型白酒是由醬香酒、窖底香酒和醇甜酒等勾兌而成的。所謂醬香是指酒品具有類似醬食品的香氣，醬香型酒香氣的組成成分極為複雜，至今未有定論，但普遍認為醬香是由高沸點的酸性物質與低沸點的醇類物質組成的複合香氣。

2. 濃香型

濃香型又稱瀘香型，以四川瀘州老窖特曲為代表。它採用老窖位發酵生香基地，窖愈老，窖泥中的釀酒微生物愈多，生產的酒愈好。濃香型的酒具有芳香濃鬱，綿柔甘洌，香味協調，入口甜、落口綿、尾淨余長等特點，這也是判斷濃香型白酒酒質優劣的主要依據。構成濃香型酒典型風格的主體是乙酸乙酯，這種成分含香量較高且香氣突出。濃香型白酒的品種和產量均屬全國大曲酒之首，全國八大名酒中，五糧液、瀘州老窖特曲、劍南春、洋河大曲、古井貢酒都是濃香型白酒中的優秀代表。

3. 清香型

清香型又稱汾香型，以山西杏花村汾酒為主要代表。清香型白酒酒氣清香，芬芳醇正，口味甘爽協調，酒味純正，醇厚綿軟。酒體組成的主體香是乙酸乙酯和乳酸乙酯，兩者結合成為該酒主體香氣，其特點是清、爽、醇、淨。清香型風格基本代表了中國老白干酒類的基本香型特徵，是中國傳統釀酒技術的正宗。

4. 米香型

米香型又稱蜜香型，以桂林三花酒為代表，是中國歷史悠久的傳統酒種。採用優質大米為原料，小曲發酵。即與「酒釀」（醪糟、甜酒）的制法類似。待發酵完全后蒸餾取酒。其酒味蜜香輕柔，優雅純淨，入口綿甜，回味怡然。盛產於廣東等南方稻米產區。這類酒的代表有桂林三花酒、全州湘山酒、廣東長東燒等小曲米酒。

5. 兼香型

兼香型又稱復香型，即兼有兩種以上主體香氣的白酒。這類酒在釀造工藝上吸取了清香型、濃香型和醬香型酒之精華，在繼承和發揚傳統釀造工藝的基礎上獨創而成。兼香型白酒之間風格相差較大，有的甚至截然不同，這種酒的聞香、口香和回味香各有不同香氣，具有一酒多香的風格。兼香型酒以董酒為代表，董酒酒質既有大曲酒的濃鬱芳香，又有小曲酒的柔綿醇和、落口舒適甜爽的特點，風格獨特。

以上幾種香型只是中國白酒中比較明顯的香型。但是，有時即使是同一香型白酒，香氣也不一定完全一樣。就拿同屬於濃香型的五糧液、瀘州老窖特曲、古井貢酒等來說，它們的香氣和風味也有顯著的區別，其香韻也不相同，因為各種名酒的獨特風味除取決於其主體香含量的多寡外，還受各種香味成分的相互烘托、對沖和平衡作用的影響。

(三) 配制酒類

中國配制酒的濫觴時代當在春秋戰國之前。它是以發酵原酒、蒸餾酒或優質酒精

為酒基，加入花果成分，或動植物的芳香物料，或藥材，或其他呈色、呈香及呈味物質，採用浸泡、蒸餾等不同工藝調配而成的。配制酒有保健型配制酒和藥用型配制酒兩大類。中國配制酒以山西竹葉青最為著名。竹葉青產於山西省汾陽市杏花村汾酒集團，它以汾酒為原料，加入竹葉、當歸、檀香等芳香中草藥材和適量的白糖、冰糖后浸制而成。該酒色澤金黃，略帶青碧，酒味微甜清香，酒性溫和，適量飲用有較好的滋補作用；酒度為45度，含糖量為10%。其他配制酒種類很多，如在成品酒中加入中草藥材制成的五加皮；加入名貴藥材的人參酒；加入動物性原料的鹿茸酒、蛇酒；加入水果的楊梅酒、荔枝酒，等等。

四、外國酒的類型

酒在國外的歷史幾乎與在中國一樣悠久，但由於自然條件、民族習慣的原因，外國酒與中國酒有著很大的區別。

（一）發酵酒

1. 葡萄酒（Wine）

葡萄酒有紅白之分，紅葡萄酒是採用紅葡萄做原料，連皮帶汁發酵釀造。白葡萄酒則是由紅葡萄和青葡萄去皮壓汁發酵釀成。白葡萄酒也不是絕對無色，它可以是淺黃色。白葡萄酒儲藏時間越長，顏色越深，甚至變為琥珀深棕色。而紅葡萄酒儲藏的時間越長其顏色則越淡。葡萄酒酒度一般在8%～22%之間。葡萄酒按顏色可分為紅葡萄酒、白葡萄酒、玫瑰酒（Rose Wine）；按含糖量可分為干葡萄酒（Dry Wine）、半干葡萄酒（Semi Dry Wine）、半甜葡萄酒（Semi Sweet Wine）、甜葡萄酒（Sweet Wine）、絕干葡萄酒（Extra Dry Wine）；按二氧化碳含量可分為葡萄汽酒（Sparkling Wine）、普通葡萄酒，葡萄汽酒的傑出代表是法國香檳酒；按釀造方法可分為天然葡萄酒（Natural Still Wine）、強化葡萄酒（Fortified Wine）；按飲酒習慣可分為開胃葡萄酒（Appetizer Wine）、佐餐葡萄酒（Table Wine）、餐后葡萄酒（Sweet Dessert Wine）。法國、德國、義大利為世界三大葡萄酒王國。法國出口最優質的葡萄酒，義大利葡萄酒的產量及出口量均居世界第一，而德國葡萄酒有芬芳的果香及清爽的甜味，酒精度低，令人難以抗拒，特別適合不太能喝酒的人。

2. 啤酒（Beer）

啤酒是用麥芽、啤酒花等配制而成的酒精飲料。啤酒含有豐富的蛋白質等營養成分，被稱為「液體麵包」。啤酒的酒度一般在3%～5%。啤酒是唯一的以泡沫作為主要質量指標的酒。啤酒花對形成啤酒的泡沫、香氣、苦澀味起重要作用。啤酒的分類方法多種多樣，按酵母性質可分為上發酵啤酒和下發酵啤酒；按色澤可分為白啤酒、黃啤酒、紅啤酒、黑啤酒；按麥芽濃度可分為低濃度啤酒、中濃度啤酒、高濃度啤酒；按生產方法可分為鮮啤酒和熟啤酒。世界上最著名的啤酒生產國為德國。中國常見的外國啤酒有：德國的盧雲堡（Loewenbrau）、皇家（HB），荷蘭的海尼肯（Heineken，有的譯為「喜力」），美國的藍帶（Blueribbon），丹麥的嘉士伯（Carlsberg），新加坡的虎牌（Tiger），日本的札幌（Sapporo）、麒麟（Kirin）等。

(二) 蒸餾酒類

1. 白蘭地（Brandy）

白蘭地由葡萄酒或其他果酒蒸餾而成。飲用最廣泛的是葡萄白蘭地，用其他水果製作的白蘭地必須標明水果名稱。法國白蘭地是最好的白蘭地，其中又以干邑地區（Cognac）生產的白蘭地為上乘。干邑酒能在世界上贏得這樣高的聲譽，與它非常嚴格的質量控製分不開。它明確規定葡萄酒的品質，清楚界定種植葡萄的地區，規定葡萄的種類和釀酒規則的具體細節，不斷改善蒸餾器材，以及控製其在木桶內存放的時間等。法國政府為保證酒質，制定了嚴格的監督管理措施，到20世紀70年代，開始使用字母來分別酒質。例如E代表Especial（特別的），F代表Fine（好），O代表Old（老的），S代表Superior（上好的），P代表Pale（淡的），X代表Extra（格外的），C代表Cognac（干邑）。中國常見的法國白蘭地主要有以下三個序列的產品：人頭馬（Remy Martin）、軒尼詩（Hennessy）、馬爹利（Martell）。

2. 威士忌（Whisky）

威士忌以穀物為原料經發酵蒸餾而成。據記載，15世紀末期，蘇格蘭就有威士忌生產。長期以來，蘇格蘭和加拿大生產的威士忌寫成Whisky，美國、愛爾蘭威士忌則寫成Whiskey。威士忌在生產出來后，至少要儲藏4年以上，上乘威士忌的儲藏期則在10年以上。勾兌是製造優質威士忌的關鍵，蘇格蘭威士忌往往要用幾十種以上威士忌勾兌而成。威士忌按原料可分為麥芽威士忌（Malt Whisky）、黑麥威士忌（Bye Whisky）、玉米威士忌（Corn Whisky）、穀物威士忌（Grain Whisky）；按國家分為蘇格蘭威士忌（Scotch Whisky）、愛爾蘭威士忌（Irish Whiskey）、波本威士忌（美國Bourbon Whiskey）、加拿大威士忌（Canadian Whisky）；按純淨程度可分為純淨威士忌（Wright Whisky）、混合威士忌（Blended Whisky）。威士忌常用於純飲和加冰塊、兌水飲。中國目前銷售的威士忌主要有：老伯（Old Parr）、金鈴（Bells）、順風（Catty Shark）、紅方（Red Label）、黑方（Black Label）、皇家禮炮（Royal Salute）、格蘭菲迪（Glenfiddich）、芝華士（Chivas）等。

3. 伏特加（Vodka）

伏特加本是俄羅斯特產，現在世界各國均有生產。伏特加用土豆、玉米、小麥作為原料，經發酵蒸餾而制成，因其屬高酒精度蒸餾，無色、無香、無味，因此很受一般人歡迎，並廣泛作為雞尾酒的基酒。伏特加純飲時需冰鎮或加冰塊。目前比較流行的品牌是莫斯科紅牌（Stolichnaya）、綠牌（Moskovskaya）等。

4. 龍舌蘭酒（Tequila）

龍舌蘭酒是墨西哥國酒，以龍舌蘭、仙人掌類植物為原料經發酵蒸餾而成。Tequila是墨西哥的一個地名，只有該地出產的龍舌蘭酒才能稱作Tequila。龍舌蘭酒純飲時要用檸檬片在手背上抹一下，然后撒上鹽，用嘴舔一下，再一口飲下。其名品有索查（Sauza）、懶蟲（Camino）等。

5. 朗姆酒（Rum）

朗姆酒以甘蔗汁、糖渣等為原料經發酵蒸餾而成，其主要產區為美國、墨西哥、

古巴、牙買加、多米尼加、馬達加斯加等地，其中以牙買加和古巴的朗姆酒最為著名，而牙買加則被稱為「朗姆之鄉」。在西方國家，人們一般都把朗姆酒調制為混合飲料飲用。目前比較流行的品牌是牙買加的船長珍藏（Captain's Reserve）、古巴的百家地（Bacardi）等。

6. 金酒（Gin）

金酒是中文譯名最多的一種外國酒。「氈酒」、「琴酒」、「杜松子酒」都是金酒的別名。金酒用玉米、麥芽、黑麥做原料，經發酵蒸餾后再加入杜松子（Gin）等香料蒸餾而成。金酒無色透明，有特殊香味，有利尿、興奮作用。比較著名的金酒生產國為荷蘭、英國和美國。金酒可以純飲或調制成混合飲料。在雞尾酒中，金酒是作為基酒的常用酒類，被稱為雞尾酒的核心。目前比較流行的品牌是英國的哥頓金（Gordon's）、英國衛兵（Beefeater）等。

(三) 配制酒類

配制酒以蒸餾酒、釀造酒或食用酒精為酒基，加入香草、果實、藥材、香料等呈色、呈香、呈味物質，經特定的工藝手段釀制而成，其品種繁多、風格迥異。配制酒以法國、義大利和荷蘭產的最為著名。配制酒分為開胃酒、甜食酒和餐后甜酒。配制酒的製造方法很多，常用浸泡、混合、勾兌等幾種。浸泡制法多用於藥酒，將蒸餾后得到的高度酒液或發酵后經過濾清的酒液按配方放入不同的藥材或動物，然后裝入容器中密封起來，經過一段時間后，藥材就溶解於酒液中，人飲用后便會得到不同的治療效果和刺激效果。混合制法是把蒸餾后的酒液（通常用高度數酒液）加入果汁、蜜糖、牛奶或其他液體混合制成。勾兌也是一種釀制工藝，通常可以將兩種或數種酒兌和在一起，形成一種新的口味，或者得到色、香、味更加完美的酒品。

五、飲料的分類

飲料也與酒一樣在世界各國暢銷不衰，在生活中二者往往相得益彰。它包括咖啡、茶、可可、礦泉水、汽水、果汁、蔬菜汁、牛奶、熱飲及凍飲等。飲料大體分為以下幾類：

(一) 碳酸飲料

碳酸飲料是含碳酸氣體（CO_2）飲料的總稱。其主要成分為：
(1) 普通型：含氣的礦泉水、蘇打水。
(2) 果味型：加入香料、色素、防腐劑、二氧化碳。
(3) 果汁型：加入至少2.5%鮮果汁。
(4) 可樂型：加入香料、天然果汁、焦糖、色素、藥材混合后充氣而成。
例如蘇打水、干姜水、可樂、七喜、雪碧、芬達等。

另外，汽水按配制原料可分為檸檬味類、可樂類、奎寧水類、橙味汽水類和其他汽水。檸檬味類包括雪碧汽水、七喜汽水、白檸汽水。可樂類包括可口可樂、百事可樂。奎寧水類包括湯力水（Tonic）和苦檸水（Bitter Lemon），橙味汽水類包括新奇士橙汁汽水（Sunkist Orange）和橙寶汽水，另外還有蘇打水和蒸餾水等其他類汽水。

（二）果汁、蔬菜汁飲品

　　果汁、蔬菜汁飲品源於大自然，成本低廉，製作方便，而且營養豐富。其主要成分為：

（1）原果汁：原汁原味，100%的原料出汁。

（2）鮮果汁：含有至少40%的原果汁。

（3）飲料果汁：原果汁含量在10%～30%之間。

（4）果粒果汁：含原汁10%，果肉在5%～30%之間。

（5）果汁糖漿：大於或等於31%的原汁；加入砂糖、檸檬酸。

　　其中蔬菜汁在美國等地極受歡迎。另外，果汁有鮮榨、罐裝和濃縮三種。酒吧中常見的鮮榨果汁有：

　　雪梨汁、檸檬汁、菠蘿汁、西瓜汁、胡蘿卜汁、蘋果汁、葡萄汁。

　　罐裝：椰子汁、橙汁、蘋果汁。

　　青檸檬汁與紅石榴糖漿主要用於調酒，一般情況下不直接飲用。橙汁與檸檬汁有鮮榨和濃縮兩種，鮮榨的可直接食用，濃縮的要稀釋后才能食用。

（三）礦泉水

　　礦泉水是地下泉水冒到地面上來或高山上岩石中滲出的清泉，含豐富的礦物質。它因水質好、無雜質污染、營養豐富而深受人們的歡迎。

　　礦泉水因地區不同，所含礦物質也不同。其味有微咸和微甜或無味，飲之清涼可口，可助消化。著名的品種有：法國皮埃爾礦泉水（Perrier Water）和愛維安礦泉水（Evian Water）。

　　皮埃爾礦泉水俗稱「巴黎水」，產於法國，它是世界上獨一無二的天然含氣礦泉水，被譽為「水中香檳」，價格昂貴。

　　愛維安礦泉水又譯為「依雲礦泉水」，產於法國，它是世界上銷量最大的礦泉水，無泡、純潔、有甜味是它的特色，且富有均衡含量的礦物質。

　　中國的嶗山礦泉水，品質也十分優異，富含礦物質，清腸胃、助消化，早在20世紀80年代前就已享譽中外。還有山普利奴礦泉水（義大利）、麒麟礦泉水（日本）、益力礦泉水（中國深圳）。

　　礦泉水飲用前需冷藏，溫度為8℃～12℃，不要加冰。飲用時可放一片檸檬入水。

（四）可可

　　「可可」是英文Cacao的譯音，原產地在美洲熱帶，現在主要的產區是非洲和拉丁美洲，西非的加納共和國的可可產量居世界之首，約占全世界總產量的1/3，中國的廣東、臺灣等地也有栽培。它是用可可豆的粉末配製而成的飲料。可可豆含50%的脂肪、10%的蛋白質、10%的澱粉，還有少量的糖分和興奮物質可可鹼。可可具有強心、利尿功能。可可種子在發酵、焙干后提取30%的可可脂作藥用，余下物質加工成可可粉。可可粉具有濃鬱的香味，加糖後即可衝飲。常見的飲品有清可可、牛奶可可、冰激凌可可等。

(五) 牛奶

牛奶含有豐富的蛋白質、脂肪、乳糖和人體所需的最主要的礦物質鈣、磷以及維生素等。牛奶不僅營養豐富，且利於消化，極易為人體所吸收，沒有任何一種單一的食品可和它相比。而且，可制成不同風味的飲料，比如熱牛奶、冷牛奶、酸牛奶等。

鮮奶和酸奶在 2℃~4℃ 情況下一般可保存 10 天而不會變質。

牛奶加熱到 40℃ 以上會有一層薄膜，且會隨著時間的延長而加厚，許多人將其丟棄。其實其薄膜裡含有豐富的蛋白質、脂肪、乳糖等營養成分。

牛奶消毒主要有兩種方法：

（1）純鮮牛奶。把 100% 鮮牛奶在 85℃ 高溫中消毒 15 秒鐘，然后無菌灌裝，叫「巴氏消毒」。這個方法最大限度地保持了牛奶原來的風味及營養成分。全國各大城市很多每天一送的家庭訂單牛奶就屬此類，但缺點是不易久放。

（2）滅菌奶。把 100% 鮮牛奶在 136℃ 高溫中消毒 3 秒鐘，然后無菌灌裝，其在無菌的狀態下能保存 8~10 個月，但牛奶裡面的許多有益營養成分也隨之被滅掉了。超市裡的很多磚形盒裝奶即屬此類。

(六) 茶

茶與咖啡、可可被公認為世界三大飲品。這裡主要介紹以下幾種類型的代表茶及其主要產地。

1. 中國茶

（1）綠茶：龍井（浙江杭州）、碧螺春（蘇州）、毛尖（河南信陽）、黃山毛峰（安徽）、水仙（產地較多）、六安花片（安徽）。

特點：清湯，綠葉，常飲可減肥。

（2）紅茶：祁門紅茶（安徽）、滇紅茶（雲南）。

特點：紅葉紅湯，適宜多次衝泡。

（3）黑茶：普洱茶（四川、雲南）。

特點：堆積發酵茶。

（4）白茶：壽眉（福建福鼎）、白牡丹（福建政和）。

特點：茶湯清淡，清熱降火。

（5）花茶：茉莉花、菊花、玫瑰紅、荔枝花茶。

特點：屬再加工茶，滋味濃醇鮮爽，湯色明亮。

（6）烏龍茶：鐵觀音、烏龍（廣東、福建、臺灣）。

特點：綠葉紅鑲邊。

（7）黃茶：君山銀葉（岳陽洞庭湖）、大葉青（廣東）。

特點：黃葉黃湯。

2. 外國茶

（1）吉嶺茶（DAREELING TEA，印度）。

（2）十白爵茶（EARL GREY TEA，英國）。

（3）英式早餐茶（ENGLISH TEA，英格蘭）。

（4）錫蘭茶（CEYLON ORANGE，印度、斯里蘭卡）。

（七）咖啡

1. 咖啡簡介

「咖啡」是英文 Coffee（產地名稱）的譯音，是世界三大飲料（茶、咖啡、可可）之一，也是世界上消費量最大的一種飲料。

咖啡飲料是以咖啡豆的提取物制成的飲料。咖啡屬熱帶植物，白花，果實類似 CHERRY TOMATO，內有兩粒咖啡豆，主要分佈在南美洲、非洲，其中世界上產量居第一位的是巴西，哥倫比亞次之，印度尼西亞、牙買加、厄瓜多爾、新幾內亞等國家的產量也很高。中國的雲南省、海南省所產的咖啡豆的質量絲毫不比世界名咖啡遜色。

2. 著名種類

（1）藍山（BLUE MOUNTAIN），產地：牙買加。

（2）哥倫比亞（COLOMBIA），產地：哥倫比亞，大多用來調配其他品質的咖啡。

（3）巴西（BRAZIL），產地：巴西，巴西山度士（SANTOS）最著名，屬調配咖啡。

（4）曼特寧（MANDEING），產地：印度尼西亞。

（5）摩卡（MORCH），產地：埃塞俄比亞。

3. 常見的咖啡

我們常見的咖啡有兩種，一種是速溶咖啡，指已加工成半成品的咖啡，只需用熱水衝泡。另一種是衝煮咖啡。在咖啡食譜中，流行的有清咖啡、牛奶咖啡、法式咖啡、土耳其咖啡、皇家咖啡、維也納咖啡、愛爾蘭咖啡、西班牙咖啡和義大利咖啡等。

4. 咖啡的調製

咖啡的調製通常有衝泡法和蒸煮法。

浸泡咖啡用的器皿以陶瓷或玻璃器皿最為合適，因咖啡一接觸金屬器皿，就會起氧化作用，產生一種令人不快的苦味。

使用咖啡的分量必須根據所煮咖啡的顆粒粗細及喝咖啡人的愛好等來定。一般來說，500 克咖啡可浸泡出四五十杯濃咖啡，或可浸泡出五六十杯濃度適中的咖啡。

（八）冷飲、熱飲

飲料除了原裝（原罐裝飲料）之外，在酒吧通常也有調配出來的混合飲料，即冷飲、熱飲。

冷飲如凍咖啡、凍鮮奶、凍檸茶、凍可樂、凍檸蜜。

熱飲如熱鮮奶、熱咖啡、熱奶茶、熱檸茶等。

另外還有凍飲雪糕、新地、奶昔。

（1）雪糕有多種口味，如芒果、巧克力、椰子、牛奶、哈密瓜口味等。

（2）新地又譯為「聖代」，是由幾種雪糕和其他材料配制而成，如什果新地、香蕉船等。

（3）奶昔是用不同口味的雪糕加入鮮奶和糖漿配制而成。如巧克力奶昔等。

（4）巴菲即法式聖代，是由冰激凌、鮮果、奶油組成的凍糕。

六、酒水禮儀

酒水,在一般情況下,是對於用來佐餐、助興的各種酒類及飲料的一種統稱。在現代生活中,尤其是在人際交往之中,酒水是不可或缺的。親朋好友相聚,舉杯把盞,小酌幾杯,「醉翁之意不在酒,在乎山水之間也」,此時此刻「無酒不成席」。在酒水消費過程中,不同國家和地區形成了不同的酒水禮儀和形式。

(一) 中餐

在我們的日常生活中,飲酒已很普遍,也是一件很普通的事情。但飲酒要有好風氣,酒風不正將有礙人們的健康。飲酒助興,勿忘文明健康,要文明飲酒,使大家在飲酒中得到樂趣、得到健康,不能只圖心情高興,忘掉健康。對於現代人來說,隨著國家政策、媒體影響、專家講座、身邊事實等方面的影響,潛移默化中人們的飲酒觀大都發生了變化,逐漸開始重視自己的身體健康。這是我們現代社會的需要,是文明飲酒的一種表現。作為一種席上的飲品,酒具的選擇、飲酒的方法,都有一定的規矩和禮節,歸納起來有以下幾個方面:

1. 斟酒適量

正式宴會上,服務員斟酒的順序是先主賓,然后才是其他客人。斟酒時,酒杯應放在餐桌上,酒瓶不要碰到杯口。拿酒杯的姿勢,因酒杯不同而有所不同。高腳酒杯應以手指捏住杯腿,短腳酒杯則應用手掌托住酒杯。關於斟酒,中國有句土話叫「酒滿情深」。也就是說,斟酒以滿為敬。因此,酒桌上不論是什麼酒,一律以斟滿為敬。實際上,葡萄酒、香檳酒、白蘭地、甜露酒等,不宜斟滿,只宜斟到酒杯容量的 2/3 處,其目的是使酒香充分地釋放出來。

2. 分清場合適量飲酒

飲酒要留有余地,要慢慢地細飲,特別是飲烈性酒,千萬不要一飲而盡。有些人爭強好勝,互不相讓,你灌我,我灌你,來一個「喝酒不輸」,或者「不醉不夠朋友」,結果往往喝得酩酊大醉,甚至口出穢語,掀翻桌凳,傷及鄰座,樂極生悲,最后被拘留或賠款,有的甚至醉酒駕車,釀成悲劇,后悔莫及。這不僅破壞了宴會的友好和歡樂的氣氛,也是一種有失禮儀、缺乏修養的行為,是宴會中飲酒最忌諱的一個方面。飲酒中,碰到需要舉杯的場合,切忌貪杯,頭腦要清醒,不可見酒而忘乎所以;工作前不得喝酒,以免與人談話時酒氣熏人;休息時喝酒要有節制,任何情況下過量喝酒都是錯誤的;上班時帶有倦容酒態,不僅違反工作紀律,也是不檢點的行為;旅遊接待人員若醉意猶存就去上班,會嚴重影響服務質量,是絕對不能允許的。

3. 瞭解祝酒習俗

作為主賓參加宴請,應瞭解對方祝酒的習慣以便做必要的準備。祝酒時還應注意不要交叉碰杯。在主人和主賓祝酒時,在座客人應暫時停止用餐,停止交談,注意傾聽,不要借此機會抽菸。主人和主賓講完話,與貴賓席人員碰杯后,往往要到其他各桌敬酒,遇此情況,應起立舉杯,目視對方致意。祝酒時要注意,祝酒詞既要表明祝福之意又要有文採。除祝酒外,飲酒前后,一般適宜談些愉快、健康的見聞和真切的

感受，以保持賓主之間親切、熱烈和歡樂的氣氛。

4. 不善飲酒，婉言謝絕

如果你不善於飲酒，當主人向你敬酒時，可以婉言謝絕，如主人請求你喝一些酒，則不應一味推辭，可選淡酒或汽水（如可樂、橘子水等）喝一點作為象徵，以免掃大家的興。當然，作為敬酒者，也不要強人所難，非逼著對方一飲而盡不可。參加宴會時，對自己的飲酒量，以掌握在平時酒量的 1/3 左右為好。

5. 交情深淺不看酒量

在餐桌上，與會者不要競相賭酒、強喝酒，喝酒如拼命、勸酒如打架，就會把文明禮貌的交際變成粗俗無禮的行為。應該是有禮貌地勸酒，主人或在座客人看到某人酒杯空了，有禮貌地先詢問：「請再喝一杯。」如果對方用手遮掩杯口或說明不想喝了，則不必勉強。席間的干杯或共同敬酒一般以一次為宜，不要重複敬酒，勉強別人。因為這不但達不到傳遞敬意的目的，而且會使對方感到為難而不悅。碰杯和喝多少亦應隨個人之意，那種以喝酒多少論誠意的做法是不通情理的行為。

6. 猜拳耍酒瘋不可取

喝酒忌猜拳行令、吵鬧喧囂、粗野放肆。公共場合不得劃拳，家庭私人酒會一般也不宜劃拳，如有特殊需要，應注意不要干擾鄰居、不違背主人意願即可。酒能麻醉人的神經，使人思維混亂，一部分人會精神亢奮、言語行為失控。如果借酒發瘋，胡言亂語，說一些平時難以說出口的話，做一些醜態百出的事，往往會使人酒醒后追悔莫及。

(二) 西餐

歐美人在宴會、招待會等主要場合，幾乎是每道菜配以一種特定的酒，使用一種特定的酒杯，要求嚴格而講究，上一道菜要換一種酒。西餐歷來就有白葡萄酒配魚蝦海鮮、紅酒配肉（主菜）、香檳配點心的規矩。酒會上一般飲用低度酒，以香檳最為常見。香檳在西餐中有「酒王」之稱，味清涼甘甜。由於酒中氣很足，開瓶時能發出清脆的響聲，特別是在高級宴會上，各桌同時開瓶，發出「砰、砰」的響聲，猶如鞭炮交鳴，給宴會增添了隆重、熱烈的氣氛。西餐飲酒的禮儀規範主要體現在以下幾個方面：

1. 斟酒

西餐中斟酒時酒水溢出來是很失禮的行為，注意斟酒量：白葡萄酒 2/3 杯、紅葡萄酒 1/2 杯，斟啤酒時應順杯壁慢慢流下，以泡沫不外溢為準。依照餐飲禮節，服務員或他人為自己斟酒時，在沒有例外的情況下，不可端起酒杯。

2. 手持酒杯的姿勢

在正式宴請場合，飲酒時拿酒杯的姿勢非常重要。通常平底杯拿中下部；高腳杯拿杯柄中上部，持杯時應以手指捏著酒杯柄，不要用手握住高腳杯的杯子部分，以免使酒變溫熱；飲純白蘭地酒時要用手掌接觸杯子的底部，利用手掌溫度將白蘭地酒溫熱，使酒的香味釋放出來。

3. 勸酒

西方人一般不勸酒，喝不喝酒、喝多少酒往往隨個人的情緒而定。這與中國人的飲酒習慣正好相反。所以，西餐桌上應盡量做到不勸酒，即使勸酒也應當點到為止。在餐桌上飲酒失態是非常丟面子的。如你不會飲酒，不必勉為其難，應主動、客氣地向主人說明原因，一般都會得到主人的體諒；有時出於宴會禮節的需要，可讓服務員在自己的杯子裡斟上一點酒，但只用嘴唇碰杯沿而不飲酒，就不會有人再來添酒了。

4. 品酒

吃西餐飲酒忌「中國式」的干杯，正確的做法是：飲酒時先舉起酒杯，認真欣賞一下它的色澤，然后用鼻子靠近杯子聞一聞酒香，最后再小呷一口，細細品味；傾斜酒杯45度，觀看酒的顏色，紅葡萄酒呈寶石紅色；讓酒杯逆時針搖晃以釋放酒的香氣；將鼻子探入杯中，輕聞幾下，會有濃鬱的酒香和成熟的果香；深啜一口，讓酒液在口中打轉到達口腔各個部位，時間最少5秒鐘，然后才緩緩咽下，天鵝絨般的厚重和緊湊溢滿口中每一個角落。

5. 干杯

干杯應由男主人提議，並請客人們共同舉杯，為在座者說些祝福的話，不要忘掉了任何一位。客人一般不宜先提議為主人干杯，以免喧賓奪主，女士也不應當提議為男士干杯。干杯時如果客人較多，不必一一碰杯，舉杯的同時用眼神示意一下即可。與外賓干杯，不要交叉碰杯，否則會形成十字形，觸犯西方人的忌諱。干杯時，切忌杯子碰在一起，以免串味。敬酒一般選擇在主菜吃完、甜菜未上之間。敬酒時，手指握住杯腳，將杯子高舉齊眼，註視對方，並至少要喝一口酒，以示敬意。

6. 文明飲酒

在餐桌上酗酒、高聲叫喊、猜拳行令，在西方人看來均屬粗野、不文明行為，要堅決杜絕。在現實生活中，無論是朋友的聚會還是親人的團聚、與客戶共餐，隨意的飲酒是現在飲酒的主流。對於飲酒，大家都應平等、真誠地對待，不要計較誰喝多了喝少了，而是要講究一種心情的愉悅。這就是現在常說的「重在溝通，不在喝酒」。雙方只是把酒作為一種來進行交往和溝通的媒介，並不完全在於喝酒的多少。文明飲酒是一種文明的進步，拋去了原來野蠻飲酒的惡習，迴歸到正確的健康飲酒、文明飲酒。文明飲酒是酒文化表現的重要方面，現代文明社會的發展對酒文化有了新的要求，文明飲酒要求大家相互尊重，不能強人所難。

第三節　酒水銷售服務過程管理

酒水的銷售管理在飯店餐飲管理中有著重要的地位。酒水的銷售管理不同於菜肴食品的銷售管理，有其特殊性，因此，加強酒水的銷售管理與控制，對有效地控製酒水成本，提高餐飲企業經濟效益，有著十分重要的意義。

一、酒水銷售服務管理的要求

(一) 配合餐廳銷售，選好佐餐酒水

　　飯店賓館和涉外餐館的酒水銷售有相當數量的銷售額是在各個餐廳和客房完成的，而不設酒吧的低星級飯店和部分涉外餐館，其酒水銷售額則全都來源於各個餐廳。因此，酒水銷售服務管理必須配合各個餐廳的食品銷售，選好佐餐酒水，保證酒水銷售和客人需求適銷對路，才能提高酒水銷售額。遵循這一基本要求，又分兩種情況：

　　1. 低星級飯店和涉外賓館

　　這類飯店的佐餐酒水主要是檔次適中的國產蒸餾酒（即常說的白酒）和軟飲料，也可配部分釀造酒，包括葡萄酒、啤酒和中國黃酒等。酒水品種的選擇一要考慮餐廳檔次的高低，二要考慮客人的檔次和消費習慣，品種不宜過多，但一定要適銷對路，才能擴大酒水銷售，增加經濟收入。

　　2. 高星級飯店和涉外賓館

　　這類飯店餐廳的客源檔次較高，外國消費者和追求時尚的高消費客人較多，因此，其餐廳佐餐酒水的選擇要適當增加高中檔葡萄酒和蒸餾酒，特別是進口葡萄酒，具體品種的選擇和檔次高低，也要根據餐廳檔次、客源構成和客人的消費習慣、喜愛程度來確定。

(二) 合理制定酒單

　　酒單是餐廳酒水銷售的憑藉和廣告，合理制定酒單，要根據不同餐廳的特點、檔次高低、客源層次及消費水平、飲酒習慣來確定。其中，主要是酒的品種的選擇和定價，一定要盡可能做到適銷對路，適應大多數客人的消費習慣和支付能力。與此同時，要保證酒水口味和質量，從而擴大酒水銷售，增加經濟收入。

(三) 堅持標準化管理，控製酒水成本和銷售

　　標準化管理是現代企業管理水平的重要體現，也是酒水銷售服務管理的基本要求。只有堅持標準化管理，才能保證服務質量，控製成本消耗，增加銷售收入。現代飯店、賓館酒水銷售中的標準化管理主要包括：

　　1. 標準定額

　　它又分為標準銷售定額、標準成本定額兩種。標準銷售定額是指一個服務員一天（8小時）應該完成的酒水銷售額；標準成本定額是指每銷售100元酒水應該支出的成本額，即成本率。這兩種定額都以平均數為基礎來制定。堅持合理的標準定額管理，既能調動員工積極性，又能控製成本消耗。

　　2. 標準酒單

　　它是各種類型的酒吧、餐廳所制定的酒水單。標準酒單要根據飯店酒吧、餐廳的豪華程度、客源構成、顧客檔次高低、客人消費習慣等各種因素來安排酒水檔次、花色品種和名稱，並在封面設計、酒水安排、文字、圖案等方面做到標準化，增強形象吸引力。

3. 標準價格

標準價格是根據酒水進價、杯酒標準成本和標準毛利來制定的。酒吧、餐廳各種酒水的標準價格一經制定，就應保持相對穩定，才能形成價格的標準化管理，適應客人消費。

4. 標準操作程序

在酒水銷售過程中，各項服務都應制定出標準操作程序，這是酒水管理中提供標準質量、標準服務的重要途徑，也是酒水銷售標準化管理的重要內容和基本要求。

（四）加強酒水促銷

眾所周知，酒水是餐飲店利潤的重要來源，加強酒水促銷方法與策略的培訓，是酒水銷售服務管理的一個重要內容。需要指出的是，促銷的前提是酒水本身的質量有保障。

【補充閱讀 7-2】 免費酒水「喝」傷食客能否拒賠

肖先生與幾個朋友在漢口一家餐廳小聚，由餐廳免費提供啤酒。其間，肖先生因為劃拳頻頻輸酒，最后一口氣將一瓶啤酒喝下。哪知，剛喝下肚，肖先生頓時覺得喉嚨似有一硬物卡住，並伴有陣陣的刺痛。

同行的幾個朋友馬上將肖先生送到附近醫院就診，經過醫生仔細觀察，發現其喉嚨被一段細鐵絲卡住。肖先生於當天動了手術，並住在醫院治療一周，前後共花去各項費用 3,200 元。

朋友小聚，原本是為高興而來、盡興而去，沒想到是心痛而回，肖先生認為都是酒中鐵絲惹的禍。於是，其妻子與幾個親屬一起到餐廳討說法，要求賠償損失。

餐廳卻認為，雖然為肖先生提供了服務，但酒水是免費的，客人因此而造成傷害，餐廳不存在過錯，理所當然也就不負賠償責任。至於客人受傷，是因為生產廠家提供的酒水存在瑕疵，廠家有過錯，應由酒水的生產廠家承擔賠償責任。

湖北浩澤律師事務所孫盛律師分析認為，根據《消費者權益保護法》的規定，消費者因接受服務受到人身損害的，享有依法獲得賠償的權利。消費者在接受服務時，其合法權益受到損害的，可以向服務者要求賠償。肖先生在該餐廳用餐，並享受該餐廳酒水免費的服務，他們之間就形成了事實上的服務合同。肖先生在接受餐廳提供的服務時，因其提供的酒中藏有鐵絲而遭到人身損害。儘管該餐廳對酒水存在瑕疵沒有過錯，而且是免費使用，但這免費的酒水是屬於酒店所提供服務的一部分，因此酒店作為服務的提供者，就應當為此承擔賠償責任，而不能以免費提供服務為由拒絕賠償。

孫律師同時指出，因酒水中有鐵絲造成肖先生受傷，故酒水的生產廠家也有過錯，同樣也要承擔損害賠償責任。但作為消費者肖先生來講，他有權按照自己的意願選擇索賠對象。當然，餐廳在對肖先生做出賠償后，依照過錯責任原則也可向酒水的生產廠家進行追償，但餐廳不能據此推卸責任。

—— ［資料來源］《長江日報》數字版，2008-08-17.

二、酒水銷售控製

在餐廳酒水經營過程中，常見的酒水銷售形式有三種，即零杯銷售、整瓶銷售和配制銷售。這三種銷售形式各有特點，管理和控製的方法也各不相同。

(一) 零杯銷售

零杯銷售是酒水經營中常見的一種銷售形式，銷售量較大，它主要用於一些烈性酒如白蘭地、威士忌等的銷售。銷售時機一般在餐前或餐后，尤其是餐后。客人用完餐后，喝杯白蘭地或餐后甜酒，一方面消磨時間、相聚閒聊，一方面飲酒幫助消化。零杯銷售的控製首先必須計算每瓶酒的銷售份額，然后統計出每一段時期的總銷售數，採用還原控製法進行酒水的成本控製。

由於各餐飲企業採用的計量標準不同，各種酒的容量不同，在計算酒水銷售份額時首先必須確定酒水銷售計量標準。目前常用的計量有每份 30 毫升、45 毫升和 60 毫升三種，同一飯店的餐飲部門在確定計量標準時必須統一。計量標準確定以後，便可以計算出每瓶酒的銷售份額。以人頭馬 6300 為例，每瓶的容量為 700 毫升，每份計量設定為 1 盎司（約 30 毫升），其計算方法如下：

$$銷售份額 = \frac{每瓶酒容量 - 溢損量}{每份計量} = \frac{700-30}{30} = 22.3 （份）$$

計算公式中溢損量是指酒水存放過程中自然蒸發損耗和服務過程中的滴漏損耗，根據國際慣例，這部分損耗控製在每瓶酒 1 盎司左右被視為正常。根據計算結果可以得出每瓶人頭馬 6300 可銷售 22 份，核算時可以分別算出每份或每瓶酒的理論成本，並將其與實際成本進行比較，從而發現問題並及時糾正銷售過程中的差錯。

零杯銷售的關鍵在於日常控製，日常控製一般通過酒吧酒水盤存表來完成，每個班次的當班調酒員必須按表中的要求對照酒水的實際盤存情況認真填寫。

(二) 整瓶銷售

整瓶銷售是指酒水以瓶為單位對外銷售。一些飯店和酒吧為了鼓勵客人消費，通常採用低於零杯銷售 10% ～ 20% 的價格對外銷售整瓶酒水，從而達到提高經濟效益的目的。但是，由於差價的關係，往往也會誘使覺悟不高的調酒員和服務員相互勾結，把零杯銷售的酒水收入以整瓶酒的售價入帳，從而中飽私囊。為了防止此類作弊行為發生，減少酒水銷售的損失，整瓶銷售可以通過整瓶酒水銷售日報表來進行嚴格控製，即每天將按整瓶銷售的酒水品種和數量填入日報表中，由主管簽字后附上訂單，一聯交財務部，一聯由酒吧留存。

另外，在飯店各餐廳的酒水銷售過程中，國產名酒和葡萄酒的銷售量較大，而且以整瓶銷售居多，這類酒水的控製也可以使用整瓶酒水銷售日報表來進行，或者直接使用酒水盤存表進行控製。

(三) 混合銷售

混合銷售通常又稱為配制銷售或調制銷售，主要指混合飲料和雞尾酒的銷售。

酒水混合銷售的控制比較複雜，有效的手段是建立標準配方，標準配方的內容一般包括酒名、各種調酒材料及用量、成本、載杯和裝飾物等。建立標準配方的目的是使每一種混合飲料都有統一的質量，同時確定各種調配材料的標準用量，以利加強成本核算。

在日常管理中，為了準確計算每種酒水的銷售數量，混合銷售可以採用雞尾酒銷售日報表進行控制，每天將銷售的雞尾酒或混合飲料登記在日報表中，並將使用的各類酒品數量按照還原法記錄在酒吧酒水盤點表上，管理人員將兩表中酒品的用量相核對，並與實際儲存數進行比較，檢查是否有差錯。

總之，酒水的銷售控製雖然有一定的難度，但是，只要管理者認真對待，注意做好員工的思想工作，建立完善的操作規程和標準，也是可以做好的。

三、酒水服務

（一）酒水服務的含義

酒水服務是服務員幫助顧客購買和飲用酒水的全過程。該過程從餐廳預訂開始，包括引座、寫酒單、開瓶、斟酒等，直至顧客離開餐廳。酒水服務質量與酒水質量本身一起構成了酒水產品質量。優秀的酒水服務應以顧客需求為目標，積極向上，誠心誠意，高效率，微笑、周到，不斷創新。優秀的酒水服務應對顧客和企業都有價值，給顧客留下深刻而良好的印象。

（二）酒水服務的原則

酒水服務形式因企業的經營特點不同而不同。餐廳適用餐桌服務和自助服務，宴會和酒會適用餐桌服務、自助服務和流動服務。餐飲企業對各種酒水服務方法應進行標準化和程序化管理。由於酒水服務是無形產品，因此保證質量的前提是服務標準化和程序化。許多酒水經營企業採取個性化服務。個性化服務是在標準化和程序化服務基礎上，根據顧客需求，將原有的服務標準進行適當調節。酒水服務必須與酒水種類、顧客飲用習慣、酒具、飲用溫度、開瓶方法、倒酒方法聯繫在一起。

（三）酒水搭配促銷技巧

酒水搭配講究藝術和技巧，搭配得當，會對酒水、菜品的銷售起到促進的作用。目前，在高星級酒店裡有專業的點酒師為客人提供點酒服務。其搭配技巧主要表現在：

1. 酒與菜之間的搭配

酒與菜的搭配有一定的規律，酒與菜總的搭配規律是：風味對等、對稱、和諧；為飲用者所接受和歡迎。具體地說，就是色、香、味均淡雅的酒品應與色調冷、香氣雅、口味純的菜點相配合；色、香、味均濃鬱的酒應與色調熱、香氣馥、口味雜的菜配合；冷酒對冷盤，清爽相宜；干白葡萄酒與海鮮，純鮮相配；紅葡萄酒對肉類、禽類菜品；黃酒對河蟹，鮮味相投，可以互相渲染烘托；咸食選用干、酸型酒類，甜食選用甜型酒類，辣食選用醬香型酒類；中國菜盡可能選用中國酒，西式菜盡可能選用西洋酒，在難以定奪時，則選用中性酒類，或視客人和就餐者的意見而定。

2. 酒與酒之間的搭配

酒與酒之間的搭配也有一定的規律可循，其難度相對於酒與菜的搭配來說要小些。酒席間或宴會上如果備有多種酒品，一般的搭配原則是：低度酒在先，高度酒在后；軟性酒在先，硬性酒在后；有汽酒在先，無汽酒在后；新酒在先，老酒在后；淡雅風格的酒在先，濃鬱風格的酒在后；普通酒在先，名貴酒在后；干烈酒在先，甘甜酒在后；白葡萄酒在先，紅葡萄酒在后。

3. 酒水與飲料之間的搭配

酒與其他飲料的搭配沒有明顯的規律性，常憑藉顧客的興趣來搭配，如以橘汁衝啤酒，葡萄酒摻果汁；用水兌酒飲用；用冰塊、冰霜、冰水伴烈性酒；用愛爾蘭咖啡兌酒，用湯力金酒兌酒，用巧克力同酒一起食用；在飲酒后再飲用咖啡、茶、果汁等其他飲料。

(四) 酒水服務禮儀規範

酒水服務禮儀規範通常有如下一些：

(1) 服務員應尊重客人的飲食習慣，根據酒水與菜品搭配的原則，向客人適度介紹酒水。下單前，應重複酒水名稱。多人選擇不同飲品的，應做到準確記錄，服務時正確無誤。

(2) 斟倒酒水前，服務員應洗淨雙手，保證飲用器具清潔完好，在徵得客人同意后，按禮儀次序依次斟倒。斟酒量應適宜。續斟時，應再次徵得客人同意。

(3) 提供酒水服務時，服務員應詢問客人對酒水的要求及相關注意事項，然后再提供相關服務。

(4) 提供整瓶出售的酒品時，應先向客人展示其所點酒品，經確認后再當眾開瓶。斟倒飲料時，應使用托盤。

(5) 調酒員現場服務時，應做到操作衛生、手法嫻熟。客人有重要談話時，調酒員應適時迴避。客人對所調制的酒水不滿意時，應向客人致歉，爭取為客人提供令其滿意的服務。

(6) 提供熱飲或冷飲時，應事先預熱杯具或提前為杯子降溫，保證飲品口味純正。提供冰鎮飲料時，應擦干杯壁上凝結的水滴，防止水滴滴落到桌子上或客人衣服上。提供無色無味的飲料時，應當著客人的面開瓶並斟倒。

【補充閱讀 7-3】全世界最著名的礦泉水

氣派豪華、燈紅酒綠的中餐廳裡，顧客熙熙攘攘，服務員在餐桌之間穿梭忙碌。一群客人走進餐廳，引座員立即迎上前去，把客人引到一張空餐桌前，讓客人各自入座，正好 10 位坐滿一桌。

服務員小方及時上前給客人一一上茶。客人中一位像是主人的先生拿起一份菜單仔細翻閱起來。小方上完茶后，便站在那位先生的旁邊，一手拿小本子，一手握圓珠筆，面含微笑地靜靜等候他的點菜。那位先生先點了幾個冷盤，接著有點猶豫起來，似乎不知點哪個菜好，停頓了一會兒，便對小方說：「小姐，請問你們這兒有些什麼好

的海鮮菜肴？」「這……」小方一時答不上來，「這就難說了，本餐廳海鮮菜肴品種不少，但不同的海鮮菜檔次不同，價格也不同，再說不同的客人口味也各不相同，所以很難說哪個海鮮特別好。反正菜單上都有，您還是看菜單自己挑吧。」小方一番話說得似乎頭頭是道，但那位先生聽了不免有點失望，只得應了一句：「好吧，我自己來點。」於是他隨便點了幾個海鮮和其他一些菜肴。

當客人點完菜后，小方又問道：「請問先生要些什麼酒和飲料？」客人答道：「一人來一罐青島啤酒吧。」又問：「飲料有哪些品種？」小方似乎一下來了靈感，忙說道：「哦，對了，本餐廳最近進了一批法國高檔礦泉水，有不冒氣泡的和冒氣泡的兩種，你們不能不品嘗一下啊！」「礦泉水？」客人感到有點意外，看來礦泉水不在他的考慮範圍內。「先生，這可是全世界最著名的礦泉水呢。」客人一聽這話，覺得不能在朋友面前丟了面子，便問了一句：「那麼哪種更好呢？」「那當然是冒氣泡的那種好啦！」小方越說越來勁。「那就再來10瓶冒氣泡的法國礦泉水吧。」客人無可奈何地接受了小方的推銷。

服務員把啤酒、礦泉水打開，冷盤、菜肴、點心、湯紛紛上來，客人們在主人的盛情之下美餐一頓。

最後，主人一看帳單，不覺大吃一驚，原來1,400多元的總帳中，10瓶礦泉水竟佔了350元，他不由嘟噥了一句：「這礦泉水這麼貴啊！」「那是世界上最好的法國名牌礦泉水，賣35元一瓶是因為進價就要18元呢。」收銀臺服務員解釋說。「哦，原來如此。不過，剛才服務員沒有告訴我價格呀。」客人顯然很不滿意，付完帳後快快離去。

點評：本例中服務員小方在給客人介紹和推銷菜肴、飲料過程中，有兩個過失。第一，推銷不力。當客人主動詢問有哪些好的海鮮菜肴時，小方不應該消極推辭，放棄推銷產品的職責和機會，而完全應趁勢詳細介紹本餐廳的各種海鮮，重點推薦其中的特色品種，甚至因勢利導地推銷名貴海鮮，客人也會樂意接受。這樣既滿足了客人的要求，又增加了餐廳的收入，何樂而不為呢？到手的機會拱手相讓，還惹來了客人的不悅。第二，推銷過頭。餐飲推銷必須掌握分寸，超過了一定限度，過頭了，就會適得其反。像法國名牌礦泉水，這是為某些高消費客人的特殊需求而備的，不在服務員的一般推銷之列。若有客人提出要喝法國礦泉水，就說「有」即可，或者可以婉轉暗示客人礦泉水的價格。像小方那樣過分推銷，使客人處於尷尬境地，雖能勉強達到推銷目的，但到頭來反而會使客人誤解酒店有故意「宰客」之嫌，很可能就此失去了這些回頭客，這是很不值得的。

［資料來源］http://industry.yidaba.com/ldly/alfx/66844.shtml

本章小結

通過本章的學習，不但可以瞭解酒水的基本知識和酒水服務的特點，幫助學員重視餐飲經營中的酒水銷售及服務，而且還可以掌握酒水的服務技巧和原則，從而達到提高服務質量、增加客人滿意度的效果，進而提高餐廳菜品銷售額，提升企業知名度，

增強企業競爭力。

復習思考題

1. 填空題
(1) 號稱世界三大飲料的是_____、_____、_____。
(2) 世界上咖啡產量最多的國家是_____，其次是_____。按酒的釀造方法分，可分為_____、_____、_____。
(3) 中國第一名酒是_____酒，其香型是_____，產地是_____。
2. 單項選擇題
(1) _____以西湖龍井為最有名。
A. 綠茶　　　　　B. 紅茶　　　　　C. 烏龍茶　　　　　D. 緊壓茶
(2) 被稱為「葡萄酒女王」的產地是_____。
A. 法國波爾多地區　　　　　B. 法國科涅克地區
C. 法國波肯地區　　　　　　D. 法國香檳省
(3) 黃酒屬於_____。
A. 蒸餾酒　　　　B. 高度酒　　　　C. 發酵原酒　　　　D. 配制酒
3. 問答題
(1) 餐廳酒水管理的作用是什麼？
(2) 酒水服務禮儀中應注意哪些細節？
(3) 酒水服務的原則是什麼？

案例分析與思考：存酒「存」住回頭客

　　山東濟南市有一家餐館，開業后生意很一般，可老闆經過細心觀察，在店堂專門為顧客增設了一個存酒櫃，很快為餐館帶來了好生意。過去沒有存酒櫃時，顧客開始由於要的酒多，喝不完又不好意思帶走，於是主人只好一個勁地勸客人喝，直到把酒喝完為止。結果呢？經常有人喝醉，重者傷了身體，輕者或誤了正事，或影響了家庭和睦。這家餐館推出存酒櫃這一舉措後，著實為該店引來了一批又一批的回頭客，其生意明顯好於以前。

　　[資料來源] http://www.hotel1520.com/hotel_1/4297_3.html.
　　思考題：
　　分析本案例餐飲酒水銷售管理創新之處在哪裡？為什麼餐館的生意能好於以前？

實訓指導

　　實訓項目：酒水單設計。
　　實訓要求：根據企業定位，完成酒水單類型組合設計；根據餐廳特點，完成酒水

單內容設計；根據餐廳經營特點，設計酒水單定價策略方案；設計酒水單科學管理方案。

　　實訓組織：項目引導，任務分配；小組調研，內容設計；小組討論，師生交流；方案匯報，項目評價。

　　項目評價：小組互評；教師評價。

第八章　餐飲服務管理

【學習目的】
掌握餐飲服務的功能、意義、特點；
瞭解餐飲服務環境的設計布置工作；
掌握餐飲服務的基本技能；
掌握從管理者的角度對餐飲服務質量進行事前、事中、事後的監控和管理。

【基本內容】
★餐飲服務的功能與特點：
餐飲服務的內涵；
餐飲服務的功能；
餐飲服務的內容；
餐飲服務的特點。
★餐飲服務環境的布置與安排：
影響餐飲服務環境布置與安排的因素；
餐飲服務場所布置安排的原則；
餐飲服務場所的布置與設計。
★餐飲服務基本技能與服務程序：
餐飲服務基本技能；
餐飲服務程序。
★餐飲服務質量控製方法：
預先控製；
現場控製；
反饋控製。
★餐飲服務質量的監督檢查：
餐飲服務質量監督的內容；
餐飲服務質量檢查；
餐飲服務質量監督檢查的主要措施。

【教學指導】
　　進行學生餐飲操作基本技能的培訓，採用情景模擬使學生掌握餐飲服務與管理的基本程序。

第一節　餐飲服務的功能與特點

現代的餐飲業已不單單是為了滿足人們的飲食需求，它被賦予了諸如社交、享受、審美、商務等多樣性的功能。怎樣才能讓客人在滿足口腹之欲的同時得到多方面的滿足，提升產品的附加值，體現餐飲的功能特點，餐飲服務是關鍵所在。

一、餐飲服務的內涵

餐飲服務，是服務人員借助餐飲服務設施向客人提供食物，同時幫助客人順利完成就餐過程，使客人得到生理和精神的雙重享受。

服務（SERVICE），在法國是服侍用餐的顧客的意思。這個字在法語中本來是指菜單中的一組菜式，后來轉註為提供餐點上桌服務客人的方式。西餐服務以法式西餐最為講究與周到，由此可知服務就是服務人員以最親切與禮貌的態度，去服侍顧客，而且處處為顧客著想，隨時為顧客提供必要的幫助，使顧客享受到賓至如歸的舒適氣氛。這就是服務的真諦。

在英語中，服務（SERVICE）的解釋分解到每個字母。Smile（微笑），微笑待客；Excellence（優秀），業務精通；Ready（準備好），隨時準備為客人服務；Viewing（看待），視每位客人為特殊和重要人物；Invitation（邀請），邀請每位客人再次光臨；Creating（創造），為客人創造溫馨氣氛；Eye（眼神），用眼神表達對客人的關心。

客人購買的餐飲產品包括飲食產品和服務，二者是不可分割的組合體，任何方面的不完美都會給顧客帶來不良的影響，進而影響餐飲企業的聲譽和產品的銷售。在相同檔次的餐飲企業，餐飲硬件設施一般都大同小異，只有差異性的服務才能體現出競爭優勢。

二、餐飲服務的功能

餐飲服務在餐飲企業的整體運轉中發揮著獨特的功能。

(一) 餐飲服務是菜品從生產轉換為消費的橋樑

通過餐飲服務使產品從生產階段進入消費階段，是餐飲產品體現其價值的重要環節。無論是零點、宴會、自助還是外賣，每一種餐飲消費形式都表現出服務的這一功能。因此，對餐飲企業來說，餐飲服務是完成這一轉變的重要手段。

(二) 餐飲服務是推銷餐飲產品的過程

餐飲服務的過程也是推銷的過程。在競爭日趨激烈的餐廳經營中，應加倍重視對服務員推銷意識的培訓。推銷功能的發揮直接關係到餐飲企業的經濟效益和服務效果。餐飲服務是與顧客面對面的工作，對客推銷包含兩個層面，一是淺層次的商品推銷，二是更高層次的企業形象、文化、品牌的整體推銷。

（三）餐飲服務是滿足顧客需求的重要手段

根據馬斯洛需求層次理論，顧客就餐不僅有吃與喝等生理上的需求，還有人身、財務等安全方面的需求，更有精神層面上的高級需求，如受尊重、得到認同、身心的愉悅與放鬆，等等。而在需求的每一個層面、每一個環節，都需要服務人員以嫻熟的業務技能、禮貌、周到、熱情的服務態度和大方、得體的服務姿態來幫助客人實現其需求，使其得到全方位的滿足。

三、餐飲服務的內容

在顧客用餐的過程中，有很多工作需要服務人員在臺前幕后完成，任何小小的疏忽與遺漏都可能造成難以挽回的損失。具體的內容包括以下幾方面：

（一）保障餐飲產品的質量

無論何種性質的企業，質量始終是它的生命線，餐飲企業更不例外。餐飲產品的質量包含了食品質量和服務質量。食品是餐飲產品的基礎所在，顧客正是通過對它的享用來體驗和感受用餐的快樂。因此，餐廳提供的菜肴要求選料精細、品質優良、烹飪科學、注重審美效果、符合各種顧客的風俗習慣和口味。對於服務質量而言，它是顧客是否有美好感受、各方面需求是否得到滿足的關鍵所在，服務人員應該從服務技能、態度、效率等方面加以提升。

（二）提供設備用品和良好的環境氣氛

良好的設備用品能為餐廳的檔次、品味和氛圍加分。如造型精美、完整無瑕的餐具可以與菜品一道創造良好的審美效果；空調、盆栽和燈光、音響能營造和諧、浪漫、溫馨的氛圍和環境；而各類飾品、擺設又可以烘托氣氛，體現風格。所以服務人員應加強對餐廳內所有設備用品的清潔保養和維護，力圖以優雅、精致的環境和氣氛增強顧客的滿意度。

（三）清潔衛生

餐飲服務的一大特點就是清潔衛生。首先要從服務員自身做起，保證服務員的著裝整潔乾淨、個人衛生徹底、服務過程中衛生習慣良好。此外，菜肴衛生、環境衛生也必須隨時關注，及時處理。

（四）安全服務

安全是人的基本需求，外出就餐本就是一件比較令人愉悅的事情，做好安全服務工作，消除客人的后顧之憂，可以令顧客放鬆身心獲得更大的享受。服務人員要注意顧客人身、財物的安全和餐廳自身的安全。顧客人身方面，要防止因設施設備用品的缺陷而受傷，如松動的椅子容易摔傷顧客；還要注意在服務過程中因為疏忽而傷到客人，如上菜時燙傷客人；關注客人的財物安全，對形跡可疑的人及時向上級匯報，採取措施確保安全，如為客人掛在椅背上的衣服罩上椅套；餐廳自身方面，要保持警惕，及時發現安全隱患並加以排除，如防火、防盜。

(五) 對客服務的技能、技巧

服務工作是面對面的工作，如何有效地和客人溝通，建立良好的關係，也是餐飲服務的重要內容。服務人員應不斷提高自身素質，從服務態度、禮儀禮貌、服務技能和服務技巧等方面入手，以提供優質服務為目標，以客人滿意為宗旨，達到能使賓主盡歡的理想境界。

四、餐飲服務的特點

(一) 態度具有價值

在餐飲服務中，「態度」是一種服務因素，它本身具有價值，同時也為企業帶來效益。服務態度有它的內在含義和外在的表現形式。服務人員服務的態度隱含了個人素質、職業道德、服務意識、服務理念等種種要素，各要素的高低程度決定了服務人員對服務工作的看法、熱愛程度和對企業的認同感，直接影響著服務員的工作態度，並通過一些表現形式傳遞給客人。這些表現形式包括外顯的各項舉止，如微笑、禮貌、周到、熱情等。

(二) 餐飲服務是標準化和個性化的有機統一

餐飲企業根據實際情況制定服務工作的標準模式，目的是使員工做到服務方式規範化、服務質量標準化、服務過程程序化。標準化服務，質量便於監控，過程便於管理，能夠較為公平地進行各項指標的考評。

但是，來自不同國家、地區和民族的賓客由於其層次、職業、風俗習慣、文化背景等因素的不同，在消費方式和飲食習慣方面有著較大的差異，對餐飲服務的要求也不盡相同，標準化作業不可能提供令他們完全滿意的服務，所以必須根據實際情況為客人提供針對性服務也就是個性化服務。個性化服務體現了對客服務的專門性、獨特性，充分展示了以客為本、以客為尊的服務理念。

(三) 餐飲服務的不可逆性

餐飲服務的不可逆性一是體現在時間上，餐飲服務只能在一定的時間內提供給客人享受，如果客人在相應時間沒有來，就意味著餐飲服務在那個時間段的價值再也不能實現，因為時光無法倒流。不可逆性的第二個體現在於餐飲產品生產和消費同步進行，生產者與消費者之間是當面服務、當面消費，服務的質量直接受到顧客的當面檢驗，服務的效果無法再改變。

基於餐飲服務不可逆的特點，要求每一位服務人員要接待好每一位客人，在有效的時間內以良好的服務效果來實現餐飲產品的價值。

(四) 餐飲服務的統一性

統一性指餐飲服務是直接服務與間接服務的統一，人前行為即對顧客的照顧與款待和背後行為即食品的製作、衛生與安全等相統一。顧客到某餐廳就餐往往含有信賴的因素，即在一定時間內將自己托付給了餐廳。餐廳則應本著對客人負責的精神，把

人前服務與背后服務有機地統一起來。

(五) 餐飲服務的無形性

餐飲服務是無形的，它不同於水果、蔬菜等有形產品，能從色澤、大小、形狀等方面直觀地判別其質量的好壞。餐飲服務只能通過就餐客人購買、消費、享受服務之后所得到的親身感受來評價其好壞。餐飲服務的無形性使得顧客在消費之前無法對其進行考證，增加了購買的風險性，而同時也加大了餐飲產品銷售的困難。不斷追求更高的服務質量，特別是提高廚師和餐廳服務人員的製作水平和服務水平，是解決這個問題的關鍵所在。

(六) 餐飲服務的差異性

餐飲服務的差異性一方面是指餐飲服務是由餐飲部門工作人員通過手工勞動來完成的，而每位工作人員由於年齡、性別、性格、素質和文化程度等方面不同，他們為客人提供的餐飲服務也不盡相同；另一方面，同一服務員在不同的場合、不同的時間，或面對不同的客人，其服務態度和服務方式也會有一定的差異。為了縮小這種差異，應該通過對員工服務技能、服務素質、職業操守方面的培訓來提升員工素質，盡量弱化差異。

第二節　餐飲服務環境的布置與安排

餐飲服務環境是餐飲企業提供服務和顧客進行消費體驗的物質環境，既是餐飲產品的生產場地，同時也是顧客的消費場所。一般來說，餐飲服務環境包括前臺環境和后臺環境兩個部分。前臺環境是客人消費餐飲產品的場所，包括外觀、裝修、風格、擺設在內的「可視環境」，造就了服務氛圍，影響著消費者的服務體驗和心理感受。同時，前臺服務環境還是服務的「生產場所」，其功能性設計的合理性會對服務者的工作效率、工作態度產生一定的影響。服務后臺環境是生產環境，各類食品均在此製作，其設計的科學性會對整個餐飲生產的高效率產生決定性的作用。本節主要探討餐飲服務前臺環境的布置與安排。

一、影響餐飲服務環境布置與安排的因素

(一) 餐飲企業的客源結構

餐飲企業首先應該確定自己的目標市場，根據目標市場客源的消費習慣、審美要求來確定餐廳環境的風格、基調和主題，在環境的佈局和設計中創造各種特定的氛圍，盡可能滿足各類客人的心理需求。例如，宴會廳要顯得莊嚴、氣派、富麗堂皇，以顯示宴會主人的身分和地位；普通大型餐廳以接待大型聚餐為主，要顯得熱烈而有序；而高檔餐廳就應該顯得高貴、雅致、溫馨、寧靜。

(二) 餐廳的建築結構

餐廳營業場所在建築結構方面各有形狀，布置安排時必須因地制宜，根據不同的建築結構進行合理佈局，使服務設施的安排、服務路線的設計與現有的建築結構相協調。

(三) 餐廳的服務類型

不同的服務方式，對環境布置、安排的要求不同。如中餐和西餐，它們無論對裝潢、氣氛，還是對家具、餐具，都有不同的要求。又如，西餐廳中，美式服務、法式服務、俄式服務等不同的服務方式對服務設施、服務空間的要求又各不相同。餐廳的布置、安排必須與餐廳所提供的服務方式一致。

(四) 餐廳的檔次和規格

不同檔次和規格的餐廳，需要有與之相匹配的服務環境，應根據目標市場客源的特點來進行合理的布置和安排。如從消費水平看，是吸引一般消費者還是中等水平消費者或是高水平消費者。有了這樣一個目標，將有利於投資決策，也就從某種程度上決定了餐廳的布置與安排。

(五) 餐廳所處的地點和位置的影響

餐飲環境的設計布置會受到餐廳周圍環境的影響。如在繁華地帶，應考慮房屋租金成本，充分利用有限的空間，盡可能擴大餐廳中的營業區域；而在風景區，就應將餐廳布置得休閒、輕鬆，外觀設計應與景區大環境相協調。

(六) 餐飲企業的資金能力

毫無疑問，這是決定餐飲機構布置、設備選擇的主要因素之一。強有力的資金支持，可按經營者思路進行設計，保證設施設備的高品質，最大限度地挖掘餐廳潛力，實現更大效益。資金能力不強，則會束縛餐廳應有能力的發揮。

在上述六個影響餐飲服務環境布置與安排的因素中，資金能力、建築結構和客源結構三項因素將直接影響餐飲服務環境布置安排方案的設計和選擇，餐飲經營、管理人員應根據具體情況加以把握。

二、餐飲服務場所布置安排的原則

在對餐廳進行布置安排的時候，有一些基本尺度是需要明確把握的。

(一) 安全性原則

布置餐廳的設施設備和各類物件的選材和佈局要能保證生產服務工作和消費活動的安全，如衛生間和廚房的防滑地板、醒目的消防設施和標誌等。

(二) 服務高效原則

設計者應合理擺放設施，不僅要使服務的路線清晰，而且應盡量縮短服務路線的長度，減小服務者與顧客的移動距離，保證服務效率。

(三) 氛圍良好原則

餐廳的設計和布置應該創造出良好的氛圍，不僅要令顧客感到愉悅，還要使員工在舒適的工作環境中保持良好的工作狀態。

(四) 效益原則

餐廳的布置要講求效益，兼顧節省成本和達到經營目標兩方面，特別是后臺的空間，往往受到多種條件的制約，必須加以充分利用，比如豪華餐廳應有寬敞的大堂，但也應有佈局緊湊的廚房。

餐飲服務場所的設計與佈局，應有利於餐飲產品的服務與銷售，能長期讓顧客流連忘返，吸引客人再次光顧，能在同行業的競爭中保持不敗之地。飯店餐飲行業的激烈競爭，要求在設計工作上對營業方式、經營格調、空間規劃、設備配置、照明及色調變化、適應顧客心理等方面要面面俱到，樹立與其他餐飲企業不同的獨特風格。

三、餐飲服務場所的布置與設計

任何一家餐飲服務場所的布置與設計，都應該根據實際情況，遵循餐飲服務場所布置安排的原則來進行。

(一) 餐廳的店面、外表設計

餐廳店面如同產品的包裝，兼具美觀和識別的功能，展現餐廳格調，以招徠客人為主要目的。首先要符合餐廳的檔次，切不可一味追求高檔、豪華，使客人畏懼或是讓客人覺得名不副實。其二，店面應該彰顯其「識別」功能，讓顧客留下深刻印象並能從眾多餐廳裡將其分辨出來。因此，餐廳門面的大小、展示窗、霓虹燈、招牌等，要力求讓人過目不忘。利用獨特的外表充分烘托出餐廳的商品特徵，如開放式店面，採用落地玻璃窗，將餐廳內的用餐情調展現給過往行人，增強餐廳的親和力。在風格處理上，盡量採用自然鮮明的色彩，減少過分的裝飾堆砌，要有和諧的氣氛，強調協調，追求富於人情味的餐飲空間。

另外，餐廳門面的設計要顯示出衛生與清潔格調。這從顏色的運用、設備的風格、空間的安排及其本身具有的清潔程度均能反應出來。

同時，也要配合街景，餐廳名字要朗朗上口，便於識記，霓虹燈、招牌文字要簡明，圖案新穎而醒目，標誌鮮明，要與建築的造型相協調，顯示獨特的形象。

總之，餐廳外觀的設計，要符合大眾的審美標準，引起人們對餐飲產品的想像，激發人們的消費慾望，並能為客人留下良好印象。

(二) 餐飲服務場所空間的功能分區

餐飲服務場所的空間，無論其形狀大小，都應發揮其用餐、服務兩大功能。空間各部分應按其使用功能進行劃分和設計。

1. 就餐空間

就餐空間是餐廳最重要的部分，它主要承擔用餐功能，是顧客活動的最主要場所，因此必須體現舒適、方便和格調。顧客就餐空間一般被設計為包間、雅座和大廳。包

間是體現餐廳檔次的就餐場所，應該與大廳相隔一段距離，遠離大廳的喧囂，保持清靜、優雅的環境；雅座一般是以屏風、植物盆栽等軟隔斷在大廳獨立出一個相對隱蔽的空間，提供給那些人數較少又喜愛清靜的客人；大廳最適宜展示餐廳生意興隆的場面，所以在空間劃分的時候要避免迂迴曲折，盡量以開闊的佈局來體現。

餐廳的餐桌有圓形、正方形、長方形，餐椅有立式、櫃臺式、卡座式，在就餐空間內如何擺放布置，要視具體情況而定，一般來說，在包間擺放圓桌，雅座採用卡座，而大廳就採用普通的樣式。為避免餐桌資源浪費，比如少數人占用一個大圓桌，一般零點餐廳的餐桌應以標準尺寸的方形兩人桌為主，這種兩人桌可隨機拼裝，鋪上桌布即可變為六人或八人桌。

2. 公用空間

餐廳裡的公共空間是餐廳必不可少的配套功能區間，包含洗手間、衣帽間、等待區等。洗手間應設計在稍微隱密的地方；而衣帽間、等待區一般設置在餐廳大門附近。

3. 管理服務空間

餐廳中必須有一個空間專為工作人員的管理、服務工作而設。這一空間中有服務臺、辦公室、服務人員休息室等。很多餐廳服務臺又叫「吧臺」，一般設置在餐廳門側或是大廳中部位置，主要的功能是收銀、酒水及其他售賣品展示。

(三) 餐飲服務場所的人員流動線路安排

在進行餐廳服務場所的布置安排時，應該通過餐桌椅和植物盆栽的擺放來將人員行走的路線規劃出來。

在安排人員通道時首先應考慮盡可能選取直線，避免迂迴的曲線，使客人與工作人員能在第一時間內到達目的位置；其次是主要通道與次要通道之分，主要通道的寬度要明顯大於次要通道；最后是主要通道或次要通道均應考慮服務人員工作時用手推車的通行寬度。

(四) 餐飲服務場所的光線與色調

1. 餐廳的光線

餐飲服務場所的光線首先應考慮光源的形式。在餐廳中大致有三種光源：自然光源（陽光）、人工光源、自然光源與人工光源混合形式。人工光源分為電燈光源和燭光光源。餐廳採用何種形式的光源，受餐廳檔次、風格、經營形式與建築結構的制約。飯店中的餐廳多用混合光源照明，在咖啡廳、快餐廳中，自然光源的比重大些；而在高檔宴會廳和法式餐廳中，人工光源的比例會大些。要善於利用不同的光源形式，營造不同的就餐氛圍。

餐廳光線方面需要引起重視的是餐廳受光的強度。光的強、弱、明、暗不同，將會產生不同的效果。利用各種光線的強弱並配以色彩變化，能夠烘托出很好的用餐氣氛，增進食欲。一般而論，越是高檔的餐廳，光線的強度相對越弱；反之，餐座週轉率較高的餐廳，普遍使用光照度較強的配置。

2. 餐廳的色調

不同的色彩給人不同的感受。通常人們將色彩分為冷、暖兩大類別。暖色調使人

覺得緊湊、溫暖，冷色調可使空間顯得比較空曠並產生涼爽之感。因此，餐廳在運用色彩時，應根據餐廳的風格、檔次、空間大小，合理地運用好色調、牆壁、天花板、地面等的顏色要注意合理搭配，產生預想的效果。

第三節　餐飲服務基本技能與服務程序

一、餐飲服務基本技能

餐飲服務工作是一門技藝性較強的專業技術，熟練地掌握餐飲服務技能是做好服務工作、提高服務質量的基本條件。對服務員進行基本技能的培訓，使他們熟練掌握過硬的操作技能，在服務過程中發揮積極性、創造性，把對客服務的真摯情感融入工作，使技能與之完美結合，這樣才能充分體現服務的價值，並使賓客真正體會到賓至如歸的感覺。餐飲服務的基本技能包括托盤、擺臺、斟倒酒水、餐巾折花、上菜、分菜六項。

（一）托盤

托盤是餐飲工作者必須掌握的一門服務技術。托盤是服務員的第三只手，無論是擺、換、撤、運各種餐酒具，還是走菜、托運酒水，以及為客結帳等服務，都必須根據不同的物品和工作需要使用各種不同規格的托盤遞送。正確有效地使用托盤，不僅可以減少搬運次數，減輕服務員的勞動強度，提高工作效率和服務質量，同時還可以體現出餐廳服務工作的規範和服務人員的文明操作。

托盤的材質有木制、金屬（如銀、鋁、不銹鋼）和膠木製品，規格有大、中、小，形狀有長方形和圓形。大、中規格長方形托盤一般用於運送菜點、酒水和盤碟等較重物品，小規格長方形盤則用於遞送帳單、收款、信件等；大、中、小規格圓盤一般用於上菜、分菜、斟酒、展示飲品等。根據物品的不同要選用不同的托盤裝運、遞送。而且在使用托盤時，除非其表面是防滑的，否則一定要用一塊托盤巾或餐巾墊在托盤上，起到防滑作用。

托盤的方式有輕托和重托兩種。輕托就是托送比較輕的物品或用於斟酒、上菜等操作，一般重量在5千克以下。在服務中，輕托一般都在客人面前操作，因此，使用輕托時的熟練程度、優雅程度就顯得十分重要。重托用於托送較多的菜點、酒水和空盤碟。盤中的重量一般在10千克左右，甚至更重。這不僅要有較強的臂力，而且需要熟練的技術。

托盤的操作程序可分為理盤、裝盤、托盤、行走和落托五個環節。根據用途合理選擇托盤並擦拭乾淨盤底與盤面，最好使用膠墊或是墊布，以防盤內物品滑動。一般裝盤是重物、高物在裡檔；輕物、低物在外檔，先上桌的物品在上、在前，后上桌的物品在下、在後。根據物品重量選擇合適的托盤方式，輕托時左手臂彎成90℃角，掌心向上，五指分開；手掌自然形成凹形，掌心不與盤底接觸，平托於胸前，所以輕托又叫「胸前托」。重托時以左手扶住托盤的邊，右手伸開五指，用全掌托住盤底，協助

左手將托盤托起至胸前，向上轉動手腕，將托盤托於肩上，因此重托又叫「肩上托」。托盤行走的時候要注意輕托不貼腹，重托盤底不擱肩，前不近嘴、后不貼發、手不撐腰，腳步輕盈穩妥，幅度適中，保證酒水、湯汁不外溢。物品運送到目的地落托時，用右手扶住盤邊，將托盤水平放至桌邊，然後撤去左手，並用右手將托盤推進。

(二) 擺臺

擺臺是開餐前布置餐桌臺面的工作，屬於事前服務，體現了餐廳以客為尊、隨時歡迎客人到來並為其服務的服務意識和狀態。它包括臺布的鋪設、餐具物品擺放、美化臺面三個步驟。擺臺主要有零點、宴會之分，常見的中餐臺面見圖 8-1、圖 8-2、圖 8-3 所示。

圖 8-1　早餐擺臺　　　圖 8-2　中晚餐擺臺　　　圖 8-3　中餐宴會擺臺

中餐宴會擺臺根據臺形選擇好臺布后，服務員站在主位一側，用雙手將臺布抖開鋪上臺面，臺布折縫朝上；上轉盤底座時，壓在十字折縫印上，臺布四角均勻對稱與桌腳垂直。鋪臺布的方法有兩種：一種是推拉法，另一種是漁翁撒網法。擺放餐具時，將餐具放在托盤內以左手托起，從主人位開始按順時針方向依次用右手擺放餐具，次序是骨碟、茶碟、茶杯、湯碗、湯匙、味碟、酒水杯、筷架、筷子、牙簽盅、菸灰缸等。中餐宴會主人位的確定及座次安排見圖 8-4。為了美化臺面、烘托氣氛和突出主題，通常會在每個席位放置餐巾花和臺面正中擺放鮮花。

擺臺的好壞直接影響服務質量和餐廳的面貌。鋪設后的餐臺要求做到臺形設計考究、合理，席位安排有序，符合傳統習慣，餐具等擺設配套、齊全，整齊一致，既方便用餐，又便於席間服務。表 8-1 與表 8-2 為常用中餐擺臺考核配分與評分標準。

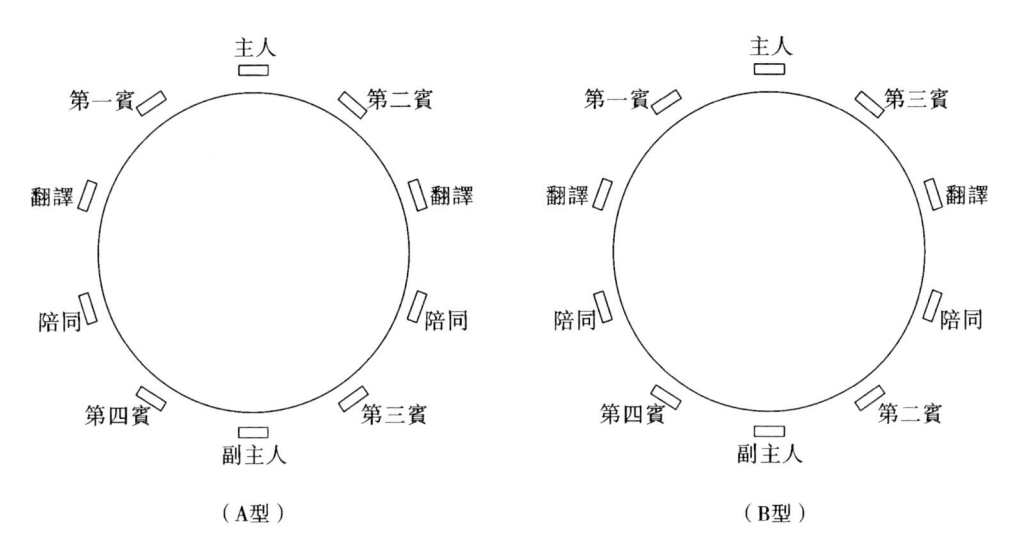

圖 8－4　中餐宴會座次安排

表 8－1　　　　　　　　中餐零點擺臺考核配分與評分標準

序號	考核內容	考核要點	配分	評分標準	扣分	得分
1	儀表儀容	儀表、儀容清潔、端莊、大方	10	儀表、儀容不符合要求，分別扣5分		
2	準備工作	餐具、用具分類擺放規範、合理	10	餐具、用具擺放不規範扣6分，整體類別擺放不合理扣4分		
3	鋪臺布	鋪臺布正面朝上；中線對正；臺布下垂均勻	5	臺布鋪反扣2分，中心線不正扣1分，臺布下垂不勻扣2分		
4	擺放餐具、用具	按順序擺放餐具、用具；餐盤定位間距相等；盤邊距桌邊等距；餐具、酒具擺放準確；間距均勻；正確、熟練地使用托盤	40	順序錯誤扣5分；餐盤間距不勻扣2分，與桌邊距離不等扣3分；餐具用具擺位錯誤每個扣1分，扣完10分為止；間距不合要求每個扣1分，扣完10分為止；托盤不規範扣5分，不熟練扣5分		
5	餐巾折花（杯花）	造型精致、美觀；技法熟練；花型新穎；插入杯中部分整齊；觀賞面朝向賓客；操作衛生，手指不接觸杯口，不用嘴叼、不用下巴按住餐巾	20	折疊粗糙不美觀扣5分；技法生疏扣4分；花型陳舊扣5分；杯中部分凌亂扣4分；觀賞面朝向錯誤扣3分；操作不衛生扣4分		

表8-1（續）

序號	考核內容	考核要點	配分	評分標準	扣分	得分
6	花瓶與餐椅	花瓶置餐臺中心；餐椅對位擺放規範	5	花瓶未居中心扣2分；餐椅擺位不準扣3分		
7	整體效果	清潔衛生；佈局合理；美觀大方	10	臺面不清潔扣2分；佈局不合理扣4分；整體缺乏美感扣4分		
備註				餐具、用具落地一次扣1分；打碎餐具、用具一件扣5分；少擺餐具、用具每件扣2分		
合計			100			

表8-2　　　　　　　　　　中餐宴會擺臺考核配分與評分標準

序號	考核內容	考核要點	配分	評分標準	扣分	得分
1	儀表、儀容	儀表、儀容清潔、端莊、大方，中式工裝得體	5	儀表不符合要求扣2分；儀表不規範扣3分		
2	準備工作	餐具、用具分類擺放規範、合理	5	餐具、用具擺放不規範扣3分，整體類別擺放不合理扣2分		
3	鋪臺布	鋪臺布正面朝上；中線對準正副主人位；臺布下垂均勻	5	臺布鋪反扣2分；中心線不正扣1分；臺布下垂不勻扣2分		
4	擺放餐具、用具	從主人位開始順時針擺放餐具、用具；餐盤定位間距相等；盤邊距桌邊等距；筷子探出筷架長度準確，筷尾端與桌邊距離準確；勺托、小瓷勺或湯碗、味碟擺位正確；紅酒杯居中，水杯、白酒杯位於紅酒杯左右擺放，間距準確；花瓶、公用餐具、牙籤盅擺位正確；正確、熟練地使用托盤	50	順序錯誤扣3分，逆時針擺放扣2分；餐盤間距不勻扣2分，與桌邊距離不等扣3分；筷子探出長度不等扣3分，與桌邊距不準扣2分；擺位錯誤扣1~5分；間距不合要求每個扣1分，扣完10分為止；擺位錯誤扣1~5分；擺位不準扣1~5分；托盤操作不規範扣5分，不熟練扣5分		

表 8-2（續）

序號	考核內容	考核要點	配分	評分標準	扣分	得分
5	餐巾折花（杯花）	造型精致、美觀；技法熟練、花型新穎；插入杯中部分整齊；主位花型突出；觀賞面朝向賓客；操作衛生，手指不接觸杯口，不用嘴叼、不用下巴按住餐巾	25	折疊粗糙不美觀扣 5 分；技法生疏扣 4 分；花型陳舊扣 5 分；主位花不突出扣 5 分；杯中部分凌亂扣 3 分；觀賞面朝向錯誤扣 3 分；操作不衛生扣 4 分		
6	花瓶與餐椅	花瓶置餐臺中心，餐椅對位擺放規範	5	花瓶未居中心扣 2 分；餐椅擺位不準扣 3 分		
7	整體效果	清潔衛生；佈局合理；美觀大方	5	臺面不清潔扣 2 分；佈局不合理扣 4 分；整體缺乏美感扣 4 分		
備註				餐具、用具落地一次扣 1 分；打碎餐具、用具一件扣 5 分；少擺餐具、用具每件扣 2 分		
合計			100			

　　西餐擺臺一般分為便餐擺臺、宴會擺臺兩種。臺形一般以長臺和腰圓臺為主，有時也用圓臺或方臺。具體擺臺方式是根據菜單設計的，食用某一類型的菜點，就相應地放置所需要用的餐具。

　　西餐便餐擺臺順序通常是先擺裝飾盤定位，然后在裝飾盤左邊擺餐叉，右邊擺餐刀，刀刃向內，湯匙放在裝飾盤前方且匙把朝右；麵包盤放在餐叉左邊，盤內放一黃油刀，刃向盤內；酒杯放在湯匙前方，擺法與中餐相同；餐巾折花放在裝飾盤內或者插入啤酒杯內；菸缸放在裝飾盤正前方酒杯外，胡椒粉、精鹽瓶放在菸缸左側，牙簽盅放在胡椒瓶、鹽瓶左邊，花瓶放在菸缸前面。當然，每個飯店可根據自己的餐具、餐桌、風格來進行臺面設計。

　　西餐宴會需要根據宴會菜單擺臺，每上一道菜就要換一副刀叉，通常不超過七件，包括三刀、三叉和一匙，擺放時按照上菜順序由外到內放置。其具體擺法見圖 8-5：①先將裝飾盤擺好作為定位，裝飾盤左邊按順序擺放餐叉、魚叉、開胃品叉，裝飾盤右側按順序擺放餐刀、魚刀、開胃品刀，刀刃朝左。②裝飾盤前方擺放甜品叉和甜品匙。③叉的左側擺麵包盤，盤內斜放黃油刀，盤的前方擺黃油碟。④甜品叉、匙的右方擺水杯、紅葡萄酒杯、白葡萄酒杯。⑤餐巾折花放在裝飾盤內。

　　西餐宴會擺臺考核配分與評分標準見表 8-3。

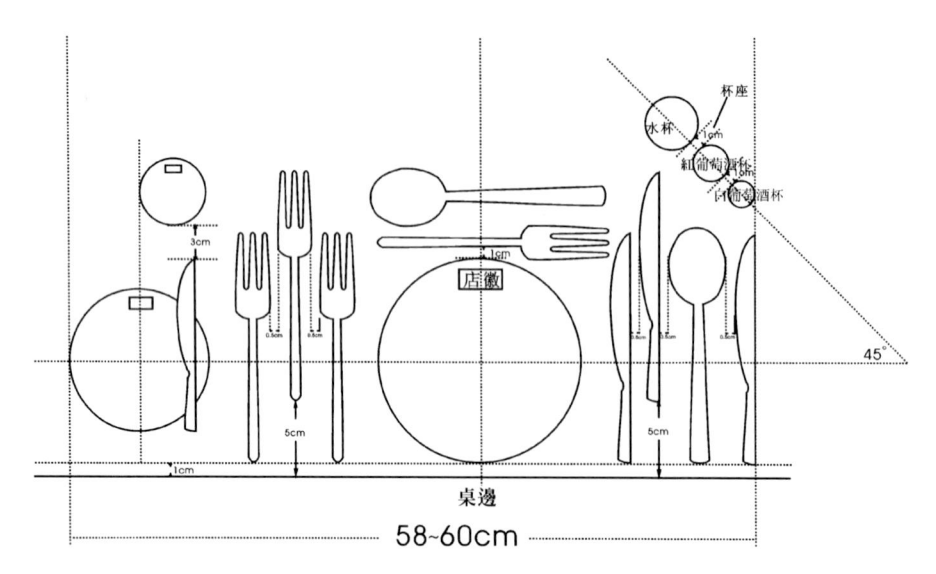

圖 8-5　西餐宴會擺臺平面示意圖

表 8-3　　　　　　　　　西餐宴會擺臺考核配分與評分標準

序號	項目	項目評分細則	配分	扣分	得分
1	儀表、儀容	儀表、儀容清潔、端莊、大方、工裝得體	5		
2	準備工作	餐具、用具分類擺放規範	3		
		餐具、用具分類擺放合理	2		
3	臺布	臺布中凸線向上，兩塊臺布中凸線對齊	1		
		兩塊臺布面重疊5厘米	1		
		主人位方向臺布交疊在副主人位方向臺布上	1		
		臺布四邊下垂均等	2		
		鋪設操作最多四次整理成形	2		
4	席椅定位	擺設操作從席椅正后方進行	0.6（每把0.1）		
		從主人位開始按順時針方向擺設	0.6（每把0.1）		
		席椅之間距離基本相等	0.6（每把0.1）		
		相對席椅的椅背中心對準	0.6（每把0.1）		
		席椅邊沿與下垂臺布相距1厘米	1.2（每把0.2）		

表 8-3（續）

序號	項目	項目評分細則	配分	扣分	得分
5	裝飾盤	從主人位開始順時針方向擺設	1.5（每個 0.25）		
		盤邊距離桌邊 1 厘米	1.5（每個 0.25）		
		裝飾盤中心與餐位中心對準	1.5（每個 0.25）		
		盤與盤之間距離均等	1.5（每個 0.25）		
		手持盤沿右側操作	1.5（每個 0.25）		
6	刀、叉、勺	刀、叉、勺由內向外擺放，距桌邊距離符合標準（標準見最後的「備註」）	5.4（每件 0.1）		
		刀、勺、叉之間及與其他餐具間距離符合標準（標準見最後的「備註」）	5.4（每件 0.1）		
		擺設逐位完成	6（每位 1 分）		
7	麵包盤、黃油刀、黃油碟	擺放順序：麵包盤、黃油刀、黃油碟	1.8（每件 0.1）		
		麵包盤盤邊距開胃叉 1 厘米	0.6（每件 0.1）		
		麵包盤中心與裝飾盤中心對齊	0.6（每件 0.1）		
		黃油刀置於麵包盤右側邊沿 1/3 處	0.6（每件 0.1）		
		黃油碟擺放在黃油刀尖正上方，相距 3 厘米	0.6（每件 0.1）		
		黃油碟左側邊沿與麵包盤中心成直線	0.6（每件 0.1）		
8	杯具	擺放順序：水杯、紅葡萄酒杯、白葡萄酒杯（白葡萄酒杯擺在開胃品刀的正上方，杯底中心在開胃品刀的中心線上，杯底距開胃品刀尖 2 厘米）	1.8（每個 0.1）		
		三杯成斜直線，與水平線呈 45 度角	6（每組 1 分）		
		各杯身之間相距約 1 厘米	1.2（每個 0.1）		
		操作時手持杯的中下部或頸部	1.8（每個 0.1）		
9	花瓶或花壇	花瓶或花壇置於餐桌中央和臺布中線上	1		
		花瓶或花壇的高度不超過 30 厘米	1		
10	燭臺	燭臺與花壇或花瓶相距 20 厘米	1（每座 0.5）		
		燭臺底座中心壓臺布中凸線	0.5（每座 0.25）		
		兩個燭臺方向一致，並與杯具呈直線平行	0.5（每座 0.25）		
11	牙簽盅	牙簽盅與燭臺相距 10 厘米	1（每個 0.5）		
		牙簽盅中心點壓在臺布中凸線上	0.5（每個 0.25）		

表 8-3（續）

序號	項目	項目評分細則	配分	扣分	得分
12	椒鹽瓶	椒鹽瓶與牙籤盅相距 2 厘米	1（每組 0.5）		
		椒鹽瓶兩瓶間距 1 厘米，左椒右鹽	1（每組 0.5）		
		椒鹽瓶間距中心對準臺布中凸線	1（每組 0.5）		
13	盤花	造型美觀、大小一致，突出正、副主人	4		
		餐花在盤中擺放一致，左右成一條線	4		
14	托盤使用	餐件和餐具分類按序擺放，符合科學操作	2		
		杯具在托盤中，杯口朝上	1		
15	綜合印象	臺席中心美化新穎、主題靈活	5		
		布件顏色協調、美觀	4		
		整體設計高雅、華貴	5		
		操作過程中動作規範、嫻熟、敏捷、聲輕，姿態優美，能體現崗位氣質	6		
合計（100分）					

備註：
1. 裝飾盤，2. 主菜刀（肉排刀），3. 魚刀，4. 湯勺，5. 開胃品刀，6. 主菜叉（肉叉），7. 魚叉，8. 開胃品叉，9. 黃油刀，10. 麵包盤，11. 黃油碟，12. 甜叉，13. 甜品勺，14. 白葡萄酒杯，15. 紅葡萄酒杯，16. 水杯
各餐具之間的距離標準：①1、2、4、5、6、8 與桌邊沿距離為 1 厘米；②1 與 2，1 與 6，8 與 10，1 與 12 之間的距離為 1 厘米；③9 與 11 之間的距離為 3 厘米；④3、7 與桌邊的距離為 5 厘米；⑤6、7、8 之間，2、3、4、5 之間，12 與 13 之間的距離為 0.5 厘米；⑥14、15、16 杯肚之間的距離為 1 厘米。

（三）斟倒酒水

斟倒酒水是餐廳服務技能中較難掌握也是最能體現服務員專業技術水平的部分。斟酒操作技術動作的正確、迅速、優美、規範，往往會給顧客留下美好印象。服務員給客人斟酒時，一定要掌握動作的分寸，不可粗魯失禮，不要講話，姿勢要優雅端莊，注意禮貌、衛生。服務員嫻熟的斟酒技術及熱情周到的服務，會使參加飲宴的顧客得到精神上的享受與滿足，還可強化熱烈友好的飲宴氣氛。

1. 斟酒服務的基礎

斟酒前，用乾淨的餐巾將瓶口擦淨。從冰桶裡取出的酒瓶，應先用餐巾擦拭乾淨，然后進行包墊。其方法是：用一塊 50×50 厘米見方的餐巾折疊六折成條狀，將冰過的酒瓶底部放在條狀餐巾的中間，將對等的兩側餐巾折上，手應握住酒瓶的包布，注意將酒瓶上的商標全部暴露在外，以便讓客人確認。斟一般酒時，左手持一塊折成小方形的餐巾，右手握瓶，即可進行斟酒服務。斟酒時用墊布及餐巾，都是為防止冰鎮后酒瓶外易產生的水滴及斟酒后瓶口的酒液灑在客人身上。使用酒籃時，酒瓶的頸背下

應襯墊一塊大小適宜的餐巾，以防止斟酒時酒液滴漏。

2. 斟酒時的站位

服務員的右腳在前，插站在兩位客人的座椅中間，腳掌落地；左腳在後，左腳尖著地呈后蹬勢，使身體向左呈略斜式；服務員面向客人，右手持瓶，依次進行斟酒。每斟滿一杯酒更換位置時，要做到進退有序。退時先使左腳掌落地，右腳撤回與左腳並齊，使身體回到原位。再次斟酒時，左腳先向前跨一步，右腳跟上跨半步，形成規律性的進退，使斟酒服務的整體過程瀟灑大方。服務員斟酒時，忌諱身體貼靠客人，但也不要離得太遠，更不可一次為左右兩位客人斟酒，也就是說不可反手斟酒。

3. 持瓶的姿勢

持瓶姿勢正確是斟酒準確、規範的關鍵。正確的持瓶姿勢應是：右手叉開拇指，並攏四指，掌心貼於瓶身中部、酒瓶商標的另一方，四指用力均勻，使酒瓶握穩在手中。採用這種持瓶方法，可避免酒液晃動，防止手顫。

4. 斟酒時的用力

斟酒時的用力要活而巧。正確的用力應是：右側大臂與身體呈 90 角，小臂彎曲呈 45 角，雙臂以肩為軸，小臂用力運用手腕的活動將酒斟至杯中。腕力用得活，斟酒時握瓶及傾倒的角度的控製就感到自如；腕力用得巧，斟酒時酒液流出的量就準確。斟酒及啓瓶均應利用手腕的旋轉來掌握。斟酒時忌諱大臂用力及大臂與身體之間角度過大，角度過大會影響顧客的視線並迫使客人閃避。

5. 斟酒的時機

斟酒時機是指宴會斟酒的兩個不同階段：一個是宴會前的斟酒；另一個是宴會進行中的斟酒。如果顧客點用白葡萄酒、紅葡萄酒、啤酒時，在宴會開始前五分鐘之內將紅葡萄酒和白葡萄酒斟入每位賓客杯中（斟好以上兩種酒后就可請客人入座，待客人入座后，再依次斟啤酒）。如用冰鎮的酒或加溫的酒，則應在宴會開始後上第一道熱菜前依次為賓客斟至杯中。宴會進行中的斟酒，應在客人干杯前後及時為賓客添斟，每上一道新菜後更添斟，客人杯中酒液不足一半時也要添斟。客人互相敬酒時要隨敬酒賓客及時添斟。

6. 斟酒量

一般白酒、白葡萄酒以八成滿為宜，紅葡萄酒 1/2 杯，斟啤酒時應順杯壁慢慢流下，以泡沫不外溢為準。

7. 斟酒的注意事項

（1）注意酒瓶的位置和可能發生的問題。斟酒時，瓶口不要碰上杯口（以相距 1～2 厘米為宜），以防將杯子碰倒；但也不能將瓶拿得過高，以防止酒水濺出杯外。斟完后，瓶口向上微微旋轉 45 度，以使最后一滴酒液不灑在桌上。當操作不慎將杯碰倒或碰破時，應向客人表示歉意並立即將杯扶起，還要迅速在餐臺有酒水痕跡處鋪上一塊乾淨的餐巾。如客人將杯碰倒時，服務員也要這樣處理。

（2）注意瓶口的酒量。瓶內酒量越少，流速越快，所以傾斜度要調整。

（3）注意客人的情況。在客人祝酒講話時，服務員應停止一切活動，精神飽滿地端正肅立在所服務的位置上。

(四) 餐巾折花

在臺面上使用餐巾花可以起到突出主題、美化臺面、渲染氣氛、衛生保潔的作用。折餐巾花是餐飲服務人員必須掌握的基本技能。

餐巾的質地有全棉、亞麻等，餐巾花按其折疊方法和擺放工具的不同有杯花、盤花和環花三種，造型包括植物類、動物類和實物造型類。

餐巾折花的注意事項包括注意操作衛生，折疊時要在乾淨的地方進行，不允許用牙叼咬；一次疊成，捏褶均勻，形象逼真，格調力求新穎，有真實感；餐巾花擺放整齊，高矮有序，突出主人的位置；有頭的動物造型一般要求頭朝右。

餐巾折花的基本手法有：

(1) 折疊：折疊是最基本的餐巾折花手法，幾乎所有造型都需要，即折成各種形狀。要求是：折疊前看好角度一次疊成，避免反覆，如星形扇面等。

(2) 推折：這是打折時運用的一種手法，即將餐巾疊面折成褶襇的形狀，使花型層次豐富、緊湊、美觀。操作的臺面必須光滑，否則就推不動，會將餐巾拉毛。折時拇指、食指緊緊握襇，不能松開；中指控製間距將餐巾向前推折，不能向後拉折，否則折襇間距離大小不勻，有礙造型美觀。要求兩邊對稱的折襇，一般應從中間向兩邊折。推折可分為直線推折和斜線推折兩種。兩頭一樣大小的用直線推折，一頭大一頭小或折半圓形或圓弧形的用斜線推折。

(3) 卷：就是將折疊的餐巾卷成圓筒形的一種方法，分為平行卷和斜角卷兩種。平行卷要求兩手用力均勻，一起卷動，餐巾兩邊形狀必須一樣；斜角卷要求兩手能按所卷角度的大小，互相配合好。不管採用哪種卷法，都要求卷緊。卷松了就顯得軟弱無力，容易軟塌下彎，影響造型。

(4) 穿：這是用工具從餐巾的夾層折縫中穿過去，形成皺折，使造型更加逼真美觀的一種方法。穿的工具一般用圓條形的筷子，筷子一定要光滑，根據需要有用一根的、兩根的、三根的。穿之前，餐巾一般要折好，這樣容易穿緊，看上去飽滿，富有彈性。穿時，左手握住折好的餐巾，右手拿筷子，將筷子細的一頭穿進餐巾的夾層折縫中，另一頭頂在自己身上或桌子上，然后用右手的拇指和食指，將餐巾慢慢往裡拉，把筷子穿過去。皺折要求拉得均勻。穿筷折皺后的折花，一般應先將它插入杯子，再把筷子抽掉，否則皺襇容易散開。所穿筷子的數量要根據花型而定。如折雞冠花，為使其形狀粗壯，可用三根筷子。

(5) 翻拉：含意較廣。餐巾折制過程中，上下、前後、左右、裡外改變部位的翻折，均可稱為「翻」。花型：出水芙蓉、金魚等。

(6) 拉：就是牽引。折巾中的拉，常常與翻的動作相配合。在翻折的基礎上使造型挺直，往往就要使用拉的手法。如花的莖葉等，通過拉使折巾的線條曲直明顯，花型就顯得挺拔而有生氣。翻與拉一般都在手中操作，一手握住所折的餐巾，一手翻折，將下垂的巾角翻上，或將夾層翻出，拉折成所需的形狀。在翻拉過程中，兩手必須配合好，握餐巾的左手要根據右手翻拉的需要，該緊則緊，該松則松。配合不好，就會翻壞拉散，影響成型。在翻拉葉子、鳥的翅膀時，一定要注意前後左右大小一致，距

離對稱。

(7) 捏：捏的方法主要用於做鳥頭或其他動物的頭，方法是用一只手的拇指、食指、中指三個指頭進行操作，將所折疊餐巾巾角的上端拉挺，然後用食指將巾角尖端向裡壓下，中指與拇指將壓下的巾角捏緊，捏成一個尖嘴，作為鳥頭，如聖誕火雞。

總的來說，日常餐巾折疊經常使用這些基本手法。進行簡單折疊，原因有三：其一，如果折疊正確，無論是簡單或複雜，餐巾都好看，能提升餐廳的整體形象；其二，或許也是較重要的原因，複雜折疊步驟多，當打開時餐巾的外觀差，有許多的折痕，且難以保持餐巾清潔；其三，複雜的餐巾花需要花較多的時間。

(五) 上菜

將菜肴從傳菜員手中遞送到餐桌上就是上菜服務。上菜從副主人位右邊第一位與第二位之間的空隙處（即譯陪人員之間）側身上菜，菜肴上桌後應按順時針方向將菜旋轉至主人和第一主賓面前然後報菜名，必要的時候可做簡要介紹。上菜順序一般是先上冷菜，再上熱菜，最後上湯菜、點心和水果，但粵菜則習慣於先湯後菜。上菜服務時要注意：遵循「右上右撤」原則，菜肴正面要朝向主人，上粒狀菜要加湯匙，上煲鍋類一般加墊碟上，上帶殼食品要跟毛巾與洗手水，不能從老人和小孩身邊上菜，特別注意操作規範和安全。

上菜時間，需要靈活掌握，若是宴會，冷菜應在開席前 5～10 分鐘端上，當客人吃去 2/3 時，撤換一次餐碟；上第一道熱菜，把菜放在主賓面前，將沒有吃完的冷盤移向副主人一邊。如果上第一道菜尚未動筷子時，不要急於上第二道菜；上大菜前，應換下用臟的碗、骨盤，一般先用口湯碗吃魚翅之類的品種，然後吃湯和甜羹，若是不調換，則會兩味合一，影響口味；即將上飯時，應低聲告訴第二主人「菜已上齊」了，提醒干杯、吃飯。若是散客，則應在客人到達 15 分鐘內上第一道菜。

(六) 擺菜

擺菜即是將上臺的菜按一定的格局擺放好，擺菜的基本要求是：要講究造型藝術，注意禮貌，尊重主賓，方便食用。

擺菜的具體要求是：

(1) 擺菜的位置要適中。散座擺菜要擺在小件餐具前面，間距要適當。一桌有幾批散座顧客的，各客的菜盤要相對集中，相互之間要留有一定間隔，以防止差錯。中餐酒席擺菜，一般從餐桌中間向四周擺放。

(2) 中餐酒席的大拼盤、大菜中的頭菜，一般要擺在桌子中間。

(3) 比較高檔的菜、有特殊風味的菜，或每上一道新菜，要先擺到主賓位置上，在上下一道菜后再順勢撤擺在其他地方，使臺面始終保持美觀。

(4) 酒席中主菜的看面要對正主位，其他菜的看面要調向四周。散座菜的看面要朝向顧客。菜肴的所謂「看面」，就是最宜於觀賞的一面。

(5) 各種菜肴要對稱擺放，要講究造型藝術。菜盤的擺放形狀一般是「一中心，二平放，三三角，四四方，五梅花」。

(6) 如使用轉盤，一定要注意轉盤的均衡受重。上菜時，始終使下一道菜的菜盤

在上一道菜的對面。

（7）如果有的熱菜使用長盤，其盤子應橫向朝主人。

（8）如果熱菜上整只鴨、整只雞、整條魚時，中國傳統的禮貌習慣是「雞不獻頭，鴨不獻掌，魚不獻脊」。

（七）分菜

中餐雖然不同於西餐的分餐制，而是合餐形式，但有的時候應客人要求或是為體現服務的檔次，在用餐過程中會為客人進行分菜服務。分菜一般有兩種形式，一種是將整個上桌的菜，如整只雞、整只鴨，展示給客人看后撤到一旁的服務臺將其分割成小塊，方便客人取用；另一種是將一份菜均勻地分派給每個客人。第一種形式先要在客人餐桌旁放置服務桌，準備好乾淨的餐盤，放在服務桌上一側，備好分菜用具。每當菜品從廚房傳來后，服務員把菜品放在餐桌上向客人展示，介紹名稱和特色，然后放到服務桌上分菜。第二種形式分菜時由兩名服務員配合操作，一名服務員分菜，一名服務員為客人送菜。分菜服務員站在副主人位右邊第一個位與第二個位中間，右手執叉、匙夾菜，左手執長柄匙接擋，以防菜汁濺在桌面上。另一服務員站在客人右側，把餐盤遞給分菜的服務員，待菜肴分好后將餐盤放回客人面前。

分菜服務時要注意：對每盤的菜肴數量，心中有數並分均勻；頭、尾不給賓客；分菜用具不要在盤上刮出聲響；分菜一般不要全部分光，要留菜的十分之一，以示菜的豐盛和準備賓客的添加。

二、餐飲服務程序

餐廳的類型不同，其服務方式也有所不同，但無論哪種情況都應按程序來開展服務，基本的環節包括餐前準備、迎賓、餐間服務和餐后工作。本書以中餐零點服務為例進行闡述。

（一）餐前準備工作

開餐前一個小時，各崗位服務員就應該到崗，做好充分的準備工作，保證服務工作順利展開。

1. 迎賓

迎賓員首先應將自己的工作區域打掃乾淨，餐廳大門、迎賓服務臺、宣傳板、盆栽等均無灰塵污漬；然后準備好菜單和賓客預訂名單。

2. 吧員

餐廳的吧員主要負責酒水的管理工作。開餐前同樣要先做好自己區域的清潔衛生工作，檢查酒水和酒具的儲備量，保證開餐時能充足供應。

3. 值臺服務員

值臺服務員也叫看臺服務員，主要是為本服務區內的客人提供各種服務，幫助客人順利用餐。開餐前的準備工作相對其他崗位要複雜一些。

（1）做好工作區域內的清潔工作。要做到餐桌椅潔淨無塵，轉盤表面光潔，工作臺物品碼放整齊、外觀乾淨。檢查桌椅設備，保證安全。

（2）準備相關用品。首先要根據賓客進餐的情況，選好所使用的餐具、用具，整齊碼放在備餐室櫃中或服務桌上。包括瓷器（骨碟、飯碗、湯碗、湯匙、大湯匙、筷架、茶壺、茶杯、茶盤、花瓶、各類調料瓶和牙簽盅、菸灰缸、保溫杯等）、銀器（餐叉、餐刀、果刀、冰桶、冰夾等）、玻璃器皿（各類酒水杯）、布件（臺布、餐巾、小毛巾、抹布），還有各種托盤、啓瓶工具、餐巾紙、暖壺、席次牌等。然后按照要求擺臺。最后要熟記當日菜單，瞭解當日菜品的供應情況，包括品種、數量、價格、風味特點等，以便向賓客推薦。

4. 傳菜員

傳菜員的工作是將值臺服務員送來的客人點菜單送到相關的廚房崗位，將製作好的菜肴從廚房送到餐桌旁，同時幫助將用過的餐具和用品撤到廚房。所以，開餐前傳菜員要清潔好工作區域，檢查傳菜用具是否齊備，如托盤、餐巾、筆、等等，還要隨時瞭解廚房菜品的供應情況，特別是短缺或沒有的菜品，並將信息傳遞給值臺服務員。

5. 收銀員

在開餐前，收銀員必須要檢查各類單據是否齊備、電腦的收銀系統是否正常運轉、用於找補的零錢是否充分。

開餐前 30 分鐘，由餐廳主管或領班主持召開餐前會。主要內容有檢查員工出勤情況和儀容儀表、工作分工，通報客情和菜肴供應情況，總結上一餐的開餐情況，進行簡短專題培訓如 VIP 服務注意事項等。

（二）迎賓

當客人到達餐廳時，迎賓服務員應面帶微笑禮貌地問候客人。詢問客人是否預訂，如已預訂，則問清客人是以何名字預訂的；如沒有預訂，則問清客人的人數。在客人左前方 1 米處引導客人，根據客人的人數、要求和餐廳的上座情況安排合適的餐桌，先賓后主、先女后男為客人拉椅。待客人落座后，將菜單和酒水單從右邊遞給客人，告知客人值臺服務員很快會為他們點菜，祝客人用餐愉快。將客人的相關信息，如人數、特殊要求等告訴值臺服務員后回到崗位。

（三）餐間服務

1. 點菜

當迎賓員將客人帶到桌邊后，值臺服務員馬上拉椅讓座，為客人送上香巾、倒上茶水，並為客人點菜。

點菜時詢問客人口味、愛好，介紹符合客人需求的菜品，推薦廚師及本店特色菜，幫助客人把握菜量大小、口味和品種搭配等，對製作時間較長的菜品進行說明，如告知客人清蒸鱸魚需要 20 分鐘時間。

主動詢問客人飲用何種酒水，做好建議性銷售，盡量使用選擇疑問句，切忌強迫推銷引起客人反感。

在客人點菜品、小吃、酒水的同時要填寫相應訂單，填清臺號、人數、服務員姓名和日期，寫清數量、規格單位和品名。填寫完成后向客人重複所點菜肴酒水，得到客人確認。

注意：涼菜、熱菜、小吃、酒水必須分單填寫，以方便廚房出菜和吧臺出酒。迅速將訂單拿到收銀處，第一聯留給收銀員，並讓其在第二、三聯加蓋「現金收訖」的章。第二聯單送至廚房和吧臺，第三聯單留給自己。

等待上菜的那段時間，服務員應該回到崗位上，為客人除去筷套、鋪好餐巾，並添加茶水。滿足客人的特殊需求，如為兒童送上專用的用餐椅等。

2. 上菜和酒水服務

要及時為每位客人斟倒所需的酒水。

傳菜員把菜肴送至桌邊，值臺服務員要將其遞送上桌，擺放到主賓和主人面前，清楚地報出菜名，並可視情況進行簡要介紹。帶殼、帶骨的菜肴要同時送上洗手盅並提供熱毛巾。注意上菜位置不能選在老人和孩子旁邊，以防發生燙傷等事故。當菜肴全部上齊後，應告知客人並視情況做第二次推銷。

3. 用餐服務

客人用餐時應密切關注，及時提供服務，如添加酒水、盛飯、送餐巾紙、更換骨碟和菸灰缸、及時撤換用過的毛巾和洗手盅等。

4. 結帳服務

當用餐接近尾聲，客人要求結帳時，要迅速到收銀臺請收銀員將單據結算並打印出來，放在收銀夾內用小規格長方盤送到客人手中，收取現金後馬上交到收銀處，並將找零和發票一起送回給客人。

5. 送客服務

用餐完畢客人離開時，幫助客人離座，提醒客人帶好自己的物品，若需要打包剩餘食物，應將事先準備好的飯盒、食品袋送上並幫助打包。面帶微笑禮貌地送別客人並歡迎他們下次光臨。在餐廳門口，迎賓員再次送別客人。

在整個餐間服務中，值臺服務員應該提高警惕防止事故發生，如為客人掛在椅背上的衣物罩上椅套防盜，提醒並制止客人的一些不安全行為等。

（四）餐后工作

客人離去後，要做好翻臺工作。迅速將用過的餐具、用品撤到廚房洗碗處，更換桌布、餐巾，清潔地面，擦亮轉盤，補充相應物品，重新擺臺，最后將餐椅擺放整齊，準備迎接下一桌客人的到來。

以上就是餐飲服務的整個程序。餐飲企業管理者應該針對本餐廳的具體情況，對服務員進行培訓，通過程序化、標準化的操作來規範服務員技能，並同時鼓勵服務員發揮主觀能動性，適時地為賓客提供個性化服務，這樣才能優化服務質量，建設餐廳品牌。

第四節　餐飲服務質量控製方法

餐飲服務是餐飲部工作人員為就餐客人提供餐飲產品的一系列行為的總和。優質

的餐飲服務是以一流的餐飲管理為基礎的，而餐飲服務質量管理是餐飲管理體系的重要組成部分，它是搞好餐飲管理的重要內容，對其進行控製的目的是為賓客提供優質的服務，創造企業良好的社會效益和經濟效益。

對餐飲服務質量的控製，必須具備以下三個基本條件才能有效進行：

首先必須建立餐飲服務的標準規程。服務的標準規程是餐飲服務所應達到的規格、程序和標準。餐飲企業的服務工種、崗位很多，服務內容和操作要求也不盡相同。為了檢查和控製服務質量，餐廳應根據不同筵席標準，對零點、宴會和團隊餐以及包廂的整個服務過程制定出迎賓、引座、點菜、走菜、分菜、斟酒、送別等全套的服務程序。制定服務規程時，要先確定服務的環節程序，再確定每個環節統一的動作、語言、時間、用具，包括對意外事件、臨時要求的化解方式、方法等。在制定服務規程時，應在廣泛吸收先進管理經驗、接待方式的基礎上，緊密結合大多數顧客的飲食習慣和當地的風味特點，推出符合本店實際情況並具有特色的服務規範和程序。管理人員的任務是執行和控製規程，特別要抓好各套規程之間的薄弱環節，用服務規程來統一各項服務工作，從而使之達到服務質量標準化、服務崗位規範化和服務工作程序化、系列化。

其次，應抓好員工的培訓工作。企業之間服務質量的競爭主要是員工素質的競爭，很難想像沒有經過良好訓練的員工能有高質量的服務。因此，新員工上崗前，必須對其進行嚴格的基本技能訓練和業務知識培訓，不允許未經職業技術培訓、沒有取得一定資格的人上崗操作。在職員工也必須利用淡季和空閒時間進行培訓，提高業務技術、豐富業務知識。

最后，必須收集質量信息。餐廳管理人員應該知道服務的效果如何，即賓客是否滿意，從而採取改進服務、提高質量的措施。應該根據餐飲服務的目標和服務規程，通過巡視、定量檢查、統計報表、聽取賓客意見等方式來收集服務質量信息。

根據餐飲服務的三個階段——準備階段、執行階段和結束階段，餐飲服務質量的控製可以按照時間順序相應地分為預先控製、現場控製和反饋控製。

一、預先控製（第一階段）

所謂預先控製，就是為使服務結果達到預定的目標，在開餐前所做的一切管理上的努力。其目的是防止開餐服務中各種資源在質和量上產生偏差。預先控製的主要內容包括人力資源、物質資源、衛生質量與事故。

（一）人力資源的預先控製

餐廳應根據客情靈活安排人員班次，保證營業時有足夠的人力資源，開餐前對服務員進行合理分工，避免「閒時無事干，忙時疲勞戰」、開餐中顧客與服務員人數比例失調的現象發生。

對所有員工的儀容儀表做一次檢查。開餐前10分鐘，所有員工必須進入指定的崗位，以最佳的服務姿勢和狀態迎候顧客的光臨。

（二）物質資源的預先控製

開餐前按規格擺好餐臺，準備好餐車、托盤、點菜單、預訂單、開瓶工具及工作車、小物件等。另外，還必須備足相當數量的翻臺用品，如桌布、餐巾、餐紙、刀叉、調料、火柴盒、牙簽盅、菸灰缸等物品。

（三）衛生質量的預先控製

開餐前半小時，對營業區域的環境衛生從地面、牆面、柱面、天花板、燈具、通風口到餐具、餐臺、轉盤、臺布、餐巾、餐椅、餐臺擺設等都要仔細做一遍檢查。發現不符合要求的地方，要迅速安排返工。同時要注意餐具的質量，保證無破損、殘缺。

（四）事故的預先控製

開餐前，餐廳管理人員必須與后廚聯繫，核對前后臺所接到的客情預報是否一致，以免因信息的傳遞失誤而引起事故。另外，還要瞭解當日的菜肴供應情況，對數量少或缺貨的菜品要通報全體服務員，使服務員在點菜時就能及時控製客人「點而無菜」情況的發生，避免引起賓客的不滿和投訴。

二、現場控製（第二階段）

現場控製，是指監督現場正在進行的餐飲服務，使其程序化、規範化，並迅速妥善地處理意外事件。這是餐廳管理者的主要職責之一，是管理工作的重要內容。餐飲服務質量現場控製的主要內容包括服務程序、上菜時機、意外事件及開餐期間的人力調控幾方面。

（一）服務程序的控製

開餐期間，餐廳主管應始終站在第一線，通過親身觀察、判斷、監督、指揮服務員按標準程序服務，發現偏差，及時糾正。

（二）上菜時機的控製

上菜時機要根據賓客用餐的速度和菜肴的烹制時間來掌握，盡量做到恰到好處，既不要讓賓客等候太久（一般不宜超過 5 分鐘），也不能將所有菜肴一下全上。餐廳主管應時常注意並提醒服務員掌握上菜時間，尤其是大型宴會，上菜的節奏應由餐廳主管親自掌控。

（三）意外事件的控製

餐飲服務是與賓客面對面直接交往，容易引起賓客的投訴。一旦引發投訴，主管一定要迅速採取彌補措施，以防止事態擴大，影響其他賓客的用餐情緒。如果是由服務員方面原因引起的投訴，主管除向賓客道歉之外，還可在菜肴飲品上給予一定的補償。發現有醉酒或將要醉酒的賓客，應告誡服務員停止添加酒精性飲料；對已經醉酒的賓客，要設法讓其早點離開，以維護餐廳的和諧氛圍。

（四）餐間人力控製

一般餐廳在工作時實行服務員分區看臺負責制，服務員在固定區域服務（可按照

每個服務員每小時能接待 20 名散客的工作量來安排服務區域）。但是管理人員應根據客情變化，對服務員進行第二次乃至第三次分工，做到人員的合理運作。例如某一區域突然進入大批客人，或是發生諸如醉酒客人嘔吐之類的意外情況時，就應該從其他服務區域抽調人力來支援。當用餐高峰過去后，則可安排員工輪流休息，以提高員工的工作效率。這種方法對於營業時間長的零點餐廳、咖啡廳等特別有效。

三、反饋控製（第三階段）

餐飲服務質量的反饋控製就是通過對質量信息的反饋，找出服務工作在準備階段和執行階段的不足，採取措施，加強預先控製和現場控製，提高服務質量，使賓客更加滿意。

質量信息反饋系統由內部系統和外部系統構成。內部系統是指信息來自企業內部各崗位人員，每餐結束后召開班后會總結不足。外部系統是指信息來自就餐賓客，為了及時獲取賓客的意見，餐桌上可放置賓客意見表；在賓客用餐后，也可主動徵求賓客意見。賓客通過其他諸如互聯網、消費者協會等渠道反饋回來的投訴，屬於強反饋，應予以高度重視，切實保證以後不再發生類似的服務質量問題。對信息反饋系統的建立和維護，是餐飲服務質量不斷提高，更好滿足賓客需求的重要工作。

以合理方法對餐飲服務質量加以控製是餐飲管理工作的重要內容之一。管理人員應在實際工作中不斷總結，不斷修正，通過對員工的培訓，完善服務環節，提高服務質量。

第五節　餐飲服務質量的監督檢查

餐飲管理人員雖然以預先控製、現場控製和反饋控製的方法對服務質量進行了控製，但還需要建立完善的質量監督檢查體系，才能真正發現服務中存在的問題並加以改進，最終實現餐飲服務質量的提升。

在餐飲服務質量系統中，部門和班組是執行系統的支柱，其以崗位責任制和各項操作規範為保證，以提供優質服務為主要內容，從上到下逐級形成工作指令系統、信息反饋系統，並將部門所制定的具體質量目標分解到班組和個人，由質量管理辦公室或部門質量管理員協助部門經理負責對餐飲服務質量實施監督檢查。

一、餐飲服務質量監督的內容

制定並負責執行各項管理制度和崗位規範，實現服務質量標準化、規範化；

通過反饋系統瞭解服務質量，及時總結工作中的正反典型事例的經驗和教訓並及時處理賓客投訴；

組織調查研究，提出改進和提高服務質量的方案、措施和建議，促進餐飲服務質量和餐飲經營管理水平提高；

分析管理工作中的強弱環節，改革規章制度，整頓工作紀律，糾正不正之風；

組織定期或不定期的現場檢查，開展評比和組織優質服務競賽活動。

二、餐飲服務質量檢查

對餐飲服務質量的檢查可通過定期大質檢、不定期抽查、服務員自查和質量管理部門考核等方式進行。在進行檢查時，其內容應緊緊圍繞餐飲服務質量監督的內容，從服務規格、就餐環境、儀表儀容、工作紀律四方面對服務員的禮節禮貌、儀表儀容、服務態度、清潔衛生、服務技能和服務效率等方面進行檢查和評判。通常餐廳都將服務質量指標進行分解細化，以表格計分的形式進行量化考核和檢查。這種服務質量檢查表既可以作為餐廳常規管理的細則，又可以作為班組與班組之間、個人與個人之間競賽評比或餐飲服務員考核的標準。

在設計餐廳服務質量檢查表時，應視餐飲企業的具體情況而增加或減少檢查指標。可將四個大類的檢查項目分成四張檢查表在不同場合使用；評判標準可採用計分制或等級制（分別見表8-4、表8-5、表8-6、表8-7）。

表8-4　　　　　　　　　　服務規範檢查表

序號	檢查細則	優	良	中	差
1	對進入餐廳的賓客是否問候、表示歡迎？				
2	迎接賓客是否使用敬語？				
3	使用敬語時是否點頭致意？				
4	在通道上行走是否妨礙賓客？				
5	是否協助賓客入座？				
6	對入席賓客是否端茶、送毛巾？				
7	是否讓賓客等候過久？				
8	回答賓客提問是否清脆、流利、悅耳？				
9	與賓客講話，是否先說「打擾了」？				
10	發生疏忽或不妥時，是否向賓客道歉？				
11	告別結帳離座的賓客，是否說「謝謝」？				
12	接受點菜時，是否仔細聆聽並復述？				
13	能否正確地解釋菜單？				
14	能否向賓客進行建議並進行適時推銷？				
15	是否根據點菜單準備好必要的餐具與佐料？				
16	斟酒是否按規程進行？				
17	遞送物品是否使用托盤？				
18	上菜時，是否介紹菜名？				
19	賓客招呼時，是否快速到達桌邊？				
20	撤換餐具時，是否發出大的聲響？				
21	是否能及時、正確地撤換菸灰缸？				
22	結帳是否準確、迅速、無誤？				
23	是否檢查餐桌、餐椅、地面有無賓客遺漏的物件？				
24	送客後，是否馬上翻臺？				
25	翻臺是否按規程進行？				
26	翻臺時是否影響周圍賓客？				
27	與賓客談話時是否點頭致意？				
28	拿送玻璃杯是否疊放？				
29	持玻璃杯時是否只握杯的下半部？				
30	領位、值臺時的站立、行走、操作等服務姿態是否符合規程？				

［資料來源］李勇平．餐飲服務與管理［M］．大連：東北財經大學出版社，2000．

表 8-5　　　　　　　　　　　　　　就餐環境檢查表

序號	檢查細則	等級			
		優	良	中	差
1	玻璃門窗及鏡面是否清潔、無灰塵、無裂痕?				
2	窗框、工作臺、桌椅是否無灰塵和污跡?				
3	地板有無碎屑及污跡?				
4	牆面有無污跡或破損處?				
5	盆景花卉有無枯萎、帶灰塵現象?				
6	牆面裝飾品有無破損、污跡?				
7	天花板是否清潔?				
8	天花板有無破損、漏水痕跡?				
9	通風口是否清潔? 通風是否正常?				
10	燈泡、燈管、燈罩有無脫落、破損、污跡?				
11	吊燈照明是否正常? 吊燈是否完整?				
12	餐廳內溫度和通風是否正常?				
13	餐廳通道有無障礙物?				
14	餐桌椅是否無破損、無灰塵、無污跡?				
15	廣告宣傳品有無破損、灰塵、污跡?				
16	菜單是否清潔? 是否有缺頁、破損?				
17	臺面是否清潔衛生?				
18	背景音樂是否適合就餐氣氛?				
19	背景音樂音量是否過大或過小?				
20	總的環境是否能吸引賓客?				

［資料來源］李勇平. 餐飲服務與管理［M］. 大連：東北財經大學出版社, 2000.

表 8-6　　　　　　　　　　　　　　儀容儀表檢查表

序號	檢查細則	等級			
		優	良	中	差
1	服務員是否按規定著裝並穿戴整齊?				
2	制服是否合體、清潔? 有無破損、油污?				
3	名號牌是否端正地佩戴於左胸前?				
4	服務員的打扮是否過分?				
5	服務員是否留有怪異髮型?				
6	男服務員是否蓄胡須、留大鬢角?				
7	女服務員的髮發是否清潔衛生?				
8	外衣是否燙平、挺括、無污邊、無褶皺?				
9	指甲是否修剪整齊、不露出於指頭之外?				
10	牙齒是否清潔?				
11	口中是否發出異味?				
12	衣褲口袋中是否放有雜物?				
13	女服務員是否塗有彩色指甲油?				
14	女服務員髮夾樣式是否過於花哨?				
15	除手錶外, 是否還戴有其他的飾物?				
16	是否有濃妝豔抹現象?				
17	使用香水是否過分?				
18	襯衫領口是否清潔並扣好?				
19	男服務員是否穿深色鞋襪?				
20	女服務員穿裙時是否穿肉色絲襪?				

［資料來源］李勇平. 餐飲服務與管理［M］. 大連：東北財經大學出版社, 2000.

表 8-7　　　　　　　　　工作紀律檢查表

序號	檢查細則	等級			
		優	良	中	差
1	工作時間是否扎堆閒談或竊竊私語？				
2	工作時間是否大聲喧嘩？				
3	工作時間內是否放下手中的工作？				
4	有無在上班時間打私人電話？				
5	有無在櫃臺內或值班區域內隨意走動現象？				
6	有無交叉抱臂或手插入衣袋現象？				
7	有無在前臺區域吸菸、喝水、吃東西現象？				
8	上班時間有無看書、幹私事行為？				
9	有無在賓客面前打哈欠、伸懶腰的現象？				
10	值班時有無倚、靠、趴在櫃臺上的現象？				
11	有無隨背景音樂哼唱現象？				
12	有無對賓客指指點點的動作？				
13	有無嘲笑賓客的現象？				
14	有無在賓客投訴時作辯解的現象？				
15	有無不理會賓客詢問的？				
16	有無在態度上、動作上向賓客撒氣的現象？				
17	有無對賓客過分親熱的現象？				
18	有無對熟客過分隨便的現象？				
19	對所有賓客是否能做到既一視同仁，又提供個性化服務？				
20	有沒有對老、幼、殘、孕賓客提供方便服務？是否對特殊情況提供了針對性服務？				

[資料來源] 李勇平. 餐飲服務與管理 [M]. 大連：東北財經大學出版社，2000.

三、餐飲服務質量監督檢查的主要措施

（一）督查人員應從自身做起

餐飲企業各級管理人員都應具備豐富的質量管理經驗，並能以身作則。嚴格各項規章制度和質量標準，以精深的專業知識和有效的督查手段，指導並督促員工自覺地接受並加以維護。

（二）樹立全員監控意識

關心和負責質量控製和質量維持的責任不僅是幾個人的事情，只有全員進行全過程的管理和參與，才能有服務質量的穩定和提高，所以管理者在進行監管的時候應採取相應方法調動全員積極性，如輪流領班制度或設置糾錯獎勵等。

（三）明確崗位職責

餐飲各部門應該有清晰的職能劃分，各個崗位的工作人員應該有明確的職責分工，並嚴格遵循服務規格和規程，才能為賓客提供高質量的服務。

(四) 質量標準控製的一致性

對於餐飲服務質量的提高，后臺操作同樣很關鍵，所以前臺與后臺服務質量的監控必須一致，對兩者的控製也應步調一致。前臺質量管理的目的是確立並加強通向積極循環的機制；后臺質量管理的目的是擁有可供選擇的各種質量管理的策略。另外，還要堅持制度面前人人平等的公平性，對管理者和基層服務員的質量要求應該一致。

(五) 現場控製是提高服務質量的最佳手段

管理人員應明確職責，保證大部分工作時間堅守在服務現場，加強現場指揮，當場解決各類不符合質量標準的操作，切實提高銷售水平和服務質量。

(六) 質量監管必須具有延續性

對已取得的質量成果要不斷加強和鞏固，並通過總結、訂立制度、健全質量監控體系等方式，堅持長期不懈地進行餐飲服務質量檢查和監督。

服務質量是餐飲企業的生命線，管理人員必須選擇合理的管理方法、手段和先進的管理理念，在管理實踐中不斷總結、協調，確保優質服務，促進餐飲企業的長足發展。

本章小結

本章介紹了餐飲服務的功能與特點、餐飲服務環境的布置與安排、餐飲服務基本技能與服務程序、餐飲服務質量控製方法、餐飲服務質量的監督檢查。其中餐飲服務基本技能與服務程序是進行餐飲服務的基礎，是進入餐廳開展餐飲服務的必要條件；進行餐飲服務質量控製，則應當促使餐廳的每一項工作都圍繞著給賓客提供優質的服務來展開。

復習思考題

1. 什麼是餐飲服務？它對於餐飲企業經營有何意義？
2. 餐飲服務環境的設計應該遵循什麼樣的原則？
3. 餐飲服務質量的監控可從哪幾個環節入手？怎麼樣做好監控工作？

案例分析與思考：幫忙剝蝦的啟示

某外貿公司在餐廳宴請一位初來祖國大陸的臺灣省客商。當白灼蝦這道菜上來時，這位臺灣客人突然提出要讓值臺服務員王小姐替他剝去蝦皮。在服務程序中是沒有這一項服務的。主人忙向客人解釋：「這道菜是自己動手的。」客人卻很固執地說：「我只問王小姐可以不可以為我剝蝦？」當時在座的客人都將眼光投向王小姐，一時氣氛有些緊張。王小姐微笑著端過客人面前的餐碟，小心細緻地用公用刀叉替客人剝蝦。剝好

后，又切成大小均勻的方塊，送到客人面前，並說了一句：「希望您滿意。」這位客人笑了：「大陸小姐的服務水準是一流的，絕不亞於港臺！」在座的客人眼中也露出了讚許和自豪的笑意。

自這件事以後，王小姐對自己提出了更高的要求。她認為，客人提出要求後再為客人服務是被動的，要想真正使客人滿意，就要能猜透客人的心思，服務於客人開口之前。后來，有位澳大利亞客人在餐廳請客。當上鹽水蝦時，王小姐注意到別人都在自己動手剝蝦吃，而這位客人卻略有遲疑，她便主動上前詢問：「先生，需要我為您剝蝦嗎？」「啊，可以嗎？太好了！」宴會結束後，這位澳大利亞客人握著王小姐的手說：「你的眼睛真厲害，可以看到我心裡想的是什麼。我回國後要告訴朋友們，我在中國享受到了皇帝般的待遇！」

思考題：
請通過本案例思考優質服務的內涵是什麼。

實訓指導

實訓項目一：餐廳設計。
實訓要求：考察現場，完成選址餐廳功能佈局的設計方案；根據餐廳佈局設計，完成家具設備的選型採購方案；根據目標市場定位，完成餐廳氛圍的主題設計方案。
實訓組織：項目引導，實地考察；小組討論，場地設計；師生交流，項目匯報；作品展示，項目評價。
項目評價：小組互評；教師評價。

實訓項目二：餐廳基本服務技能。
實訓要求：根據托盤、餐巾折花、擺臺、斟酒、上菜與分菜、撤換餐具、電子點菜及餐中服務、茶水服務、外賣服務、客房餐飲服務的要領和操作程序，分別安排實際操作訓練。
實訓組織：教師示範，學生分組輪流練習某一項技能。
項目評價：小組同學互評；教師評價。

實訓項目三：餐飲服務綜合技能。
實訓要求：根據餐飲服務程序，安排服務過程實際操作訓練。
實訓組織：角色扮演，崗位落實到人。
項目評價：小組互評；教師評價。

第九章　宴會組織與管理

【學習目的】
掌握宴會預訂的程序；
瞭解宴會臺面設計、菜單設計的相關知識；
掌握宴會管理方式、方法。

【基本內容】
★宴會的預訂：
承接宴會預訂的組織；
宴會預訂的方式；
宴會預訂的程序。
★宴會菜單設計：
宴會菜單的內容；
設計宴會菜單的注意事項；
宴會菜單的設計步驟；
宴會菜單實例。
★宴會臺面設計：
宴會臺面的種類；
宴會臺面設計的基本要求；
宴會臺面的裝飾方法；
主題宴會臺面的設計與創新。
★宴會管理：
各項資源的合理調配和準備是宴會成功的前提；
有效監控宴會進程；
后續工作的完成。

【教學指導】
　　可採用情景模擬形式使學生熟悉宴會作業流程，也可以安排學生到大型酒店見習宴會預訂與服務流程。
　　宴會是以餐飲聚會為表現形式的一種高品位的社交活動方式，是政府、社會團體、單位或個人之間為了迎送、答謝、慶祝等社交目的的需要，根據接待規格和禮儀程序而舉行的一種隆重的、正式的聚餐活動。

依據不同的內容，宴會可劃分為很多種類。從進餐形式上分為站立式宴會和設座式宴會；從規格上分為國宴、正式宴會和便宴；從餐別上分為中餐宴會、西餐宴會和中西合璧的宴會；從主題上分為迎送宴會、答謝宴會和慶祝宴會；按費用標準可分為豪華宴會、中檔宴會、普通宴會；按用餐時間分為午餐宴會、晚餐宴會；按菜式可分為全鴨宴、全羊宴、素宴、清真宴、滿漢全席等。

宴會是餐飲產品銷售的最高級形式，具有較高的利潤水平，是餐飲企業或部門經濟收入的重要來源。但同時，宴會經營也有種類繁多，規模、檔次、服務要求和零點餐飲有較大差別的特點，因此宴會的組織和管理是一項複雜、系統、覆蓋面廣的工作。

第一節　宴會的預訂

所有的宴會都是通過預訂進行的，因此宴會的預訂是宴會組織管理的第一步。宴會預訂過程既是產品推銷過程，又是客源組織過程。

一、承接宴會預訂的組織

負責宴會預訂的部門或人員因飯店或餐飲企業的規模、組織機構的不同而不同。其主要組織形式有：宴會預訂部、宴會銷售部、餐飲部。

二、宴會預訂的方式

宴會預訂是指宴會承辦單位和舉辦者關於宴會所涉及的各方面事項的事先約定。

宴會預訂方式是指客人與宴會預訂人員接洽聯絡、溝通宴會預訂信息的方法。宴會預訂工作要盡可能地方便預訂顧客，所以應該視具體情況採用合適的方式進行預訂。宴會預訂的方式概括起來有以下幾種：

(一) 面談預訂

面談預訂是最直接、有效的一種預訂方式，其他宴會預訂方式大多都要結合面談方面進行。預訂人員與顧客當面洽談討論所有的細節安排，滿足賓客提出的特殊要求，講明付款方式等。在進行面談時，預訂員要詳細填寫宴會預訂單和記錄聯絡方法，以便以后用信函或電話方式與客戶進一步聯絡。

面談預訂可能是顧客來店洽談，也可能是銷售人員外出接洽到的生意。無論是何種情況，在面談的過程中，負責接洽的預訂人員必須準備充足、翔實的資料供顧客參考，例如場地圖、餐飲收費標準、客容量、租金、器材租借價目等，必要的時候要帶領顧客親臨現場考察瞭解。

一般來說，在獲悉顧客有舉辦宴會的意向後，預訂人員最好能邀請客人親臨宴會廳，為客人講解現場設備並為其解答疑問，這樣更具說服力，能讓顧客更易接受，從而增加承辦宴會的成功機率。

(二) 電信預訂

電信預訂包括電話預訂和電傳預訂。電話預訂主要用於接受客人詢問，向客人介紹宴會有關事宜，跟客人檢查和核對時間、地點和有關細節。電傳預訂方便快捷，而且能夠較詳細地說明要求細節，而且直觀（通過電傳可以傳遞如圖片等形象的東西），因此，很多預訂可以先通過傳真進行洽談，甚至最後的確認和合同都可以通過傳真解決，訂金通過轉帳方式解決。

(三) 網絡預訂

客戶通過互聯網上餐飲企業的預訂系統進行預訂，是信息社會中較為受歡迎的預訂方式，具有快捷、方便、信息量大的特點。絕大多數的經營實體都不會放過互聯網這個強大的宣傳媒介。通過加盟其他網站或自建網站的形式，企業將相關信息發布到網上，供客戶瀏覽並接受預訂。

(四) 委託預訂

委託預訂是顧客委託他人進行宴會預訂。受委託者可以是專業仲介公司或是本單位職工。專業公司可與宴會部門簽訂常年合同代為預訂，收取一定佣金，本單位職工代為預訂適用於跟飯店比較熟悉的老客戶，客人有時委託飯店工作人員代為預訂。

(五) 指令性預訂

所謂指令性預訂就是政府機關或主管部門在政務交往或業務往來中安排宴請活動而專門向直屬賓館、飯店宴會部發出預訂的方式。指令性預訂帶有行政命令，一般不能拒絕。遇到指令性預訂，以前所有與之衝突的預訂都必須取消或改時間、改地點。

(六) 書面預訂

書面預訂通常以信函的方式進行，是與客戶聯絡的一種傳統方式，現在利用得較少。它主要用於促銷活動、回復賓客詢問、寄送確認信，適合於提前較長時間的預訂。收到賓客的詢問信時，應立即回復賓客詢問的關於宴會的一切事項，並附上場所、設施介紹和有關的建設性意見、建議性的菜單等。事後還要與客戶保持聯絡，盡量爭取與客人面談的機會，以進行進一步的推銷。

總之，宴會預訂的方法和形式是多種多樣的，它當中包含了巨大的銷售功能，是實現餐飲經營效益的關鍵。必須採取靈活多樣的方式，廣泛開展預訂業務，以銷售額作為衡量標準，擴大宴會業務量，實現企業的效益目標。

三、宴會預訂的程序

宴會預訂關係到整個宴會銷售和接待的效果，所以應該制定一套完整的操作程序，按照規範進行工作。

(一) 預訂前的準備工作

（1）掌握並通報已預訂的宴會情況，包括時間、場所、人數、規格、標準等，避免在預訂過程中發生衝突。

(2) 掌握各類宴會的規格和容量，熟悉菜肴品種、特色以及定價標準和服務項目。

(3) 將預訂所需的資料和用品準備充分，包括宴會預訂的各種表格，如預訂單、預訂表、記錄表等和為方便客人、減少隨意性管理的弊端而編製的供客人詢問、比較、選用的書面或電腦資料。

(二) 宴會預訂受理工作

1. 瞭解客人需求，解答客人詢問

無論是面談預訂還是電話預訂，工作人員都應熱情主動地接待客人，與客人建立良好聯繫。預訂人員必須掌握有關宴會場所、設施、菜點、服務、收費等方面的具體情況。

為了掌握客戶的意圖和期望，並使客戶瞭解餐廳的情況，預訂人員在接受預訂時，必須詳細瞭解客戶需求，介紹餐廳情況，並解答客人的詢問。

2. 接受預訂

在接受預訂時，必須核查宴會預訂的有關記錄，以知曉宴會預訂的可行性。

(三) 填寫宴會預訂單，處理預訂資料

接受預訂主要是通過填寫宴會預訂單（見表9-1）來完成的。宴會預訂達成意向後，無論是初步確認還是最終確認，均須填寫宴會預訂單。

表9-1　　　　　　　　　　酒店宴會預訂單

宴會舉辦單位		宴會日期	
宴會名稱		宴會類別	
宴會地點		人數	
桌數		每人標準	
預訂金		付款方式	
具體要求：			
預訂人姓名		聯繫電話	
預訂日期		預訂員	

(四) 編製宴會預算

宴會舉辦單位為了將宴會費用控製在某一範圍內或將宴會開支納入預算之中，一般都要求在接受宴會預訂時提供宴會預算單，因此，預訂人員要熟悉企業宴會設備、場所、服務、菜肴等各方面的收費標準，以便在同客人協商的過程中，根據宴會預訂單的內容，編製宴會預算單（見表9-2）。

表9-2　　　　　　　　　　　　　　宴會預算單

客人：			年　　月　　日（午餐/晚餐）	
費用項目	數量	單價	金額	備註
菜肴				
飲料				
宴會廳費用				
餐桌裝飾花				
……	……	……	……	……
（1）小計				
印製菜單費				
席間節目費				
開瓶費				
設備費				
（2）小計				
（3）合計＝（1）＋（2）				
（4）稅金＝（3）×10%				
（5）服務費＝（1）×10%				
共計＝（3）＋（4）＋（5）				

（五）簽訂合同

按國際慣例，宴會預訂要有書面的確認，客戶支付訂金以後宴會預訂才正式成立。

宴會合同書必須明確幾點：①時間；②地點；③客人認可的菜單、酒水單；④確認保證人數和預算人數；⑤顧客的要求；⑥詳細的價目表；⑦付款方式；⑧訂金原則，如訂金的多少、訂金的退還等制度；⑨餐廳的責任、義務，顧客的權利、義務等（見表9-3）。

表9-3　　　　　　　　　　　　　　宴會合同書

```
                          宴會合同書
本合同是由＿＿＿＿＿＿飯店（地址）＿＿＿＿＿與＿＿＿＿＿公司（地址）＿＿＿＿
為舉辦宴會活動所達成的具體條款。
活動日期：＿＿＿＿　星期：＿＿＿＿　時間：＿＿＿＿　活動地點：＿＿＿＿
菜單計劃：＿＿＿＿　飲料：＿＿＿＿　娛樂設施：＿＿＿＿　其他：＿＿＿＿
結帳事項：＿＿＿＿　預付訂金：＿＿＿＿
顧客簽名：＿＿＿＿　飯店經手人簽名：＿＿＿＿　日期：＿＿＿＿
注意事項：
　＊宴會活動所有酒水應在餐廳購買。
　＊大型宴會預收10%的訂金。
　＊所有費用在宴會結束時一次付清。
```

訂金制度：為了保證宴會預訂的確認，餐廳往往要求已確定日期的顧客預付一定

數量的訂金，特別是規格和標準較高的宴會，因其成本較高，更是要收取一定比例的訂金。否則一個大型宴會臨時取消，對飯店勢必造成重大損失，因此預付訂金對宴會經營單位而言是一種自保方式，實屬必要。除此之外，若在原來預約宴席的顧客未付訂金之前，另有顧客想訂同一場地，預訂人員應打電話給先預約的顧客，若確定要使用該場地，就必須請其先至飯店繳納訂金，否則將讓與下一位想預約的顧客。

（六）更改或取消預訂的處理

由於某種原因，已經預訂的宴會可能被取消。對於取消預訂，一般要求在宴會前一個月通知餐廳，這樣可不收任何費用。然而若是在宴會前一個星期才通知，訂金將不退還，還要收取整個宴會費用的 5%。

如果某暫定的預訂被取消，負責財務的主管要填寫一份取消預訂報告。

由於某種原因，宴會預訂可能會發生變動（包括時間、地點和宴會內容的變動），無論是顧客方面還是餐廳方面的任何變動都要提前一週通知對方。

在宴請活動前兩天，必須與顧客再次聯繫，進一步確認已談妥的所有詳情。

餐廳管理者應嚴密監控宴會預訂程序，確保信息渠道暢通，保證預訂工作順利進行。

第二節　宴會菜單設計

宴會用菜要求用料講究、製作精良、搭配得當、營養科學、烘托主題、突出飲食文化色彩。宴會菜品的設計與選用關係到客人是否滿意、主人的宴請目的是否達到，因此，按規格設計一份客人認同、主人滿意的宴會菜單是宴會接待工作的首要環節。菜單設計的好壞不僅關係到宴會的成敗，還是體現餐廳水平的重要標誌。

一、宴會菜單的內容

宴會的種類雖然多種多樣，但菜點格式大體一致，主要包括涼菜、熱菜、甜菜、點心、湯、水果等內容。

（一）涼菜

涼菜又叫「冷盤」、「冷盆」、「冷拼」、「拼盤」、「冷碟」、「冷葷」等，造型美觀，色調鮮艷，層次清楚，圖案逼真，主體感強。宴席中的涼菜一般可用「什錦拼盤」、「花色冷拼」、「雙拼」、「四拼」等，需在開席前事先擺好，多為雙數，取吉祥之意。

（二）熱菜

熱菜在宴席中占的比重最大，口味多樣，造型多變。一桌宴席中第一道熱菜叫「頭菜」或「頭盤」，其成本一般占整桌宴席的 20%，也就是所謂最貴的菜，選料珍貴、製作精美，是一席中的精華。

（三）甜菜

甜菜在宴席中比重雖不大，但不可缺少，是利口、解膩的佳品，體現健康、時令

的特點，但最多兩只。

（四）點心

點心有鹹、甜兩種，是大件的配伍，隨大件上桌，多為一些糕、面、團、粉、包、餃等製品。點心的製作較為精細，每桌可配2～4道，具體多少可根據宴會規格決定。面點的配置應與宴會的主題相適應，如婚宴，是相愛的人結成終身伴侶的大喜之宴，面點的配合就應反應出吉祥如意的氣氛，比如「鴛鴦盒」、「蓮心酥」、「鴛鴦包」、「子孫餃」等。

（五）湯

湯在宴席中是不可缺少的菜品之一，每桌可配1～2道，選料、做法根據宴會規格決定。

（六）水果

一般來說，應該在客人用餐接近尾聲時送上一個精美的果盤，既豐富了菜品內容，又可起到營養、解膩、潤喉、解酒的功效。果盤一般選用時令水果，去皮、去核後精心裝盤而成。

二、設計宴會菜單的注意事項

宴會菜單並不是固定不變的，須按實際情況靈活設計。在設計時，必須注意以下幾個方面：

（一）以滿足客人需求為設計宗旨

設計菜單前必須詳細瞭解客人的需求。一方面瞭解客人舉辦宴會的目的，是婚嫁還是迎送或祝賀等；另一方面瞭解宴請對象的一般生活習慣、口味特點、飲食忌諱等情況，例如，客人喜甜還是鹹，喜酸還是辣，喜葷還是素，是否有飲食上的忌諱等；最后還需要瞭解有關原材料的庫存情況和進貨情況是否能滿足客人的需要。

（二）宴席各組成部分比例、質與量的搭配

一般來說，宴席上各品種數量的組成應該遵循2：5：1：1：1的比例來搭配，即涼菜占20％，熱菜占50％，甜菜、點心和湯各占10％。

宴會菜點的數量應與參加宴會的人數一致。在確定的價格範圍內，菜點數量過多，往往宴后剩餘也多，易造成浪費；而菜點數量過少，則又會導致顧客的不滿，甚至投訴，從而影響餐廳的聲譽。只有數量合理，才會令賓客既滿意又回味無窮。每桌宴席少者可4涼、8熱共12種，多者可有12種以上，要保證每位用餐者平均能吃到0.5千克左右的淨料。

合理設計宴會菜單，既要保證企業的合理利潤，又不使顧客吃虧，價格標準的高低也只能在食物材料的使用上有所區別，不能因價格影響宴會的效果和品質。一般來說，較高規格的宴會要求以精、巧、雅、優等菜品製作為主體，使用高級材料，並在菜肴中僅選用主料而不用或減少配料的使用，菜點的件數不能過多，但質量要精，講

究菜品的口味和裝飾；中檔的宴會組配以美味、營養、可口、實惠為主體，菜點的件數、質量比較適中；中低檔的宴會組配以實惠、經濟、可口、量足為主體，可使用一般材料，上大眾化菜品，並且增加配料用量以降低食物成本，保證每人吃飽吃好。菜點的件數不能過少，又要實惠和豐滿，在口味的設計與加工做法上，應本著粗菜細做、細菜精做的原則，將菜作適當調配，以豐富的數量及恰當的口味，維持宴會效果。

(三) 要注意品種多樣化

宴席是供多人聚餐的一種形式。設計菜單時，要考慮盡量滿足不同對象的要求，因此一桌宴席的菜點應該是烹調方法多樣、用料廣泛、口味多種、造型美觀。各菜點間要相互搭配、烘托。一道菜、一桌席都要相互協調，色、香、味、形俱佳，使之猶如一幅完美的精緻藝術品。

(四) 根據宴會規模的大小，掌握菜品預備的時間

大規模宴席菜的設計要考慮廚師製作的難度和設備情況。一般時間短、任務重大時，設計省工省時並能提前烹制又不失風味的菜肴；時間寬裕時，則要多設計些反應本餐廳風味特色及粗菜細做的花色菜、工藝菜。

三、宴會菜單的設計步驟

(一) 選擇合適的人員進行設計

一套完美的宴會菜單應由廚師長、採購員、宴會廳管理人員和宴會預訂員共同設計完成。廚師長熟知廚房的技術力量與設備，不僅能設計出品種豐富、口味多樣、搭配合理、體現餐廳特色的菜點，而且能保證菜點生產加工的質量；採購員瞭解市場原料行情，能就選料方面提出降低原材料成本以增加宴會利潤的有效建議；宴會廳管理者能根據宴會廳接待能力和服務水平來指導菜單設計；而預訂員熟知顧客需求，能按顧客需求設計菜單，才能使赴宴者稱心如意。在進行宴會菜單設計時應考慮方方面面的因素，讓相關的人員都參與到設計工作中來，才能設計出顧客滿意、餐廳獲利的雙贏菜單。

(二) 菜點設計

菜點設計是菜單設計的核心。宴會菜點的設計和選擇要點如下：

1. 瞭解客人，投其所好

宴請菜單設計者一定要瞭解主辦單位或主人舉辦宴會的意圖，掌握其喜好和特點，並盡可能瞭解參加宴會人員的身分、國籍、民族、宗教信仰、飲食嗜好和禁忌，從而使我們設計的菜單盡最大可能滿足客人的愛好和需要。

2. 分主次輕重，突出主題

宴會菜單的設計猶如繪畫之構圖，要分清主次輕重，突出主題，把觀賞者吸引到某一點上來。宴會菜單的設計必須注意層次，突出主菜，創造使人回味的亮點；同時應顯示各個地方、各個民族、各家酒店、各個廚師的風格，獨樹一幟，別具一格。

3. 合理搭配，富於變化

宴會菜點要注意冷菜、熱菜、點心、湯和水果的合理搭配。冷菜造型別致，刀工精細；熱菜豐富多彩，氣勢宏大；點心小巧精致，品味獨特；湯品滋潤可心，體現廚藝；水果拼盤色彩豔麗、造型奇妙。

注意菜點原料、調味、形態、質感及烹調方法的合理搭配，使之豐富多彩，口味各異，回味無窮。

注意營養成分合理搭配，達到營養合理、膳食平衡的目的。

(三) 菜名的設計

好的菜點應該配上好的菜名，通過好的菜名，能讓一些簡單的菜點成為一種思想情感交流的工具，突出和烘托主題，使宴會的菜點體現濃厚的文化色彩，表達美好願望。如婚宴菜單中多選用「花好月圓」、「鴛鴦戲水」、「鳥語花香」、「珠聯璧合」、「百合蓮心」等菜名；而壽宴中常採用「南山不老松」、「仙猴獻桃」等菜名。根據宴會的目的，為菜點設計貼切的名稱，可以烘托氣氛、突出主題，表達宴請者的美好願望，給人一種喜悅的遐想和享受。

(四) 菜單的裝幀設計

餐廳一般會事先設計好不同標準、不同規格的宴會菜單供客人在預訂宴會時挑選，但大多數的宴會菜單會根據客人的要求和實際情況重新設計制定。在規格較高的宴會上，餐廳會打印宴會菜單放在每桌或是每個坐席前，以供客人瞭解宴席的內容。無論是事先準備的，還是重新設計的，都會涉及一個問題，那就是宴會菜單的裝幀。裝幀精美的菜單能夠體現餐廳的檔次和宴會的規格，吸引人的注意，是餐飲產品促銷必不可少的工具。

宴會菜單的裝幀主要體現在製作菜單的材料、形狀、大小、色彩、款式及印刷和書寫等方面。在字體的大小上應適宜目標客源閱讀為主要根據。在字體的選擇上則可靈活行事，如中式宴會，可採用飄逸的毛筆字；若是兒童菜單，可選用幼稚活潑的卡通字；而壽宴，可選擇古老的隸書。菜單上的標準色宜淡不宜濃，宜簡不宜多，否則會影響主題的效果。菜單材質、款式的選擇，則應體現別致、新穎、適度的準則。

四、宴會菜單實例

表9-4是一套設計感十足的宴會菜單。

表9-4　　　　　　　　　　　開市大吉慶賀宴

```
一看盤：百花齊放
四涼菜：囊多錦綉、拌金銀條、花枝會語、一帆風順
八熱菜：開市大吉、萬寶獻主、地利人和、腰纏萬貫、恭喜發財、心花怒放、雪裡埋金、大發財源
一湯：推紗望月
二面點：金銀烙餅、八寶米飯
```

這套宴會菜肴可用作商店、飯店、餐館、酒樓等單位開張時的賀喜宴。這套宴會

菜肴緊扣「經商」這一主題，句句都是吉利話：開張營業、彩燈高懸、百花齊放、門庭若市，祝店主生意興隆，招金進銀，總是一帆風順。同時，希望店主和善迎人，才能贏來顧客，腰纏萬貫，進進出出，萬寶獻主。店主始終喜笑顏開，大發財源。推紗望月，要求店主延長服務時間，不能天未黑就關店門，把顧客拒之門外。要大小生意都做，才能挖得雪裡埋金。最后的兩道面點，又兼顧到了南方人和北方人的飲食習慣。

總之，宴會菜單的設計是宴會工作的核心，管理者一定要認真對待，聚集各方力量，考慮各種因素，設計出符合客人要求、體現餐廳特色、展現烹飪水平的高質量的宴會菜單。

第三節　宴會臺面設計

宴會的臺面設計不僅是一門科學，同時也是一門藝術。它的科學性表現在設計時應從美學、美術裝飾學、心理學、商品學、營養學、衛生學、營銷學等因素來考慮。它的藝術性表現在它既有前奏曲和序幕，也有主題和內容，然後再把情節推向高潮，直至尾聲。宴會的臺面設計要求有一定的藝術手法和表現形式，其基本原則就是要因人、因事、因地、因時而異，再按就餐者的心理要求，造成一個與之相適應的和諧統一的氣氛，顯示出整體美。

要設計一桌完美的宴會臺面，不僅要求色彩豔麗醒目，而且每桌餐具必須配套。餐具經過擺放和各種裝飾物品的點綴，拉開了整個宴會的序幕，就容易看出宴會的內容、主題、等級和標準，同時吸引起每位賓客對宴席美的藝術興趣，並能增加食欲，這就是宴會臺面設計的目的。由此可見，生動、形象而富有特色的臺面，往往是設計者在瞭解並掌握宴會臺面設計基本知識的基礎上經過潛心研究才設計出來的，也才能使觀賞者達到賞心悅目的效果。

一、宴會臺面的種類

宴會臺面的種類很多，一般按餐飲風格劃分為中餐宴會臺面、西餐宴會臺面和中西混合宴會臺面；也可按賓客的人數和就餐的規格劃分為便宴臺面和正式宴會臺面；按臺面的用途又可劃分為餐臺、看臺和花臺。

(一)　按餐飲風格分

按餐飲風格可劃分為中餐宴會臺面、西餐宴會臺面和中西混合宴會臺面。

1. 中餐宴會臺面

中餐宴會臺面以圓桌臺面為主，中餐宴會臺面的小件餐具通常包括筷子、湯匙、骨碟、擱碟、味碟、口湯碗和各種酒杯。

2. 西餐宴會臺面

西餐常見的酒席宴會臺面主要有直長臺面、橫長臺面、T形臺面、工字形臺面、腰圓形臺面和M形臺面等。西餐臺面的小件餐具通常包括各種餐刀、餐叉、餐勺、菜盤、

麵包盤和各種酒杯。

　　3. 中西混合宴會臺面

　　中西混合宴會臺面可用中餐宴會的圓臺和西餐的各種臺面，其小件餐具通常由中餐用的筷子及西餐用的餐刀、餐叉、餐勺和其他小件餐具組成。

(二) 按臺面用途分

　　按臺面的用途劃分為餐臺、看臺和花臺。

　　1. 餐臺

　　餐臺也叫素臺，在飲食服務行業中稱為正擺式。此種宴會臺面的餐具擺放應根據就餐人數的多少、菜單的編排和宴會的標準來配用，比如，7件頭、9件頭、12件頭等。餐臺上的各種餐具、用具，間隔距離要適當，清潔實用，美觀大方，放在每位賓客的就餐席位前。各種裝飾物品都必須擺放整齊，而且要盡量相對集中。這種餐臺多用於中檔宴席，也可用於高檔宴會的餐具擺設。

　　2. 看臺

　　看臺是指按宴席的性質、內容，用各種小件餐具、小件物品和裝飾物品擺設成各種圖案，供賓客在就餐前觀賞。在開宴上菜時，撤掉桌上的各種裝飾物品，再把小件餐具分給各位賓客，讓賓客在進餐時便於使用。這種臺面一般用於民間宴席和風味宴席。

　　3. 花臺

　　花臺就是用鮮花、絹花、盆景、花籃及各種工藝美術品和雕刻物品等點綴構成各種新穎、別致、得體的臺面。這種臺面設計要符合宴席的內容，突出宴會的主題。圖案的造型要結合宴席的特點，要有一定的藝術性，色彩要鮮豔醒目，造型要新穎、獨特。

二、宴會臺面設計的基本要求

　　要想成功地設計和擺放一張完美的宴會臺面，必須預先做好充分的準備工作。既要進行周密、細緻、精心、合理的構想，又要大膽借鑑和創新。但無論怎樣構想與創新，都必須遵循宴會臺面設計的一般規律和要求。

(一) 根據顧客的用餐需要進行設計

　　餐具和其他物件的擺放位置，既要方便賓客用餐，又要便於席間服務，因此，要求餐具擺放緊湊、整齊和規範。

(二) 根據宴會主題進行設計

　　臺面的造型要根據宴會的性質恰當安排，使臺面圖案所表達的意思和宴會的主題相稱。例如，婚慶宴席就應擺「囍」字席、百鳥朝鳳、蝴蝶戲花等臺面；如果是接待外賓應擺設迎賓席、友誼席、和平席等。

(三) 根據美觀實用的要求進行設計

　　使用各種小件餐具進行造型設計時，既要設法使圖案逼真美觀，又要不使餐具過

於散亂，賓客經常使用的餐具原則上要擺在賓客的席位上以便於席間取用。

(四) 根據民族風格和飲食習慣進行設計

選用小件餐具，要符合各民族的用餐習慣，例如中餐和西餐所用的桌面和餐具不一樣，必須區別對待，中餐臺面要放置筷子，西餐臺面則要擺放餐刀、餐叉。安排餐臺和席位要根據各國、各民族的傳統習慣確定，設置座位花卉不能違反民族風俗和宗教信仰的禁忌。例如，日本人忌諱荷花，因而日本人用餐的臺面就不能擺放荷花及有關的造型。

(五) 根據宴會菜單和酒水特點進行設計

宴會臺面設計要根據宴會菜單中的菜肴特點來確定小件餐具的品種、件數，即吃什麼菜配什麼餐具，喝什麼酒配什麼酒杯。不同檔次的酒席還要配上不同品種、不同質量、不同件數的餐具。同時，根據臺面的不同，擺放相應的筷子、湯匙、味碟、酒杯，較高檔的宴席在擺放基本的筷子、湯匙、味碟和水杯外，還要根據需要擺上各種酒杯（葡萄酒杯、白酒杯、啤酒杯等）。

(六) 根據清潔衛生的要求進行設計。

擺臺所用的臺布、餐巾、小件餐具、調味瓶、牙簽盅和其他各種裝飾物品都要保持清潔。

一個設計完美的宴會臺面，不僅要求實用功能強，還應該能夠滿足與宴者的審美需要，同時還要體現宴會的規格、檔次、主題，並且要符合禮儀規範和文明消費的要求。

三、宴會臺面的裝飾方法

宴會臺面的裝飾效果不僅決定了宴會的氣氛，而且體現了宴會設計者的水平以及整個宴會的服務質量。宴會臺面的裝飾效果，主要通過餐具的擺放位置、餐巾折花以及餐桌上的擺花藝術來體現，具體方法如下：

(一) 用餐具裝飾臺面

可用杯、盤、碗、碟、筷、勺等物件擺成各種象形或會意圖案。用餐具裝飾臺面應掌握以下幾點：

(1) 高檔宴會和名貴菜肴應配用較高級的餐具，以烘托宴會的氣氛、突出名菜的身價。

(2) 餐具的件數應依據宴會的規格和進餐的需要而定。普通宴會通常配 5 件餐具，中檔宴會通常配 7 件餐具，高檔宴會通常配 8~10 件餐具。

(二) 用鮮花裝飾臺面

花是美的象徵，它給人們帶來愉快、活力和希望。餐桌以花裝飾，使人賞心悅目、食欲大增，有力地烘托了宴會的氣氛。

人們通常用插花來裝飾餐桌。餐桌上的插花可隨意些、輕鬆些，造型要注意顧及

不同角度的觀賞者。瓶插花材不宜太繁雜，有時僅一束錯落有致的月季、康乃馨或扶郎花稍加些綠葉或香石竹陪襯，就足以讓人心動。用盆花來裝飾餐桌其效果不亞於插花，它具有花期長而生機蓬勃的優點。餐桌上的盆花應選擇植株低矮、叢生、密集多花的種類，如仙客來、長壽花、紫羅蘭、非洲紫羅蘭、鬱金香、風信子、三色錦、香石竹、金盞菊、大葉桐、蒲包花、四季（秋）海棠等。餐桌擺設盆花應注意盆與土的清潔衛生，並在盆底墊上雅致的盆座或盤碟。

餐桌上的鮮花應根據季節的變化予以調整。春季在餐桌上擺一盆報春、迎春，插一瓶桃花，能給人帶來濃濃的春意。炎炎夏日，最適宜在餐桌上擺觀葉植物或插些清香淡雅的花，如瓶插百合、馬蹄蓮、晚香玉、姜花、荷花、香雪蘭、香石竹等。秋季可適當插些別致的小菊花或果蔬鮮花組合。冬季，一盆（瓶）暖色調的花卉能打破冬日的蕭瑟和寒冷，給餐廳注入溫馨，如盆栽矮串紅、長壽花，或瓶插紅色的月季、康乃馨、劍蘭等。

（三）用餐巾花裝飾臺面

為了提高服務質量和突出宴會氣氛，服務人員把小小的餐巾折疊成許多栩栩如生的魚、蟲、花、鳥等形狀。形形色色的花卉植物和惟妙惟肖的實物造型，擺在餐桌上既可起到點綴、美化臺面的作用，又能給酒席、宴會增添熱烈歡快的氣氛，給賓客以一種美的享受。餐巾花還可以其無聲的形象語言，表達和交流賓主之間的感情，起到獨特的媒介效果。它也能表明賓主的座次，體現宴會的規格與檔次。根據餐巾和臺布的顏色以及餐具的質地、形狀、色澤等進行構思，使折出來的餐巾花同宴會臺面融為一體，給人以藝術上的享受。要求能根據中西餐的要求、特點和對象不同，分別疊成不同樣式的餐巾花。餐巾花的種類很多，總體原則是：

（1）根據宴會的性質來選擇花型。如以歡迎、答謝、表示友好為目的的宴會餐巾花可設計成友誼花籃及和平鴿。

（2）根據宴會的規模來選擇花型。一般大型宴會可選用簡單、快捷、挺括、美觀的花型。小型宴會可以在同一桌上使用各種不同的花型，形成既多樣又協調的佈局。

（3）根據花式冷拼選用與之相配的花型。如冷拼是遊魚戲水，則餐巾花可以選用金魚造型。

（4）根據時令季節選擇花型。用臺面上的花型反應出季節的特色，使之富有時令感。

（5）根據賓主席位的安排來選擇花型。宴會主人座位上的餐巾花稱為主花，主花要選擇美觀而醒目的花型，其目的是使宴會的主位更加突出。主花要擺插在主位，一般的餐巾花則擺插在其他賓客席上，高低均勻，錯落有致。

此外，還可採用印有各種具有象徵意義圖案的臺布鋪臺，並以臺布圖案的寓意為主題，組織拼擺各小件餐具和其他物品，使整個臺面協調一致，組成一個主題畫面。也可用水果裝飾臺面，根據季節變化，將各種色彩和形狀的水果，襯以綠色的葉子，在果盤上堆擺成金字塔形狀上臺，既可觀賞，又可食用，簡便易行。此法在傳統的宴席擺臺中運用較多。

關於國旗，在餐廳使用最多的是桌旗。通過訂餐得知賓客為外國人時，最好桌上擺放那個國家的桌旗，這樣可顯得服務周到而友好。通常桌旗的擺放方法為外國國旗在上位席的左側。擺放桌旗的數量要根據桌子的長度，一處擺放國旗的場合以餐桌中央為宜；兩處擺放國旗的場合，要間隔相等。這裡需要注意桌花的高度，桌花應比桌旗略低一些。

四、主題宴會臺面的設計與創新

普通的宴會臺面設計往往按照餐具擺臺，輔以鮮花或食材雕刻工藝品以及餐巾花的方式進行。在一些檔次較高、主題非常明確的宴會中，以精彩的臺面設計來體現和深化主題是整場宴會成功的主要方面。在進行高檔次的主題宴會臺面設計時，要注意緊扣主題，選擇適當的裝飾材料，採用適當的裝飾方法進行布置，並且充分運用色彩和照明烘托氣氛，同時注重加入創新的元素。表9-5為主題宴會臺面設計方面的一些要求。

表9-5 主題宴會臺面設計

主題宴會臺面類型	臺面風格特點	適用宴會
仿古宴	仿古代名宴的餐酒具、臺面佈局、場景布置，禮儀規格高	紅樓宴、宋宴、滿漢全席、孔府宴
風味宴	具有鮮明的民族餐飲文化和地方飲食特色	火鍋宴、燒烤宴、清真宴、齋宴、民族宴
正式宴會	主題鮮明、政治性強、目的明確，場面氣氛莊重高雅，接待禮儀嚴格	國宴、公務宴、會議宴
親（友）情宴	主題豐富、目的單一，氣氛祥和熱烈，突出個性及個性化服務	接風洗塵、紅白喜事、喬遷之喜、添丁祝壽、祝賀高升、畢業宴請
節日宴	傳統節日氣氛濃重、注重節日習俗	元旦、春節等節日
休閒宴	主題休閒，氣氛雅靜舒適	茶宴
保健養生宴	倡導健康飲食主題，就餐的環境、設施與臺面設計有利於客人的健康需要	食補藥膳宴、美容宴
會展宴	宴會的臺面設計與會展主題相符，就餐形式多種多樣	各種大型會展主題宴會、冷餐會、雞尾酒會

第四節　宴會管理

宴會涉及飯店的多個部門，對整場宴會進行宏觀設計調控和細節管理非常重要。創造卓越的宴會業績，不僅要靠業務人員的努力，而且食物的品質和價值感以及服務人員的待客態度和專業服務，也都是建立和維持良好經營的重要因素。所以一場完美

的宴會必須具備好的業務、好的烹調以及好的服務，缺一不可，唯有三者充分配合，才能保證宴會圓滿成功。

一、各項資源的合理調配和準備是宴會成功的前提

(一) 信息資源

充分掌握宴會信息是宴會管理者的首要工作。

(1) 向銷售部門瞭解預訂宴會的信息，包括時間、地點、人數、規格、菜單等；

(2) 向主辦方瞭解宴會的詳細活動內容，包括步驟、細節、特殊要求等，並進行商定。

(二) 人力資源

瞭解宴會需要的人員數量、素質，合理分配工作，確保高效完成宴會接待任務。

(三) 物質資源

充分瞭解所需物資的準備情況，如食材、餐具、設施設備等，及時把握物資動態，為宴會提供充足的物資保證。

(四) 安全信息

為客人提供有效的安全保障是非常關鍵的要素，安全工作要貫穿於宴會工作的始末。接待宴會前應瞭解營業場所的各項安全設施，如安全通道、滅火器、監控設備等的運行情況；瞭解安全管理辦法和事故預案的可行性，確保安全責任落實到個人。

充分瞭解相關信息，及時查漏補缺，協調調動所需部門、崗位，做好宴會的準備工作。

二、有效監控宴會進程

對宴會進程的監控主要體現在對宴會服務的管理上。

(一) 宴會服務的作用

宴會服務的作用主要表現在以下幾個方面：

1. 宴會服務質量的高低直接影響企業的聲譽

基層服務人員直接與賓客接觸，他們的一舉一動、一言一行都會在賓客的心目中留下深刻的印象，因此賓客可以根據宴會部為他們提供的食品、飲料的種類、質量和分量及服務人員的服務態度和服務方式來判斷服務質量的優劣和企業管理水平的高低。所以，宴會服務的好壞不僅直接關係到宴會部的客源和經濟效益，也直接影響企業的聲譽和形象。

2. 宴會服務質量的高低直接影響宴會的氣氛

不論是中餐宴會還是西餐宴會，都非常講究宴會的氣氛，席間往往要有賓主講話或致辭，有時還要有席間表演或席間音樂。服務人員作為營造這種氣氛的直接參與者，如果服務質量高，服務技巧成熟，則可起到錦上添花、畫龍點睛的作用。如滿漢全席

的服務人員要求身著民族服裝，步履輕盈，整齊一致，間或有滿族舞姿造型，配以民族音樂，使賓客在享受民族名貴佳肴的同時，領略民族風情和民族風采，定會使席間氣氛歡愉融洽，使宴會掀起一個又一個高潮，從而促成宴會的成功。

3. 宴會服務水平的高低決定宴會經營的成效

宴會的成功取決於諸多方面的原因。主辦者舉辦宴會往往有其明顯的目的，或表示友好，或表示答謝，或表示志慶，等等。經驗豐富的宴會工作人員往往在瞭解宴會主辦者的目的之后，運用各種服務技巧加強對宴會主題氣氛的渲染，使氣氛和諧統一，達到令主辦者滿意的效果，使宴會獲得圓滿成功。

4. 宴會服務水平的高低直接體現宴會規格的高低

不同規格的宴會對宴會廳的佈局、擺臺、座次的安排以及席間服務的要求是不同的。赴宴者有時可以根據服務人員的服務質量來評判宴會檔次和規格的高低。為此，宴會工作人員要努力通過提高服務質量來提高宴會本身的規格。

(二) 宴會服務的特點

宴會具有就餐人數多、消費標準高、菜點品種多、氣氛隆重熱烈、就餐時間長、接待服務講究等特點。宴會一般要求格調高雅，在環境布置及臺面布置上既要舒適、乾淨，又要突出隆重、熱烈的氣氛。在菜點選配上有一定的格式和質量要求，按一定的順序和禮節遞送上臺，講究色、香、味、形、器，注重菜式的季節性，用拼圖及雕刻等形式烘托喜慶、熱烈的氣氛。在接待服務上強調周到細緻，講究禮節和禮貌，講究服務技藝和服務規格。從這個意義上講，宴會服務具有以下幾個特點：

1. 宴會服務的系統化

宴會服務並不是僅指宴會服務員在宴請時為客人提供的服務，它同時還包括從客人問詢開始到預訂、籌辦、組織實施、實際接待以及跟蹤、反饋等環節，是宴會部各個部門全體員工共同努力、密切配合、共同完成的工作。因此，宴會服務是一項系統性很強的工作，每一個環節既自成一體，又屬於整體規劃的一部分。要求宴會部經理做好宏觀控製，因為任何一個環節的服務不到位，都將影響到整個宴會的正常運轉。

2. 宴會服務的程序化

宴會部各個崗位工作人員的工作應該是和諧統一的。不同的崗位對客人所提供的服務是有先后順序的，也就是說，各個崗位的工作是按照一定的程序進行的。這個程序被各個崗位和部門所遵守，不能先后顛倒，更不能有中斷，要求每個環節互相緊密銜接。

3. 宴會服務的標準化

每一項宴會服務工作都有一定的標準，要求服務人員嚴格遵循。比如預訂，要求預訂人員嚴格按預訂程序操作，填寫指定的單據。再如席間服務，要求按規定的順序和操作規範上菜、斟酒。這些操作規範和服務程序是服務人員的工作準則，不允許有任何背離和疏漏。宴會服務的標準化還包括宴會廳內各項衛生是否達到要求；宴會廳的氣氛是否按宴會目的要求安排設計；宴會所需各種設備是否按要求安排就緒，音響、照明等效果是否良好，空調運轉是否正常；餐桌設計是否符合宴會主辦單位的要求；

座次卡是否已放在指定的位置上；擺臺是否符合本次宴會服務方式的要求；餐具擺放及數量是否恰當；紀念品、禮品是否備齊；服務員的服裝是否符合要求；簽到桌、筆、紙或簽到簿是否備齊等。

三、后續工作

宴會結束後，做好后續工作才能畫上圓滿的句號。

（一）總結

對整個宴會工作進行總結，徵詢顧客意見，針對工作中出現的問題進行探討和改進。這是提升服務質量的關鍵所在。

（二）宴會客史檔案的管理

宴會客史檔案是餐飲企業的財富和資源。它可為企業領導的決策提供科學依據，為企業開展公關、提高知名度提供翔實資料，為宴會組織管理提供豐富經驗，還可為新員工上崗培訓提供生動、具體、真實的教材。

宴會客史檔案是餐飲企業檔案室的業務資料，應具體詳實。加強宴會客史檔案的管理，是餐飲企業宴會管理進入現代化的一個明顯標誌。

1. 內容

宴會客史檔案因對象不同、宴會規模差異，客史檔案內容也有幾種情況：

（1）客史檔案內容較少。有的僅保存訂戶姓名、宴會日期、人（桌）數、費用、菜單等記錄。

（2）除預訂記錄外，還有菜單、活動計劃等資料。

（3）承接貴賓（VIP）宴會的餐飲部門，設專人負責餐飲檔案資料，進行現代化管理，能為餐飲經營提供國內外新資料。此類宴會客史檔案的特點是詳細、具體、完整，是宴會客史檔案的整套複印和部門宴會活動記錄的總和，檔案內容更多、更詳盡。如：

私人或企業團體的宴會預訂表；

客人預訂宴會的電話記錄稿、書信複印件、傳真；

政府指令性預訂宴會的機密文件、資料；

貴賓（VIP）客人的有關資料；

團體客（VIP 的隨行人員）每個人的名單和簡況；

大型宴會或高級宴會的領導小組成員、會議簡報；

高級宴會的組織機構和崗位全員名單；

參與高級宴會活動的各部門所制訂的活動計劃；

宴會廳的布置計劃和需求的物資用品清單；

整套的宴會菜單（包括宴會前會客、記者招待會、簽字儀式、雞尾酒會所需的茶水、飲料、小食品，還有隨行、陪同、司機桌的菜單）；

宴會現場偶發事件和應急處理的情況記錄；

參與高級宴會的各部門所撰寫的宴會活動總結；受到表彰的宴會管理人員和服務

人員名單以及先進事跡；

宴會演奏的國歌樂譜、受鼓掌歡迎的樂曲名稱；

宴會主桌上主人、主賓等賓客位置和名單；

帳單；

客人對宴會的讚譽題詞和饋贈、答謝的資料；

客人對宴會的投訴複印件；

賓、主對餐飲食品的反應；

接待貴賓（VIP）（各國元首、領導人、國際著名人士及其主要親屬）宴會的檔案資料；

宴會活動拍攝的錄像、照片資料；

宴會前、宴會中的配套活動（如文藝演出節目單、服裝表演、國畫及書法當眾表演）的資料；

宴會服務班組的工作匯報總結資料。

2. 信息來源

餐飲企業為搞好宴會，甚至僅僅為了開好一張菜單，或安排主桌中主、賓的座次，都要傾全力去收集信息，以滿足宴會來賓的需求。信息的收集可從兩個方面獲得：

（1）外部輸入

通過飯店行業、旅遊系統來提供；

通過企業團體獲取；

政府有關部門向餐飲企業提供宴會準備的重要信息；

從近階段電視、新聞報導、重要客人的新聞中收集；

去有關檔案資料館和研究人員處諮詢；

從國內外發行的書報雜誌上去尋找信息資料；

通過貴賓（VIP）的至親好友或司機、廚師、秘書、保姆等渠道打聽。

（2）內部輸入

餐飲企業為組織好重要宴會，可通過銷售部、公關部提供有關信息；

去找企業老經理、離退休老服務員、老廚師瞭解歷史情況；

從宴會檔案室查資料，從已有的資料中去取得信息。

3. 管理方法

宴會客史檔案的管理，在國內餐飲企業中還處於起步階段。要想讓宴會客史檔案從書面資料轉化為促進餐飲銷售的活動，還需企業進行人力、財力投資。餐飲部經理應做到：

（1）設置餐飲檔案管理崗位（如檔案管理員或宴會預訂秘書），配置符合條件的人員；

（2）購置必要的檔案文件櫃等物資，設有專門的辦公場地；

（3）加強資料匯總；

（4）開展資料整理；

（5）對檔案內容進行檢查、分析、歸類；

（6）建立保管和查閱等管理制度；
（7）建立班組、管理人員、宴會負責人記錄管理網；
（8）運用先進方法和現代化手段將文字、圖片、攝錄像資料歸類、編號、入檔，及時補充新資料。設電腦終端，及時將檔案資料輸入電腦，以便於進行檢索和資料輸出。

本章小結

宴會是以餐飲聚會為表現形式的一種高品位的社交活動方式。宴會組織管理是對開展宴會業務過程中的各種活動進行計劃、指導、監督、指揮和控製。本章按宴會作業流程介紹了宴會預訂、宴會菜單設計、宴會臺面設計、宴會管理等內容。

復習思考題

1. 宴會銷售與宴會預訂之間有何關係？
2. 設計宴會菜單時應考慮哪些因素？
3. 如何做好宴會臺面設計？
4. 宴會服務的特點有哪些？
5. 如何加強宴會客史檔案的管理？

案例分析與思考：不愉快的婚宴

南京一對新人在某飯店訂了28桌婚宴，但當天只開了19桌。因事前沒有簽訂書面合同，新人只願意按實際吃的酒席數付款，遭到飯店拒絕，雙方為此僵持不下。由於新人當天未付清餐費，該飯店的一位員工因為其簽字擔保而卷進這場糾紛中，擔保人一方面每月被單位扣500元工資，另一方面為向新人討要9,000元尾款而奔波不止。

思考題：

試分析造成此后果的原因，並思考在今后的工作中應如何避免類似事件發生。

實訓指導

實訓項目一：宴會預訂。
實訓要求：準備相關資料，通過角色扮演，掌握宴會預訂的程序。
實訓組織：分組進行，角色扮演。
項目評價：「客人」點評；教師總結。

實訓項目二：宴會菜單設計。

實訓要求：搜集資料，設計新穎的主題菜單，重點在於設計深刻體現宴會主題的菜品名。

實訓組織：項目引導，任務分配；小組調研，內容設計；小組討論，師生交流；方案匯報，項目評價。

項目評價：小組互評；教師評價。

實訓項目三：宴會臺面設計。

實訓要求：設計一個主題鮮明的宴會臺面。

實訓組織：通過實踐實驗室或基地，或參加技能比賽的機會，採購相應的材料，分組設計主題鮮明的臺面。

項目評價：小組互評；教師評價。

實訓項目四：宴會管理實訓。

實訓要求：把握宴會各環節，包括宴會的預訂、準備（人力、物力的分配）、餐間服務和宴會后總結。

實訓組織：到實踐基地的餐廳參與宴會服務，主要通過見習完成。

項目評價：自我評價、見習單位評價與教師評價相結合。

第十章　餐飲產品成本控製

【學習目的】
瞭解餐飲產品成本的含義、類型及特點；
瞭解餐飲成本控製的重要性；
瞭解餐飲成本控製的類型和原則；
掌握餐飲產品成本核算方法、餐飲管理成本控製方法和餐飲管理成本控製系統。

【基本內容】
★餐飲產品成本構成和成本分類：
餐飲產品成本的構成；
餐飲產品成本的分類；
餐飲產品成本的特點。
★餐飲成本核算的方法：
餐飲成本核算的定義；
餐飲成本核算的意義；
餐飲成本核算的方法。
★餐飲管理的成本控製：
餐飲管理成本控製的概念；
餐飲管理成本控製的類型；
餐飲管理成本控製的重要性；
餐飲管理成本控製的原則；
餐飲管理成本控製的基本方法；
餐飲管理成本控製的其他方法；
構建餐飲管理成本控製系統。

【教學指導】
　　通過討論探討如何利用報表進行經營成本控製，使學生明確各環節成本控製的關鍵點。
　　隨著餐飲企業的迅速發展，市場競爭必然日趨激烈，如何在日益狹小的市場空間中樹立競爭優勢，尋求更大的發展空間，是餐飲企業生存與發展所面臨的嚴峻挑戰。要生存、求發展，就必須創新意、降成本。為此，加強餐飲企業成本控製，最大限度地降低餐飲成本，盡可能地為顧客提供超值服務，已成為餐飲企業經營成功的必然要求。

第一節　餐飲產品成本構成和成本分類

一、餐飲產品成本的構成

餐飲產品成本是指餐飲企業為生產產品、提供勞務而發生的各種耗費，包括原材料、燃料的耗費，員工工資，固定資產折舊費、修理費等。眾所周知，成本是商品經濟的產物。馬克思在《資本論》中對成本的經濟含義進行深刻剖析後認為：從耗費的角度看，成本是企業為生產商品所消耗的物化勞動（C）和活勞動價值（V）的貨幣表現。所以餐飲產品成本是經營過程中所耗費的物化勞動和活勞動的貨幣形式，它以價值的形式表現社會勞動的耗費。其中物化勞動耗費包括勞動對象的耗費（如原材料、燃料的耗費）和勞動手段的耗費（如固定資產折舊費、修理費）；活勞動的耗費是指企業支付的員工工資、福利和其他薪酬。它們構成了餐飲產品成本的三大要素。

在實務中，為了便於分析和利用，具體分為以下類別：

（1）外購材料。主要指餐飲企業耗用的從外部購入的原料及主要材料、半成品、輔助材料、包裝物、修理用備件、低值易耗品和外購商品等。

（2）外購燃料。主要指餐飲企業耗用的從外部購入的各種燃料，包括固體、液體、氣體燃料等。

（3）外購動力。主要指餐飲企業耗用的從外部購入的各種動力，包括電力、蒸汽等。

（4）職工薪酬費用。主要指支付給職工的各種貨幣性和非貨幣性職工薪酬，包括職工工資、職工福利費、職工社會養老保險金、職工醫療保險金、住房公積金等。

（5）折舊費。主要指按照規定計算提取的固定資產折舊。如蒸飯櫃、和面機、消毒櫃、冰櫃等的折舊。

（6）利息支出。主要指應計入費用的各種銀行借款利息費用減去利息收入後的淨額。

（7）稅金。主要指應計入生產經營成本的各項稅金，例如土地使用稅、房產稅、印花稅、車船稅等。

（8）其他支出。主要指不屬於以上各要素的耗費，例如郵電通信費、差旅費、租賃費、外部加工費等。

二、餐飲產品成本的分類

（一）按經濟用途分類

餐飲生產經營成本按經濟用途分為生產成本、銷售費用和管理費用三大類：

1. 生產成本

它包括4個成本項目：

（1）直接材料。主要指直接用於餐飲產品生產、構成產品實體的原料及主要材料、

外購半成品、有助於餐飲產品形成的輔助材料以及其他直接材料。

（2）直接人工。主要指直接參加餐飲產品生產的工人的工資、福利費等各項薪酬費用。

（3）燃料和動力。主要指直接用於餐飲產品生產的外購和自製的燃料及動力費。

（4）製造費用。主要指為生產餐飲產品和提供服務所發生的各項間接費用，包括廚房管理人員和職工的薪酬、機物料消耗、折舊費、辦公費、水電費、勞動保護費、季節性和修理期間的停工損失等。

為了使生產成本項目能夠反應企業生產的特點，滿足成本管理的要求，制度允許餐飲企業根據自己的特點和管理要求，對以上項目做適當的增減調整。如果產品成本中燃料和動力費所佔比重很小，也可以將其並入「製造費用」成本項目中。

2. 銷售費用

它是指餐飲企業在銷售商品、提供勞務的過程中發生的各種費用，包括餐飲企業在銷售商品過程中發生的包裝費、展覽費、運輸費、裝卸費、保險費和廣告費以及專設銷售機構的各項經費等。

3. 管理費用

它是指餐飲企業為組織和管理企業生產經營所發生的管理費用，包括業務招待費、排污費、技術轉讓費、訴訟費、房產稅、車船使用稅、土地使用稅、印花稅、公司經費、存貨盤虧或盤盈、計提的壞帳準備和存貨跌價準備等。

成本按經濟用途分類，反應了企業不同職能的耗費，也叫成本按職能的分類。這種分類有利於成本的計劃、控制和考核。

(二) 按轉為費用的方式分類

為了貫徹配比原則，餐飲生產經營成本按其轉為費用的不同方式分為產品成本和期間成本。

產品成本是指可計入存貨價值的成本，包括按特定目的分配給一項產品的成本總和。「產品」在這裡是廣義的，不僅指產成品，還包括提供的勞務，實際上是指餐飲企業的產出物即最終的成本計算對象。

期間成本是指不計入產品成本的生產經營成本，包括除產品成本以外的一切生產經營成本。期間成本不能經濟合理地歸屬於某特定產品，因此只能在發生當期立即轉為費用，是「不可儲存的成本」。正因為期間成本不可儲存，在發生時就轉為費用，因此也稱之為「期間費用」。

期間成本包括銷售費用、管理費用和財務費用。其中財務費用是指餐飲企業為籌集生產經營所需資金等而發生的各項費用，包括企業發生的現金折扣或收到的現金折扣、利息支出（減利息收入）、匯兌損失（減匯兌收益）以及相關的手續費等。

(三) 按性態分類

餐飲成本按其性態可分為固定成本、變動成本和混合成本三大類。

固定成本是指在特定的產量範圍內不受產量變動影響，一定期間的總額能保持相對穩定的成本。例如，餐廳中設施設備的折舊費、固定月工資、職工培訓費、新產品

開發費、廣告費、財產保險費等。

變動成本是指在特定的產量範圍內其總額隨產量變動而成正比例變動的成本。例如，原材料成本、酒水成本、洗滌費用等。

混合成本是指除固定成本和變動成本之外的，介於兩者之間的成本，它們因產量變動而變動，但不是成正比例關係。例如，餐飲管理人員、主要廚師、餐廳服務人員的薪酬一般是底薪加提成，所以其薪酬屬於混合成本。

(四) 按可控性分類

餐飲成本按可控性分類分為可控成本和不可控成本。

可控成本是指在特定時期內，特定責任中心能夠直接控制其發生的成本。其對稱概念是不可控成本，即指在特定時期內，特定責任中心不能夠直接控製其發生的成本。兩者的區別如下：

可控成本總是針對特定責任中心來說的。一項成本，對某個責任中心來說是可控的，對另外的責任中心則是不可控的。例如，耗用材料的進貨成本，採購部可以控製，使用材料的廚房則不能控製。有些成本，對於下級單位來說是不可控的，而對於上級單位來說則是可控的。例如，傳菜員不能控製自己的工資，而他的上級則可以控制。

可控成本和不可控成本的區別還在於成本發生的時間範圍。一般來說，在消耗或支付的當期成本是可控的，一旦消耗或支付就不再可控。有些成本是以前決策的結果，如折舊費、租賃費等，在添置設備和簽訂租約時曾經是可控的，而使用設備或執行契約時已無法控制。

(五) 按成本的可追溯性分類

餐飲成本按成本的可追溯性分為直接成本和間接成本。

直接成本是直接計入各大類產品等成本對象的成本，如飲料成本、食品成本等。間接成本是直接成本的反義詞，它是指不能直接計入餐飲產品成本，必須先進行歸集，然后按一定標準分配計入的費用。因為間接成本是由幾類產品或部門共同引起的成本，應該由這幾類產品或部門共同負擔。例如，採購部的折舊、人員工資、廚房的製造費用等。

三、餐飲產品成本的特點

(一) 變動成本是餐飲產品成本構成的主體

餐飲產品與工業企業產品一樣，都要購進原材料進行生產，原材料成本不僅會隨著銷售數量的增加而成正比例地增加，還在整個產品成本中占了較大比例。

(二) 人工成本比重高

餐飲不同於製造業，它不能大批量地進行機械化生產，而是根據顧客的需要進行小批量加工生產，大部分產品不能夠儲存，即產即銷，因而為及時滿足顧客的需要，必須隨時擁有一支龐大而高效的員工隊伍，人工成本大大增加。

（三）成本泄漏點多

餐飲管理中採購、驗收、儲存、準備與加工、服務、銷售等每一環節都可能產生成本泄漏。如，食品冷藏溫度不夠低引起原料變質；烹調技術欠佳，導致用料折損；採購的原料質量不高，造成浪費，等等。

（四）原材料對餐飲設備設施的依賴性強

餐飲原料活養需用循環水及溫控設備；原料、半成品儲存需要冷藏和冷凍設施；廚房生產加工需要各種器械、爐竈用具；餐廳服務少不了音響、空調等系統，這些設施設備的性能及狀態直接影響餐飲成本。

第二節　餐飲成本核算的方法

一、餐飲成本核算的定義

餐飲成本核算是餐飲企業為了滿足成本控制需要，對餐飲產品成本進行確認、測定、記錄、分配、計算，以確定產品實際總成本的一系列行為。它實質上是對餐飲企業生產經營活動中有關資金耗費及產生的勞動成果的數據進行匯集、歸類、加工和轉換為成本信息的一種信息處理過程。餐飲成本核算為如實反應成本管理系統的運行過程和結果，以及對成本的分析考核提供了資料。

二、餐飲成本核算的意義

餐飲企業正確組織產品成本核算工作，具有非常重要的意義，主要表現在如下幾個方面：

（一）成本核算有利於反應企業成本的真實信息進而為產品定價建立基礎

通過對餐飲產品進行成本核算，計算出產品的實際成本，可以作為生產耗費的補償尺度，也是確定企業盈利的依據；同時，產品實際成本又是有關部門制定產品價格和企業編製財務成本報表的依據。

（二）成本核算有利於衡量企業成本預算的執行情況，從而為提高企業的管理效率和管理水平提供合理依據

一方面，產品成本核算通過反應和監督各項消耗定額及成本預算的執行情況，可以控制生產過程中人力、物力和財力的耗費，從而做到增產節約、增收節支；另一方面，成本改善可以全面反應企業生產經營管理水平，對企業而言，生產效率的高低、資產使用效率和營運效率的狀況都需要通過有關的成本信息加以反應。

（三）成本核算是制定和完善企業成本管理手段的重要環節

通過產品成本的核算計算出的產品實際成本資料，可與產品的標準成本等指標進行對比，除可對產品成本升降的原因進行分析外，還可據此對產品的定額成本或標準

成本進行適當的修改，使其更加接近實際。

三、餐飲成本核算的方法

餐飲產品成本從理論上講，既包括物化勞動的耗費又包括活勞動的耗費，但餐飲主要是以提供勞務為主，服務往往是綜合性的，哪種勞務花費了多少人工費用、應負擔多少工資，沒有比較合理的分攤標準和分攤依據，不易分清成本計算對象，所以人工費用在餐飲產品成本核算上採用了直接計入期間費用的方式，而沒有直接計入產品成本。這是由餐飲自身的特點所決定的。另外，由於餐飲產品的種類多，數量零星，生產、銷售和服務功能通常融為一體，因而在核算中，很難將勞動手段的耗費如廚房設施設備的折舊等嚴格地對象化，只能列為期間費用。因此核算餐飲產品成本時僅核算餐飲企業在一定時期內耗用的主料、配料和調料的總成本。

在實際工作中，如果按每一道菜（或主食品）核算其單位成本，成本計算工作將十分繁重。為了減輕成本計算的工作量，餐飲食品成本通常按總成本或大類成本計算。其成本的計算與結轉可分別採用永續盤存法和實地盤存法。

（一）永續盤存法

永續盤存法是指按廚房等生產單位實際耗用的原材料數額計算與結轉已銷食品成本的一種方法。

1. 月食品成本核算

其成本計算公式如下：

本期耗用原材料實際成本＝本期「原材料」帳戶的貸方發生額

「原材料」帳戶用於核算企業庫存的各種材料，包括原料及主要材料、輔助材料、外購半成品（外購件）、修理用備件（備品備件）、燃料、包裝材料等的實際成本。該帳戶可按材料的保管地點、材料的類別、品種和規格等進行明細核算，如「原材料——倉庫」、「原材料——主料」和「原材料——大米」等。餐飲企業可根據核算需要設置原材料二級或三級明細帳。「原材料」帳戶貸方發生額反應本期企業各生產單位領用原材料的實際成本；「原材料」帳戶借方發生額反應本期企業購進原材料的實際成本；「原材料」帳戶期末余額反應企業期末庫存原材料的實際成本，本期期末余額為下期期初余額。

例：某餐飲企業2009年1月1日結存原材料5,600元；1月3日購進30,000元原材料，1月4日廚房領用14,600元原材料，1月6日又購進32,000元原材料，1月7日廚房領用24,200元原材料。財會部根據相關憑證登記入「原材料」帳戶，如表10－1所示。

表 10 - 1　　　　　　　　　　　　　原材料　　　　　　　　　　　單位：元

2009年		憑證號		摘　要	借方	貸方	借或貸	余額
月	日	字	號					
1	1			期初余額			借	5,600
	3			購進	30,000		借	35,600
	4			領用		14,600	借	21,000
	6			購進	32,000		借	53,000
	7			領用		24,200	借	28,800
	…			…	…	…	…	…
	31			本月合計	62,000	38,800	借	28,800

本期耗用原材料實際成本 = 本期「原材料」帳戶的貸方發生額 = 38,800（元）

實行永續盤存法的餐飲企業一般均設有專門的原材料倉庫保管人員，並採用領料制方法管理原材料收、發、存情況。廚房等生產單位領用原材料時，根據當日食品生產用料計劃，填製領料單。領料單一般是一式三聯，由用料單位填製。其中一聯交倉庫保管員據以發料，並登記原材料倉庫明細帳；一聯由領料部門留存，據以登記耗用記錄；一聯交財會部作為登記「原材料」帳戶的憑證。財會部按領料單上的領料數額，借記「主營業務成本」帳戶，貸記「原材料」帳戶。

月末時，廚房等生產單位可能有部分已領未用原材料和未售製成品，因此必須將其從領料數中剔除，才能計算出本月實際耗用原材料數額。一般來講，按假退料手續作帳務處理，從「主營業務成本」帳戶中衝減月末盤存數，用衝減後的數額表示生產耗用原材料總成本。其具體手續是：月末由廚房根據實際盤存數填製紅、藍字領料單各一份，用紅字領料單作為當月月末退料的憑證，衝減當月成本。藍字領料單作為下月初領料憑證，計入下月成本。

例：仍依上例，假設月末盤點，廚房結余材料 3,260 元，按盤點表填製如下紅字憑證衝帳，作假退料：

借：主營業務成本　　　　　　　　　　　　　　　3,260
　　貸：原材料　　　　　　　　　　　　　　　　　　　3,260

將上述紅字憑證登記入原材料帳簿，如表 10 - 2 所示。

表 10 - 2　　　　　　　　　　　　　原材料　　　　　　　　　　　單位：元

2009年		憑證號		摘　要	借方	貸方	借或貸	余額
月	日	字	號					
1	1			期初余額			借	5,600
	3			購進	30,000		借	35,600
	4			領用		14,600	借	21,000

表 10－2（續）

2009 年		憑證號		摘　要	借方	貸方	借或貸	余額
月	日	字	號					
	6			購進	32,000		借	53,000
	7			領用		24,200	借	28,800
	…			…	…	…	…	…
	31			假退料		3,260	借	32,060
	31			本月合計	62,000	35,540	借	32,060

本期耗用原材料實際成本＝本期「原材料」帳戶的貸方發生額＝35,540（元）
下月初，再用藍字憑證將上月末衝銷原材料的金額重新入帳，如表 10－3 所示。
借：主營業務成本　　　　　　　　　　　　　　3,260
　　貸：原材料　　　　　　　　　　　　　　　　　　3,260

表 10－3　　　　　　　　　　　原材料　　　　　　　　　　　單位：元

2009 年		憑證號		摘　要	借方	貸方	借或貸	余額
月	日	字	號					
2	1			期初余額			借	32,060
	1			衝銷上月假退料		3,260	借	28,800

如上所示，每月末根據公式計算出本期食品成本後，再依據原材料各明細帳戶的詳細數據編製月食品成本報表，如表 10－4 所示。

表 10－4　　　　　　　　　食品成本核算月報表
填製單位：　　　　　　　　　　　　　　　　　　　年　　月　　日

	品名規格	摘要	耗用量	金　額	單位成本	備註
食品成本消耗						
	合　　　計					

2. 日食品成本核算

根據餐飲企業的實際情況，有時需要進行日食品成本核算。其計算公式如下：

本日耗用原材料總成本＝昨日廚房等生產單位結存原材料成本＋本日領用原材料成本－本日廚房等生產單位結存原材料成本

例：某餐飲企業2009年3月3日廚房結存原材料40,060元；3月3日領用30,000元原材料，當日晚廚房進行盤點還有剩余材料560元尚未使用，則當日成本為：

本日耗用原材料實際成本＝昨日廚房等生產單位結存原材料成本＋本日領用原材料成本－本日廚房等生產單位結存原材料成本＝40,060＋30,000－560＝69,500（元）

對於廚房等生產單位每日結存的原材料，在進行日食品成本核算時不需辦理假退料手續，而是採用上述公式進行計算。

根據公式計算出本日食品成本后，再依據原材料各明細帳戶的詳細數據編製日食品成本報表，如表10－5所示。

表10－5　　　　　　　　　食品成本核算日報表

填製單位：　　　　　　　　　　　　　　　　　　　　　　　　　年　月　日

	品名規格	摘要	昨日存貨		本日供貨		本日存貨		本日耗用原材料總成本		單位成本
			數量	金額	數量	金額	數量	金額	數量	金額	
食品成本消耗											
合　　計											

採用永續盤存法的餐飲企業必須分品名、規格設置原材料明細帳，逐筆或逐日地登記收入發出的原材料，並隨時記錄結存數。通過會計帳簿資料，就可以完整地反應原材料的收入、發出和結存情況，為餐飲成本核算提供準確的數據。

永續盤存法適用於可儲存的原材料的成本核算。它的優點是有利於加強對原材料的管理。另外在各種原材料明細記錄中，可以隨時反應每一種原材料的收入、發出和結存的情況；通過帳簿記錄中的帳面結存數，結合不定期的倉庫實地盤點，將倉庫的實際盤點數與帳存數相核對，可以查明倉庫溢余或短缺的原因；通過帳簿記錄還可以隨時反應出原材料是否過多或不足，以便及時合理地組織貨源，避免不合理的庫存，加速資金週轉。

永續盤存法的缺點是原材料明細記錄的工作量較大，原材料品種、規格繁多的企業尤其如此。

(二) 實地盤存法

實地盤存法也稱定期盤存制，是指按照期末實際盤存原材料的數量、金額，倒擠本期已銷餐飲產品所消耗原材料成本的一種方法。採用這種方法，平時對有關原材料帳戶只記借方，不記貸方，每期期末，通過實地盤點確定原材料數量，據以計算期末原材料成本，然後計算出本期耗用的原材料成本，再計入有關「原材料」帳戶的貸方。實地盤存法只適用於小型的餐飲企業或鮮活商品的成本核算。其計算公式如下：

本期耗用原材料實際成本＝期初原材料的結存金額＋本期原材料的購進金額－期末原材料的盤存金額

「期初原材料的結存金額」和「本期原材料的購進金額」可從會計部門所設置的「原材料」帳戶及其所屬明細帳獲得。「期末原材料的盤存金額」可通過盤點倉庫庫存原材料和廚房已領未用的原材料數量而得。

例：某餐飲企業2009年3月1日結存原材料6,600元；3月3日購進20,000元原材料，3月4日廚房領用原材料，3月6日又購進11,000元原材料，3月7日廚房又領用原材料。財會部平時依據相關憑證登記原材料帳戶只登記收入（借方），不登記支出（貸方），如表10-6所示。

表10-6　　　　　　　　　　原材料　　　　　　　　　　單位：元

2009年		憑證號		摘　要	借方	貸方	借或貸	餘額
月	日	字	號					
3	1			期初餘額			借	6,600
	3			購進	20,000			
	6			購進	11,000			

期末根據倉庫和廚房的盤存單計算本期耗用的原材料成本。

表10-7　　　　　　　　　　盤存單

企業名稱：　　　　　　　　　　　　　　存放地點：　　　　編號：
材料類別：　　　　　　　　　　　　　　盤點時間：

序號	名　稱	規格	計量單位	盤點數量（件）	單價（元）	金額（元）	備註
1	豬肉		千克	50	18.00	900	廚房
2	雞蛋		千克	20	5.20	104	廚房
3	面粉		千克	300	3.00	900	倉庫
合計			千克	370		1,904	

盤點人簽章：　　　　　　　　　　　　　　　　　　　　負責人簽章：

本期耗用原材料實際成本＝期初原材料的結存金額＋本期原材料的購進金額－期末原材料的盤存金額＝6,600＋31,000－1,904＝35,696（元）

根據以上計算得出的本期所耗原材料實際成本，財會部編製相應的會計憑證，登記「原材料」帳戶，如表10－8所示。

借：主營業務成本　　　　　　　　　　　　　　　　35,696
　　貸：原材料　　　　　　　　　　　　　　　　　　35,696

表10－8　　　　　　　　　　　原材料　　　　　　　　　　單位：元

| 2009年 || 憑證號 || 摘　要 | 借方 | 貸方 | 借或貸 | 余額 |
月	日	字	號					
5	1			期初余額			借	6,600
	3			購進	20,000			
	6			購進	11,000			
	31			本月合計	31,000	35,696	借	1,904

採用實地盤點法，根據公式計算出食品成本后，編製食品成本報表，如表10－9所示。

表10－9　　　　　　　　　食品成本核算報表
填製單位：　　　　　　　　　　　　　　　　　　　　　　年　月　日

| | 品名規格 | 摘要 | 期初存貨 || 本期供貨 || 期末存貨 || 本期耗用原材料總成本 || 單位成本 |
			數量	金額	數量	金額	數量	金額	數量	金額	
食品成本消耗											
合　計											

實地盤存法的主要優點是簡化了原材料的日常核算工作。其主要缺點，一是增加了期末工作量；二是不能隨時反應原材料收入、發出和結存的動態情況，不便於管理人員掌握有關情況；三是易掩蓋原材料管理中存在的自然的和人為的損失，這是由於「以存計銷」和「以存計耗」倒擠成本，從而使非正常耗用的原材料損失、差錯，甚

至偷盜等原因所引起的短缺，全部擠入耗用的原材料成本當中，掩蓋了倉庫管理上存在的問題，削弱了對原材料的控製；四是採用這種方法只能等到盤點時才能結轉已耗用的原材料成本，而不能隨時結轉成本。因此，實地盤存法的實用性較差。

餐飲企業可根據原材料類別和管理要求，對一些原材料實行實地盤存法，而對另一些原材料實行永續盤存法，但是不論採用何種盤存方法，前後各期必須一致。

第三節　餐飲管理的成本控製

一、餐飲管理成本控製的概念

餐飲管理的成本控製是指餐飲成本管理者對成本的發生和形成過程以及影響成本的各種因素和條件施加主動的影響，以實現最優成本和保證合理的成本補償的一種行為。它在空間上滲透到餐飲企業的方方面面，在時間上貫穿了餐飲企業生產經營的全過程。

二、餐飲管理成本控製的類型

餐飲成本的構成特點決定了餐飲管理的成本控製具有一定的難度。餐飲成本控製是一項複雜的工作，其成本控製方法的類型多種多樣。

(一) 根據成本控製的主要手段進行劃分

根據成本控製的主要手段進行劃分，可以分為絕對成本控製和相對成本控製。

絕對成本控製採取的主要手段是節約開支，杜絕浪費，通過節流的途徑進行成本控製。而相對成本控製採取的主要手段是節流與開源雙管齊下，既要節約開支，降低成本，又要擴大銷售，增加利潤。餐飲企業的成本控製應以相對成本控製為主，不能一味地為控製成本的絕對額而影響企業正常經營業務的開展，更不能以控製成本為借口，影響對餐飲企業具有重大意義和長遠意義的新產品開發和人力資源的投資及企業的制度建設等。

(二) 按照成本形成的過程進行劃分

餐飲管理成本控製按照成本形成的過程可分為事前成本控製、事中成本控製和事後成本控製。

事前成本控製是指在成本形成之前，對影響成本的各有關因素所進行的事前規劃、審核與監督；同時建立健全各項成本管理制度，達到防患於未然的目的。

事中成本控製是指在成本形成過程中，根據事先制定的成本預算，對餐飲企業日常發生的各項生產經營活動按照一定的原則，採用專門的方法進行嚴格的管理和監督，把各項成本控製在一個容許的範圍之內。如果成本發生偏差，還應及時分析差異產生的原因，並採取及時而有效的措施來加以糾正。

事後成本控製是指在餐飲企業成本發生後，根據成本核算所提供的成本數據和其

他有關資料，對實際成本脫離預算的原因進行深入分析，查明形成成本差異的主客觀原因，確定責任歸屬，據以考核責任單位業績，並為下一個成本循環提出積極有效的措施，消除不利差異，發展有利差異，修正原定的成本控製標準，以促使成本不斷降低。

(三) 按照成本費用的構成進行劃分

餐飲管理成本控製按照成本費用的構成可分為生產成本控製和非生產成本控製。

生產成本控製是指控製生產過程中為製造產品而發生的成本，主要包括直接材料成本控製、直接人工成本控製、製造費用成本控製。

非生產成本控製是指控製生產成本以外的非生產成本，主要包括銷售費用的控製、管理費用的控製、財務費用的控製。銷售費用是餐飲企業在銷售產品、提供服務的過程中發生的各種費用。管理費用是餐飲企業為組織和管理企業的生產經營活動所發生的管理費用。財務費用是指餐飲企業為籌集生產經營所需資金等而發生的籌資費用，包括利息支出（減利息收入）、匯兌損益以及相關的手續費、企業發生的現金折扣或收到的現金折扣等。

三、餐飲管理成本控製的重要性

(一) 餐飲管理成本控製是企業提高餐飲盈利水平的根本途徑

眾所周知，盈利是企業經營管理的目標之一，也是社會經濟發展的動力。企業獲利與否取決於餐飲營業收入和餐飲成本這兩大要素。成本降低，盈利就隨之增加，反之亦然。所以，增收節支是提高餐飲經濟效益的基本途徑。

(二) 餐飲管理成本控製是增強企業競爭實力的主要手段

在競爭激烈的市場經濟中如何抵抗內外壓力，求得生存？其主要的手段就是努力降低成本，使自己的餐飲經營成本低於社會平均成本，從而為餐飲價格在市場競爭中占據優勢奠定良好的基礎。

(三) 餐飲管理成本控製是提升企業經營管理水平的有效保障

餐飲成本的高低在一定程度上反應了餐飲管理水平的高低。它是一項綜合的經濟指標，企業各有關部門履行職責，認真貫徹增收節支原則，處處精打細算。揭示餐飲經營管理中的成績與存在的問題，推動餐飲管理水平不斷提高。可以說餐飲成本控製不僅是餐飲經營管理的核心內容，也是一門高超的管理技術，需要管理人員在掌握傳統技術的基礎上，不斷打破常規，進行逆向思維和創造性活動。

四、餐飲管理成本控製的原則

雖然各個餐飲企業的成本控製系統不一樣，但是有效的控製系統仍有一些共同特徵，它們是任何餐飲企業實施成本控製都應遵循的原則，也是有效控製的必要條件。餐飲管理的成本控製原則可以概括為以下四點：

(一) 經濟原則

經濟原則，是指因推行成本控製而發生的成本不應超過因缺少控製而喪失的收益。換句話說，實施成本控製需要花費一定的人力或物力，付出一定的代價。但這種代價不應超過建立這項控製系統所能節約的成本。這裡所說的節約成本，不單純指的是成本的絕對數，而更注重相對的節約，以較少的耗費獲得更多的成果。因此，成本控製指標的確定、成本控製方法的選擇、成本控製組織體系的建立等，都要以提高經濟效益為出發點。

(二) 全員參加原則

餐飲企業的任何活動，都會發生成本，都應在成本控製的範圍之內。任何成本都是人的某種作業的結果，只能由參與者或者有權干預這些活動的人來控製，不能指望另外的人來控製成本。任何成本控製方法，其實質都是設法影響執行作業或有權干預作業的人，使他們能做到自我控製。所以，餐飲企業必須依靠每個部門、每個職工在每項工作、每個環節中進行成本控製，充分發揮他們的積極性、主動性和創造性，才能取得良好的效果。

(三) 責、權、利相結合原則

實施成本控製應遵循責、權、利相結合的原則。成本控製必須首先明確經濟責任，並賦予責任者相應的實施成本控製的權力，否則無法履行其責任。同時，只有責任和權力，沒有一定的經濟利益，責任者就會失去進行成本控製的動力，所以應將控製效果的好壞與經濟利益的大小掛勾，才能調動責任人的主動性和積極性。

(四) 因地制宜原則

因地制宜原則，是指成本控製系統必須個別設計，適合特定部門、崗位和成本項目的實際情況，不可照搬別人的做法。

適合特定企業的特點，是指大型餐飲企業和小型餐飲企業，老餐飲企業和新餐飲企業，發展快和相對穩定的餐飲企業，同一餐飲企業的不同發展階段，其管理重點、組織結構、管理風格不同，成本控製方法就會有所區別。

五、餐飲管理成本控製的基本方法——標準成本控製

標準成本控製是成本控製中應用最為廣泛和有效的一種成本控製方法，也稱為標準成本制度或標準成本法。它是以制定的標準成本為基礎，將實際發生的成本與標準成本進行對比，揭示成本差異形成的原因和責任，採取相應措施，實現對成本的有效控製。其中，標準成本的制定與成本的事前控製相聯繫，成本差異分析、確定責任歸屬、採取措施改進工作則與成本的事中和事後控製相聯繫。標準成本控製制度實質上是圍繞標準成本的相關指標而設計，它將成本的前期控製、反饋控製和核算功能有機結合，具有事前估算成本、事中及事後計算與分析成本並揭露其矛盾的功能。

(一) 標準成本的含義

標準成本，是指通過精確的調查、分析與技術測定而制定的，在有效的經營條件

下應該實現的，用來評價實際成本、衡量工作效率的成本。標準成本基本上排除了不應該發生的浪費，因此被認為是一種「應該成本」。它是根據產品的耗費標準和耗費的標準價格預先計算的產品成本。

(二) 標準成本的制定

制定標準成本，通常首先應確定直接材料和直接人工的標準成本；其次確定製造費用的標準成本；最后確定單位產品的標準成本。在制定時，無論是哪一個成本項目，都需要分別確定其用量標準和價格標準，兩者相乘后得出成本標準。

在前文中已經談到，從理論上看，餐飲產品的標準成本和工業製成品一樣也應由直接材料成本、直接人工成本和製造費用構成，但由於餐飲產品種類多，各種產品加工程度要求不一，價格懸殊，且產品製作人工費和銷售、服務人工費融為一體，所以為了突出重點、簡化工作，往往將人工成本和製造費用視為期間費用處理，按部門按期間歸集。因而餐飲產品的標準成本就只包括直接材料成本，具體分為主料標準成本、輔料標準成本和調料標準成本三部分。

制定餐飲產品的標準成本需要分別確定其耗用的原材料的用量標準和價格標準，兩者相乘后得出成本標準。餐飲產品的用量標準是指單位產品材料消耗量，主要由廚師、銷售人員、生產管理人員採用統計方法或其他技術分析方法確定。它是現有技術條件下生產單位產品所需的材料數量，其中既包括必不可少的材料消耗，也包括各種難以避免的損失。價格標準主要指原材料單價，包括買價、運雜費和正常損耗等成本，是取得原材料的完全成本。價格標準由財會部和採購部共同研究確定。標準成本的計算公式如下：

標準成本 = 用量標準 × 價格標準 = 單位產品材料消耗量 × 原材料單價

餐飲產品的標準成本具體分為主料標準成本、輔料標準成本和調料標準成本三部分，以下將分別介紹它們的制定方法：

(1) 主料標準成本等於單位產品主料的淨料消耗量乘以淨料單位成本。有些餐飲產品存在兩種以上主料，其主料標準成本則是單位產品主料的淨料消耗量分別乘以淨料單位成本之和。其計算公式如下：

單種主料：主料標準成本 = 單位產品主料的淨料消耗量 × 淨料單位成本

多種主料：主料標準成本 = Σ（單位產品主料的淨料消耗量 × 淨料單位成本）

由於餐飲中使用的原材料大多數屬於鮮活商品，它們在烹飪前要經過清洗，即將毛料初步加工成適合烹調製作的淨料，如將豬肉除去皮、骨后製成淨肉，再加工成片、絲、丁等。因此公式中的材料消耗量應當是主料的淨料消耗量。公式中的價格標準也應當是淨料單位成本。

由於食品原材料大部分是農副產品，其獲取性、季節性、時間性很強，若原材料價格變化很大，每次進貨的價格不同，淨料的單位成本也會發生相應的變化。為了避免因價格的變動而重新逐項計算淨料的單位成本價格，就可以利用成本系數進行成本調整。成本系數是指原材料經加工製作形成淨料后的單位成本和毛料單位成本之間的比值。其計算公式如下：

成本系數＝淨料單位成本÷毛料單位成本

淨料單位成本＝原材料總價÷淨料重量

毛料單位成本＝原材料總價÷毛料重量

原材料總價包括購買價款、相關稅費、運輸費、裝卸費、保險費以及其他可歸屬於原材料成本的費用。

例：土豆90千克，價款共27元，經過洗淨削皮，得淨土豆84千克，計算淨土豆的成本系數？

淨料單位成本＝原材料總價÷淨料重量＝27÷84＝0.321,4（元）

毛料單位成本＝原材料總價÷毛料重量＝27÷90＝0.3（元）

成本系數＝淨料單位成本÷毛料單位成本＝0.321,4÷0.3＝1.071,3

若原材料的價格變化很大，在計算標準成本時可通過成本系數進行成本調整。其計算公式如下：

淨料單位成本＝毛料成本×成本系數

例：生產糖醋魚，已測定出所用鯉魚的成本系數為1.213,8。當日採購鯉魚的成本為11.25元/千克。盤菜用量為0.63千克，請核定糖醋魚的主料標準成本。

標準成本＝0.63×11.25×1.213,8＝8.6（元）

成本系數法是一種計算簡便且較為準確的方法，由於進貨渠道、原材料質地、採購價格及加工水平的高低不同，每一種原材料的成本系數必須經過反覆測算才能確定，即使是已測定的成本系數也要經常進行抽查復測。只有這些基礎工作規範化、系統化后，標準成本的建立才具有科學性和實用價值。

（2）輔料標準成本的確立與主料相同。

（3）調料標準成本往往以總金額表示，因為每個產品消耗的調料品種多（油、鹽、醬、醋等）、數量少、成本低且價格穩定，一般可採用統計方法或技術分析法測定。

單位產品標準成本核定后，逐一設計製作單位產品標準成本卡，如表10－10所示。

表10－10　　　　　　　　單位產品標準成本卡

年　月　日

菜名：青椒炒雞丁　　　　份數：1

每份成本：9.69元　　　　預計售價：25元　　　　　　　　　編號：321

用料名稱		淨料標準用量	淨料標準價格	成本標準	淨料率	成本系數
主料	雞丁	200克	20元/500克	8元	75%	1.333,3
	青椒	100克	2元/500克	0.4元	95%	1.900,2
輔料	姜	150克	3元/500克	0.9元		

表 10－10（續）

用料名稱		淨料標準用量	淨料標準價格	成本標準	淨料率	成本系數
調料	料酒	10 克	2 元/500 克	0.04 元		
	精鹽	6 克	0.85 元/500 克	0.01 元		
	味精	1.25 克	15 元/500 克	0.04 元		
	清油	50 克	3 元/500 克	0.3 元		
單位產品標準成本				9.69 元		
製作程序及要求					菜品照片	
菜肴特點						

（三）計算成本差異

標準成本是一種目標成本，由於種種原因，產品的實際成本會與目標不符。實際成本與標準成本之間的差額，稱為成本差異。成本差異是反應實際成本脫離預定目標程度的信息。

成本差異的計算可根據標準成本卡確定實際銷量的標準成本總額，並與實際成本總額相比較。因為餐飲企業生產經營的特點是完全按訂單（即點菜單）生產，接到訂單后即時生產、即時銷售、即時服務，產品產量和銷量一致。所以確定一定期間內實際銷量的標準成本總額並將其與實際成本總額相比較即可算出成本差異。其計算公式如下：

成本差異 = 實際成本 － 標準成本 = 實際用量 × 實際價格 － 標準用量 × 標準價格

一定時期內餐飲企業生產產品的實際成本，採用第二節中成本核算的辦法可以算出；而已售餐飲產品標準成本的計算方法應先根據銷售記錄匯總計算出每種產品的銷售量（亦即產量），然后分別乘以單位產品標準成本求出成本總額。其計算公式如下：

已售產品標準成本總額 = Σ（各種產品標準成本 × 各種產品銷售量）

將實際成本總額減去標準成本總額后的差即為當期成本控製的結果，成本差異為正數時是超支，表示實際成本大於標準成本；成本差異為負數時是節約，表示實際成本小於標準成本。

（四）成本的差異分析

如前所述，成本差異是反應實際成本脫離預定目標程度的信息。為了消除這種偏差，要對產生的成本差異進行分析，找出原因和對策，以便採取措施加以糾正。

原材料的實際成本高低取決於實際用量和實際價格，標準成本的高低取決於標準用量和標準價格，所以其成本差異可以歸結為價格脫離標準造成的價格差異與用量脫離標準造成的用量差異兩類。前者按實際用量計算，后者按標準價格計算。其計算公式如下：

成本差異＝實際成本－標準成本

　　　　＝實際用量×實際價格－標準用量×標準價格

　　　　＝實際用量×實際價格－實際用量×標準價格＋實際用量×標準價格－標準用量×標準價格

　　　　＝實際用量×（實際價格－標準價格）＋（實際用量－標準用量）×標準價格

　　　　＝價格差異＋數量差異

有關數據之間的關係如圖10－1所示。

```
①實際用量×實際價格 ┐ 價格差異 ┐
②實際用量×標準價格 ┘ ①－②    │ 成本差異
                              │ ①－③
③標準用量×標準價格 ┐ 用量差異 ┘
                    ┘ ②－③
```

圖10－1　成本差異關係圖

例：某餐飲企業生產清蒸螃蟹菜，按照標準需投主料螃蟹500克，採購價為25元/500克，生產20份共需10,000克，計500元。而實際是按23元/500克採購的，實際投入了12,000克。其成本差異計算如下：

價格差異＝實際用量×（實際價格－標準價格）

　　　　＝12,000×（23－25）÷500＝－48（元）

用量差異＝（實際用量－標準用量）×標準價格

　　　　＝（12,000－10,000）×25÷500＝100（元）

成本差異＝實際成本－標準成本＝價格差異＋用量差異＝－48＋100＝52（元）

通過以上計算可以看出，清蒸螃蟹菜肴成本差異為52元，其中價格脫離標準造成的價格差異為－48元，是節約差異；用量脫離標準造成的用量差異是超支100元；兩者相抵，淨超支52元。

計算成本差異的目的是為了消除實際成本脫離標準成本的差異，所以為了減少差異的產生，就要對造成偏差的價格差異和用量差異進行進一步的分析，要找出關鍵原因，尋求對策，加以糾正。

材料價格差異是在採購過程中形成的，通常不應由耗用材料的生產部門負責，而應由採購部對其做出說明。採購部未能按標準價格進貨的原因有許多，如供應廠家價格變動、未按經濟採購批量進貨、未能及時訂貨造成的緊急訂貨、採購時舍近求遠使運費和途中損耗增加、不必要的快速運輸方式、違反合同被罰款、承接緊急訂貨造成額外採購等，需要進行具體分析和調查，才能明確最終原因和責任歸屬。

材料用量差異是在材料耗用過程中形成的，反應生產部門的成本控製業績。材料數量差異形成的具體原因有許多，如生產菜肴時操作疏忽造成廢品和廢料增加、廚師操作技術改進而節省材料、新員工上崗造成多用料、機器或工具不適用造成用料增加等。有時多用料並非生產部門的責任，如購入材料質量低劣、規格不符也會使用料超過標準；又如工藝變更、檢驗過嚴也會使數量差異加大。因此，要進行具體的調查研

究才能明確責任歸屬。

綜上所述，實施標準成本進行成本控製一般有以下幾個步驟：①制定單位產品標準成本；②根據實際銷量和成本標準計算產品的標準成本；③匯總計算實際成本；④計算標準成本與實際成本的差異；⑤分析成本差異的發生原因；⑥向成本負責人提供成本控製報告。

六、餐飲管理成本控製的其他方法

(一) 制度控製法

制度控製法是指餐飲企業通過建立和健全餐飲成本控製制度，形成正常的成本管理機制，以有效地控製餐飲成本。作為餐飲管理本身來講，為有效地控製成本費用，首先必須制定全面可行的制度，如各項開支消耗的審批制度、日常考勤考核制度、各項設施的維修保養制度、各種材料物資的採購、驗收、保管、領發制度及程序、申報審批制度等。成本費用控製制度中還要包括獎懲制度，對成本控製效果顯著的予以重獎，對成本費用控製不力造成超支的要予以懲罰，只有這樣，才能真正調動員工節約成本、降低消耗的積極性。

(二) 預算控製法

預算是餐飲企業未來一定時期計劃的貨幣數量表現。預算控製是以預算為核心建立起來的一種明確責、權、利關係的機製，以提高經濟效益為目的。這種控製方法以預算指標作為控製支出的依據，通過分析對比，找出差異，採取相應的改進措施，來保證預算的順利實現。具體做法是把每個報告期實際發生的各項費用總額與預算指標相比，在接待業務不變的情況下，要求費用支出不能超過預算。當然，這裡首先要求有科學的預算指標。一般編製滾動預算、彈性預算，使預算具有較大的靈活性，更加切合實際情況。

預算本身是一個決策過程、計劃過程和執行過程的完整體系。為了更好地實現預算制度，必須按不同的經營項目來分別制定預算，並且將預算期間進行更細的劃分，如劃分為月度成本預算，這樣才便於分部門、分項目、分時期地進行成本費用控製。

(三) 定額成本控製法

定額成本控製的基本原理是：在實際費用發生時，將其劃分為定額成本和各種差異兩部分來匯集，並分析差異產生的原因，反饋到成本管理部門及時予以糾正，月終以產品定額成本為基礎，加減匯集和分配的各種成本差異（包括定額變動差異、脫離定額差異、材料成本差異），就得到產品實際成本，用公式表示如下：

定額成本±各種成本差異＝實際成本

採用這種方法，由於在生產費用發生的同時及時揭示了實際費用與定額的差異，就將事後成本計算發展為事中成本控製。

(四) 主要消耗指標控製法

餐飲管理各項經營項目的開展都會伴隨著一系列費用的開支。在這一系列的成本

費用開支中必然有一種或幾種費用的發生和控製起著決定性的作用。

主要消耗指標控製法就是對成本費用的發生有著決定性影響的各種消耗指標實行重點控製，從而達到控製整個餐飲企業成本費用的目的。主要消耗指標的控製，就是抓住主要矛盾，對餐飲企業的主要消耗指標實施嚴格的控製。為了有效控製主要原材料消耗和主要費用支出，在編製餐飲管理成本費用計劃時，應確定各類原材料的消耗定額和支出控製數，如食品原材料消耗定額、餐具支出控製數等。

上述幾種控製方法，是互相配合，互為補充的。在實際工作中，要根據各餐飲企業的規模和特點、組織機構的設置以及管理工作的需要和條件，靈活掌握運用。只有這樣才能探索出一套適合企業自身特點、有較強針對性的成本控製體系，以獲得理想的成本控製效果，取得良好的經濟效益。

七、構建餐飲管理成本控製系統

餐飲管理成本控製是一個複雜的系統工程，為了有效地控製成本，避免某些環節成本控製過分嚴格，某些環節成本流失嚴重，導致總成本並沒有得到真正控製的局面，必須採用系統思維方法，對餐飲成本進行全面、系統的控製，以堵住每一個環節、每一個部門的成本漏點。為此，有必要設計一個完整的餐飲成本控製體系。

（一）餐飲管理成本控製系統的構成

1. 建立責任中心

責任中心是承擔一定經濟責任，並擁有一定權力和利益的企業內部（責任）單位。它是餐飲企業內部可在一定的範圍內控製成本發生、收益實現和資金使用的組織單位。首先，企業應根據自身的管理體制和經營管理工作的需要，把所屬的各部門、各單位或者各作業劃分為若干既相互區別又相互聯繫的責任中心。責任中心可以在原有的組織機構基礎上進行劃分，也可以把原有的幾個部門或幾項作業合併為一個責任中心。它可大可小，可以是個人，可以是一個銷售部門，也可以是分公司、事業部，甚至是整個企業。

餐飲企業為了實行有效的成本控製，應按照統一領導、分級管理的原則，明確各責任單位應承擔的經濟責任、應有的權力、應享的利益，促使各責任中心盡其責任協同配合實現企業預算總目標。責任中心通常分為成本責任中心、利潤責任中心和投資責任中心。

2. 確定各責任中心目標，編製責任預算

責任中心目標是有關責任中心在其權責範圍內，預定應當完成的生產經營任務和財務指標。它是把企業全面預算所確定的總目標和任務進行分解，為每一責任中心確定相應的責任目標，為每一責任中心編製相應的責任預算，以便各責任中心瞭解其在實現企業總體目標的過程中所應完成的具體工作任務。

具體做法是，按照責任中心逐層進行指標的縱向和橫向分解，如將目標劃分為幾個子目標，並分別指定下級責任中心負責完成。每個子目標可再劃分為更小的目標，並指定更下一級的責任中心去完成，從而在企業內部形成一個逐級控製並層層負責的

責任中心體系。

最后將各責任中心的指標定量化，編製出相應的責任預算。責任預算是指以責任中心為對象，對可控成本、收入、利潤或投資所編製的預算。它是企業總預算的補充和具體化。責任預算由不同的指標構成，包括主要指標和其他指標兩部分。主要指標是指各責任中心所涉及的考核指標，也是必須保證實現的指標。其他指標是為保證主要指標的完成而設定的，或是根據餐飲企業其他總目標分解的指標，通常有勞動生產率、設備完好率、出勤率和職工培訓等指標。

例：某餐飲企業根據近期的銷售情況和各菜品的標準成本卡編製的原材料採購預算，如表10-11所示。

表10-11　　　　　　　　　原材料採購預算
2009年3月3日

原材料名稱	採購單價（元/500g）	需用量（500g）	加：期末材料存量（500g）	減：期初材料存量（500g）	本期採購量（500g）	材料採購成本（元）
甲材料	4	5,110	1,432	1,500	5,042	20,168
乙材料	5	1,640	612	480	1,772	8,860
丙材料	6	1,060	492	300	1,252	7,512
丁材料	10	1,000	-	-	1,000	10,000
合計						46,540

某種材料的需用量根據近期食品的銷售份數和標準成本卡中的「淨料標準用量」和「淨料率」預測得出。淨料率是指清洗、摘除、加工後原料的淨重量占毛料總重量的百分比。其計算公式如下：

淨料率＝淨料重量/毛料重量×100%

例：廚房用紅薯20kg做原料，紅薯進價1.2元/千克。經加工處理後，得到紅薯淨料19千克。請確定紅薯的淨料率。

紅薯的淨料率＝19÷20×100%＝95%

3. 建立責任核算系統

責任核算系統是成本控制系統的信息系統。它是一套完整的日常記錄、計算和考核有關責任預算執行情況的信息系統，主要為餐飲企業進行成本控制提供必要的參考數據和信息。具體做法有兩種：

（1）「單軌制」。它指的是簡化日常核算，不另設專門的責任會計帳戶，而是在傳統財務會計的各總帳中，為各責任中心分別設立明細帳進行登記、核算。如將原先屬於「管理費用」、「銷售費用」、「財務費用」的費用項目按照「誰受益誰負擔」的原則分別劃分歸屬到採購、驗收、儲存中心、生產、服務、銷售中心等責任中心的責任成本之中，劃分時應保證成本負擔的公平合理和相對準確。

（2）「雙軌制」。它指的是與傳統財務會計分開核算，由各責任中心指定專人把各

責任中心日常發生的成本、收入以及各中心相互間的結算和轉帳業務記入單獨設置的責任會計的帳戶內，然后根據管理需要，定期計算盈虧。

計算機網絡技術和會計電算化的應用使得企業能夠全面、動態、明細地核算各責任中心的收入和成本並適時提供責任會計報告，便於總體管理部門及時、正確地考評其經營業績，以及各責任中心提出有針對性的改進措施，提高經營效率和效果。

4. 編製責任報告

責任報告又稱「成本控制報告」、「業績報告」，是為反應各責任中心責任預算執行情況而編製的書面文件。其目的是將各責任中心的實際成本與預算相比較，以判斷成本控制的業績。

編製責任報告可以幫助責任中心對預算與實際之間的差異進行分析和比較，從而評價和考核各責任中心的工作成績和經營效果，並分別揭示它們取得的成績和存在的問題，以保證經濟責任制的貫徹執行。

5. 責任業績考核

責任業績考核是成本控制系統發揮作用的重要因素。它是以責任報告為依據，分析、評價各責任中心責任預算的實際執行情況，找出差距，查明原因，借以考核各責任中心成本控制效果，實施獎懲，促使各責任中心積極糾正行為偏差，努力降低成本，完成成本控制預算目標的過程。

6. 實施獎懲

獎懲制度是維持成本控制系統長期有效運行的重要手段。餐飲企業應規定明確的獎懲辦法，讓各責任中心明確業績與獎懲之間的關係，知道什麼樣的業績將會得到什麼樣的獎懲。恰當的獎懲制度會引導所有員工主動約束自己的行為，控制成本費用，盡可能以較少的支出獲取較大的收益。

(二) 成本中心

1. 成本中心的含義

所謂成本中心，是指對成本或費用承擔責任的責任中心。餐飲企業內部凡是有成本發生，需要對成本負責，並能實施成本控制的單位，都要建立成本中心。上至整個企業，下至各職能部門甚至個人。成本中心既是餐飲企業主要成本的產生點，又是降低企業經營成本的關鍵點。成本中心的任務是在餐飲企業確定的產品或服務的質量和數量目標下，千方百計實現成本降低。它包括採購、驗收、儲存以及準備與加工、服務、銷售和其他管理部門等成本中心。

2. 成本中心的類型

成本中心有兩種類型：標準成本中心和費用中心。

標準成本中心是指成本發生的數額可以通過技術手段相對可靠地估算出來的成本中心。其典型代表是廚房、操作間等，在菜肴的生產過程中，每個菜品標準成本卡上都明確規定出原材料的用量標準和價格標準。

費用中心是指費用是否發生以及發生數額的多少是由管理人員決策所決定的成本中心。如宣傳特色菜肴的廣告費用。

3. 成本中心的考核指標

成本中心控製和考核的內容是責任成本，責任成本是指特定責任中心全部的可控成本。考核指標主要採用相對指標和比較指標，包括成本（費用）變動額和成本（費用）變動率兩個指標。其計算公式是：

成本（費用）變動額＝實際責任成本（費用）－預算責任成本（費用）

若實際數小於預算數，稱為有利差異；若實際數大於預算數，稱為不利差異。

成本（費用）變動率＝［成本（費用）變動額÷預算責任成本（費用）］×100%

例：A、B、C三個成本中心6月份責任成本預算分別為4,500元、6,400元、7,400元，而實際完成情況分別為4,350元、6,720元和7,340元。計算成本變動額和變動率。

A 成本中心：成本變動額＝4,350－4,500＝－150（元）
　　　　　　成本變動率＝－150÷4,500×100%＝－3.33%
B 成本中心：成本變動額＝6,720－6,400＝320（元）
　　　　　　成本變動率＝320÷6,400×100%＝5%
C 成本中心：成本變動額＝7,340－7,400＝－60（元）
　　　　　　成本變動率＝－60÷7,400×100%＝－0.81%

如果預算產量與實際產量不一致，應注意按彈性預算的方法先行調整預算指標，然後再代入公式計算。

例：某餐飲企業點心房為成本中心，生產蛋糕，預算產量6,000個，單位成本100元，實際產量7,000個，單位成本95元。計算成本變動額和變動率。

成本變動額＝95×7,000－100×7,000＝－35,000（元）

成本變動率＝－35,000÷（100×7,000）×100%＝－5%

計算結果表明，該成本中心的成本降低額為35,000元，降低率為5%。

成本指標具有很強的綜合性，無論哪一項生產作業或管理作業出了問題，都會引起成本失控。

4. 成本中心的成本控製報告

成本中心的成本控製報告主要反應其責任成本的預算額、實際發生額及其差異額，並按成本或費用的項目分別列示。成本控製報告應以可控成本為重點，對於不可控成本可以不予列示。但為了便於瞭解成本中心的全貌，也可同時列示，作為成本控製報告的參考資料。如表10-12所示。

表 10-12　　　　　　　　　成本控製報告表

成本中心名稱：　　　　　　　年　月　日　　　　　　　　　　單位：元

項　　目	實際金額	預算金額	差異額
可控成本			
直接材料			
直接人工			

項　目	實際金額	預算金額	差異額
燃料和動力			

表 10－12（續）

項　目	實際金額	預算金額	差異額
製造費用			
小　計			
下屬責任中心轉來責任成本			
……	……	……	……
小　計			
不可控成本			
設備折舊			
其他費用			
小　計			
總　計			

（三）利潤中心

1. 利潤中心的含義

一個責任中心，如果能同時控製生產和銷售，既要對成本負責又要對收入負責，但沒有責任或沒有權力決定該中心資產投資的水平，而可以根據其利潤的多少來評價該中心的業績，那麼，該中心稱為利潤中心。如企業的事業部、分店、分公司。

利潤中心往往處於企業內部的較高層次，一般具有獨立的收入來源或能視同一個有獨立收入的部門，一般還具有獨立的經營權。利潤中心對成本的控製是聯繫著收入進行的，它強調對相對成本的節約。

2. 利潤中心的類型

利潤中心有兩種類型：一種是自然的利潤中心，它直接向企業外部出售產品，在市場上進行購銷業務。例如，某餐飲公司採用事業部制，每個事業部均有銷售、生產、採購的職能，有很大的獨立性，這些事業部就是自然的利潤中心。另一種是人為的利潤中心，它是指只對內部責任中心提供產品或服務，而取得「內部銷售收入」的利潤中心。這種利潤中心一般不直接對外銷售產品。成為人為利潤中心應具備兩個條件：一是該中心可以向其他責任中心提供產品或服務；二是能為該中心的產品確定合理的內部轉移價格，以實現公平交易、等價交換。

一般來說，利潤中心要向顧客銷售其大部分產品，並且可以自由地選擇大多數材料、商品和服務等項目的來源。

3. 利潤中心的考核指標

利潤中心的考核指標為利潤，通過比較一定期間實際實現的利潤與責任預算所確定的利潤，可以評價其責任中心的業績。但由於成本計算方式不同，各利潤中心的利潤指標的表現形式也不相同。

（1）當利潤中心不計算共同成本或不可控成本時，其考核指標是利潤中心邊際貢獻總額。人為利潤中心適合採用這種方式。

利潤中心邊際貢獻總額＝利潤中心銷售收入總額－利潤中心可控成本總額（或變動成本總額）

（2）而當利潤中心計算共同成本或不可控成本時，其考核指標包括利潤中心邊際貢獻總額和利潤中心可控利潤總額等。自然利潤中心適合採用這種方式。

利潤中心邊際貢獻總額＝該利潤中心銷售收入總額－該利潤中心變動成本總額

利潤中心可控利潤總額＝該利潤中心邊際貢獻總額－該利潤中心固定成本

企業利潤總額＝各利潤中心可控利潤總額之和－企業不可分攤的各種管理費用、財務費用等

例：某利潤中心本期實現銷售收入90萬元，銷售變動成本為65萬元，該中心可控固定成本為5萬元，不可控的且應由該中心負擔的固定成本為4萬元。

則該中心實際考核指標計算如下：

利潤中心邊際貢獻總額＝90－65＝25（萬元）

利潤中心可控利潤總額＝25－5－4＝16（萬元）

4. 利潤中心的責任報告

利潤中心的責任報告是對各個利潤中心執行責任預算情況的系統概括和總結。其主要形式有報表、數據分析和文字說明等。將責任預算、實際執行結果及其差異用報表予以列示是責任報告的基本形式。其基本內容和特點，可用表10-13來說明。

表10-13　　　　　　　　　　責任報告表

利潤中心名稱：　　　　　　　　　年　月　　　　　　　　　　　單位：元

項　目	實際金額	預算金額	差異額
銷售收入總額			
減：變動成本總額			
邊際貢獻			
減：可控固定成本			
減：不可控固定成本			
利潤中心可控利潤總額			

利潤中心的利潤差異較大時，應在責任報告中進行分析並寫出說明。通過利潤中心的責任報告，可以瞭解利潤完成的主要原因，並據以對利潤中心的工作業績進行考評。

(四) 投資中心

1. 投資中心的含義

投資中心是指既對成本、收入和利潤負責，又對投資效果負責的責任中心。

它是最高層次的責任中心，具有最大的決策權，也承擔最大的責任。一般而言，大型餐飲集團所屬的子公司、分公司、事業部往往都是投資中心。投資中心同時也是利潤中心，它與利潤中心的區別主要有兩個：一是權力不同。利潤中心沒有投資決策權，而投資中心既有生產經營決策權也有投資決策權。二是考核辦法不同。考核利潤中心業績時，不進行投入產出的比較；考核投資中心業績時，必須將所獲利潤與所占用的資產進行比較。

在組織形式上，成本中心一般不是獨立法人，利潤中心可以是也可以不是獨立法人，而投資中心一般是獨立法人。

2. 投資中心的考核指標

投資中心的考核指標主要有投資報酬率和剩餘收益。

（1）投資報酬率也稱投資利潤率，是指投資中心所獲得的利潤與投資額之間的比率，它是全面反應投資中心各項經營活動的質量指標，用於綜合評價和考核投資中心的投資經營成果。用公式表示為：

投資報酬率（淨資產利潤率）＝利潤÷投資額×100%＝利潤÷淨資產×100%

以上公式中，投資額是指投資中心的總資產扣除負債后的餘額，即投資中心的淨資產。所以該指標也可以稱為淨資產利潤率。它主要說明投資中心運用公司產權供應的每一元資產對整體利潤貢獻的大小，或投資中心對所有者權益的貢獻程度。

值得說明的是，由於利潤是期間性指標，故上述投資額或總資產占用額應按平均投資額計算。

例：假定某一投資中心下年度的有關預算資料為利潤20,000元，平均投資額100,000元。計算該投資中心的投資報酬率。

投資報酬率＝20,000÷100,000×100%＝20%

投資報酬率能綜合反應一個投資中心、一個企業甚至一個行業的各個方面的全部經營成果。通過這項指標可以在同一個企業不同的投資中心之間，或者在同行業不同企業之間進行比較，從而做出最優投資決策。其不足是可能會使投資中心只考慮本身利益而放棄對整個企業有利的投資機會，造成投資中心的近期目標與整個企業的長遠目標相背離。

（2）剩餘收益。剩餘收益是一個絕對數指標，是指投資中心獲得的利潤扣減其最低投資收益后的餘額。最低投資收益是投資中心的投資額（或資產占用額）按規定或預期的最低報酬率計算的收益。其計算公式如下：

剩餘收益＝利潤－投資額×預期的最低投資報酬率
　　　　＝投資額×（投資利潤率－預期的最低投資報酬率）

以剩餘收益作為投資中心經營業績評價指標時，只要投資中心的某項投資的投資利潤率大於預期的最低投資報酬率，那麼該項投資便是可行的。該指標體現了投入與

產出的關係，可以保持各投資中心獲利目標與企業總的獲利目標一致。剩余收益和投資報酬率起互補作用。剩余收益彌補了投資報酬率的不足。

例：某餐飲企業的預期最低投資報酬率為9%，其下屬兩個投資中心的剩余收益計算如表10-14所示。

表10-14　　　　　　　　　　剩余收益計算表

單位：元

投資中心	利　潤 ①	平均投資額 ②	最低投資報酬率 ③	剩余收益 ④＝①－②×③
一分店	480,000	2,200,000	9%	480,000－2,200,000×9% ＝282,000
二分店	650,000	5,600,000	9%	650,000－5,600,000×9% ＝146,000

3. 投資中心的責任報告

投資中心責任報告主要反應責任預算實際執行情況，揭示責任預算與實際執行的差異。在揭示差異時，還必須對重大差異予以定量分析和定性分析。定量分析旨在確定差異的發生程度，定性分析旨在分析差異產生的原因，並根據這些原因提出改進建議。責任報告的格式多種多樣，但必須包括以下內容：

（1）考核指標的實際資料。它回答「完成了多少」。
（2）考核指標的預算數。它回答「應該完成多少」。
（3）兩者之間的差異和原因。它回答「完成得好不好，是誰的責任」。

綜上所述，責任中心根據其控制區域和權責範圍的大小，分為成本中心、利潤中心和投資中心三種類型。它們都不是孤立存在的，每個責任中心承擔各自的經營管理責任，同時為企業總體目標服務。最基層的成本中心應就其經營的可控成本向其上層成本中心負責；上層的成本中心應就其本身的可控成本和下層轉來的責任成本一併向利潤中心負責；利潤中心應就其本身經營的收入、成本（含下層轉來成本）和利潤（或邊際貢獻）向投資中心負責；投資中心最終就其經營管理的投資利潤率和剩余收益向總經理和董事會負責。所以，餐飲企業各種類型和層次的責任中心形成一個連鎖責任網絡，這就促使每個責任中心為降低企業總成本，保證企業總體目標的實現而協調運轉。

本章小結

餐飲成本是指製作和銷售餐飲產品所付出的各項費用的總和，它由食品原材料成本、飲料成本和屬於成本範疇的經營費用諸方面的內容構成。餐飲成本可以從不同的角度進行分類。餐飲成本具有變動成本是餐飲產品成本構成的主體、人工成本比例大、成本泄漏點多、原材料對餐飲設備設施的依賴性強等特點。

餐飲產品的成本核算是控制食品和飲料成本、提高經濟效益的必要手段，它能及

時幫助管理人員掌握食品飲料的成本消耗額，核實倉庫存貨額，杜絕食品飲料成本的洩漏點。成本核算方法主要有永續盤存法和實地盤存法。

成本控制是餐飲管理的核心內容之一。要做好成本控制，絕不能單純地根據實際偏離預算或標準的數額來分析原因，並消極地加以限制，更重要的是應對成本的形成過程實事求是地進行指導和監督，促使各個責任中心對企業的總體目標具有強烈的責任感，確立經營目標的一致性，並充分調動它們為實現全面預算所確定的各項成本控製目標工作的積極性、創造性。

復習思考題

一、名詞解釋

餐飲產品成本、餐飲成本控製、可控成本、固定成本、期間費用、成本系數、標準成本、成本差異、成本中心

二、問答題

1. 簡述餐飲產品成本的分類。
2. 造成餐飲成本差異的原因有哪些？
3. 進行餐飲成本控製的原則有哪些？
4. 試述餐飲成本核算的方法及其優缺點。
5. 請談談餐飲成本控製系統的構成內容。
6. 「變動成本是可控的，固定成本是不可控的。」你同意這種觀點嗎？說明理由。

三、計算題

1. 用做扣肉的五花肉2千克，每千克12元，煮熟損耗30%，請計算熟肉的成本系數和淨料率。
2. 某餐飲股份有限公司中餐廳12月份的成本預算資料如下：可控成本總額為50萬元，其中固定成本為12萬元；不可控成本（全部為固定成本）為18萬元，預算食品銷量為1萬件。12月份的實際成本資料如下：可控成本為54萬元，其中固定成本為14萬元；不可控成本（全部為固定成本）為20萬元，實際銷量為1.1萬件。若該公司將中餐廳作為成本中心進行考核，請分析其成本控製業績。

案例分析與思考：餐飲成本分析會

某餐飲店第一次餐飲成本分析會由總經理主持，與會者有分管財務的總經理助理，中餐部、西餐部、財務部等部門的負責人，驗收處主管和餐廳經理等人。首先由財務成本核算組做示範報告，從上月的營業收入、營業成本、營業費用、部門利潤4個方面作了對比研究，有數據，也有分析，一清二楚，令人信服。然后，中餐部、西餐部在財務部的具體指導下分別向出席會議者做了成本分析報告。

第一次成本分析會取得了成功，一些原來對成本控制不甚瞭解的管理人員也開始研究如何降低成本了。為了能在以後的成本分析會上向大家如實報告，一些新的制度

紛紛出抬。例如，財務成本核算組每天必須做好成本日報表，月末累計綜合成本率與當月經營情況的成本率差額不得超過±2%，並以制度形式規定，核算組必須協助引導中餐部、西餐部加強各餐廳的成本轉帳、標準成本卡的製作、酒水的控制和考核等。另外，驗收處和物資採購供應部門還制定了成本核算的其他一些制度和獎懲條例。這些條例符合實際情況，行之有效。

隨著經驗的累積，成本分析會的質量越來越高，降低成本的對策越來越富有成效，取得的直接效果一次比一次好，每次分析會都有收穫，餐飲店的經濟效益也越來越好。

思考題：
1. 飯店為什麼要定期舉行餐飲成本分析會？
2. 你認為餐飲成本分析會應有哪些人員參加？
3. 進行餐飲成本分析的時候應掌握哪些信息和數據？

實訓指導

實訓項目：食品成本分析
實訓要求：掌握食品成本分析方法。
實訓組織：對×飯店×月份食品成本進行分析。
項目評價：小組互評；教師評價。

國家圖書館出版品預行編目(CIP)資料

餐飲管理 / 王瑛、王向東 主編.-- 第二版.
-- 臺北市：崧博出版：財經錢線文化發行, 2018.10

　面；　公分

ISBN 978-957-735-585-0(平裝)

1.餐飲業管理

483.8　　　　107017186

書　　名：餐飲管理
作　　者：王瑛、王向東 主編
發行人：黃振庭
出版者：崧博出版事業有限公司
發行者：財經錢線文化事業有限公司
E-mail：sonbookservice@gmail.com
粉絲頁　　　　　　網　址：
地　　址：台北市中正區延平南路六十一號五樓一室
8F.-815, No.61, Sec. 1, Chongqing S. Rd., Zhongzheng Dist., Taipei City 100, Taiwan (R.O.C.)
電　　話：(02)2370-3310　傳　真：(02) 2370-3210
總經銷：紅螞蟻圖書有限公司
地　　址：台北市內湖區舊宗路二段 121 巷 19 號
電　　話:02-2795-3656　傳真:02-2795-4100　網址：
印　　刷：京峯彩色印刷有限公司（京峰數位）

　　本書版權為西南財經大學出版社所有授權崧博出版事業有限公司獨家發行電子書及繁體書繁體版。若有其他相關權利及授權需求請與本公司聯繫。

定價：500元

發行日期：2018 年 10 月第二版

◎ 本書以POD印製發行